“十三五”普通高等教育本科部委级规划教材

新型纤维材料及其应用

董卫国　主编

中国纺织出版社

内 容 提 要

本书系统阐述了新型纤维材料的制备、结构、性能和应用。主要内容包括新型高性能无机纤维、新型高性能有机纤维、导电纤维、发光纤维、相变纤维、发热纤维、超细纤维和纳米纤维、蛋白质改性纤维、导湿纤维、阻燃纤维、抗菌纤维、吸附型纤维、新型生物质纤维，并对纤维及其复合材料在各领域的开发应用进行了详细介绍。

本书可用于高等院校纺织工程、非织造材料与工程、纺织材料与纺织品设计以及复合材料等相关专业本科或研究生教材，也可以供从事纺织服装业、纤维制造业、复合材料等领域的科研工作者和技术研究人员阅读和参考。

图书在版编目（CIP）数据

新型纤维材料及其应用/董卫国主编. --北京：中国纺织出版社，2018.6（2022.8重印）
"十三五"普通高等教育本科部委级规划教材
ISBN 978-7-5180-5127-4

Ⅰ.①新… Ⅱ.①董… Ⅲ.①纺织纤维—高等学校—教材 Ⅳ.①TS102

中国版本图书馆CIP数据核字（2018）第119961号

策划编辑：朱利锋　　责任校对：楼旭红
责任设计：何　建　　责任印制：何　建

中国纺织出版社出版发行
地址：北京市朝阳区百子湾东里A407号楼　邮政编码：100124
销售电话：010—67004422　传真：010—87155801
http：//www.c-textilep.com
中国纺织出版社天猫旗舰店
官方微博 http：//weibo.com/2119887771
北京虎彩文化传播有限公司印刷　各地新华书店经销
2018年6月第1版　2022年8月第4次印刷
开本：787×1092　1/16　印张：12.25
字数：243千字　定价：52.80元

前言

纤维是直径十分细小而长径比很大的物质形态，因而纤维材料具有容易发生弯曲变形、形状适应性好的特点。纤维材料既可以通过相互之间的穿插、纠缠、交织等形成各种纤维集合体材料，如纱线、绳索、二维或三维的机织物、针织物、编织物、非织造布等，也可以与基体材料复合形成复合材料。因此，纤维材料不仅在纺织领域，而且在航空航天、交通运输、建筑、环境保护、通信、能源、体育、医卫等领域得到广泛的应用。随着科学技术的高速发展和纤维材料应用领域的不断扩展，新型纤维材料不断涌现，其发展更趋向于纤维的高性能化、功能化、差异化和环境友好。

本书所阐述的新型纤维材料既包括新开发的纤维材料，也包括传统纤维通过采用新技术、提高性能、大幅度增加附加值而成为的新型纤维材料以及一些不断发展的传统纤维的最新产品。通过本教材的学习，学生能够系统掌握和了解新型纤维材料的结构、性能、应用领域、应用方法以及产品特点、产品评价标准等方面的知识和理论，为未来从事纤维材料的开发与应用奠定理论基础；着重提高学生知识的融合能力和学科交叉创新的能力。

本书共分九章，第一章、第二章、第三章、第五章、第七章、第八章、第九章由天津工业大学董卫国编写，第六章由青岛大学邢明杰编写，第四章由德州学院徐静编写。全书由董卫国负责策划、统稿和校审。

在本书编写过程中得到天津工业大学李亚滨教授的悉心指导，天津工业大学郑襄丹、郑通通、杨新玉、杜雄飞、王明方同学在资料收集和整理方面给予帮助，在此表示衷心的感谢。对中国纺织出版社编辑的审核、加工工作，表示衷心感谢。

由于作者水平有限，书中难免存在疏漏和不足之处，诚挚希望广大读者批评指正。

课程设置指导

课程设置意义

新型纤维材料及其应用课程是纺织工程、非织造材料与工程、纺织材料与纺织品设计、复合材料等专业的专业课，通过本课程的学习，学生能够系统掌握和了解新型纤维材料的结构、性能、应用领域、应用方法及产品特点、产品评价标准等方面的知识和理论，为未来从事纤维材料的开发与应用奠定理论基础。为拓宽学生的知识面、培养学生的创新思维、扩大学生的就业领域和为学生将来的继续深造提供有益的帮助。

课程教学建议

纺织工程、非织造材料与工程、纺织材料与纺织品设计、复合材料等专业以及上述各专业不同的专业方向在使用本教材时应根据需要对教学内容进行取舍。

建议理论教学课时数为30～60学时。

课程教学目的

通过本课程的学习，掌握纤维开发及应用的基本理论和方法，使学生对新型纤维的结构、性能以及应用有全面系统的掌握和了解，提高学生对知识融合创新的能力。

目录

第一章　无机高性能纤维

第一节　高性能碳纤维

随着科学技术的进步和社会的发展，碳纤维的性能不断提高，应用领域不断扩展，本节主要介绍高性能碳纤维的结构性能和应用，而具有吸附功能的活性碳纤维在本书第八章第三节中介绍。

一、概述

碳纤维（carbon fiber，简称CF）是纤维状的碳材料，其化学组成中，碳元素占总质量的90%以上。碳纤维具有一般碳素材料的特性，如耐高温、耐摩擦、导电、导热及耐腐蚀等，但与一般碳素材料不同的是，其外形有显著的各向异性，柔软，可加工成各种织物。

含碳量在95%以上的高强度、高模量的碳纤维是经炭化及石墨化处理而得到的微晶石墨材料，因而也称为石墨纤维。

（一）碳纤维分类

1. 根据所用原料分类　根据所用原料的不同，可将碳纤维分为聚丙烯腈基碳纤维、沥青基碳纤维、纤维素基碳纤维、酚醛基碳纤维、其他有机纤维基碳纤维。

2. 根据制造条件和方法分类　根据制造条件和方法，可将碳纤维分为普通碳纤维（碳化温度在800～1600℃时得到的纤维）、石墨纤维（碳化温度在2000～3000℃时得到的纤维）、活性碳纤维、气相生长碳纤维（包括晶须状纳米碳纤维）。

3. 根据碳纤维的力学性能分类　根据碳纤维的力学性能可将其分为通用级碳纤维和高性能碳纤维。

（1）通用级碳纤维：拉伸强度<1.4GPa，拉伸模量<140GPa。

（2）高性能碳纤维：高强型（强度>2GPa、模量>250GPa）、高模型（模量>300GPa）、超高强型（强度>4GPa）、超高模型（模量>450GPa）。

4. 根据碳纤维的用途分类　根据碳纤维的用途可将其分为受力结构用碳纤维、耐焰用碳纤维、导电用碳纤维、润滑用碳纤维、耐磨用碳纤维、活性碳纤维。

5. 根据碳纤维丝束的大小分类　PAN基碳纤维有小丝束和大丝束之分。小丝束一般是指1～24K（1K表示碳纤维束中有1000根单丝）的碳纤维，大丝束是指48～540K的碳纤维。两者之间并无严格的科学分类，只是按丝束中单丝数目的多少来分。

（二）碳纤维的制造过程

1. 碳纤维制造工艺 绝大部分碳纤维的制造工艺都涉及如下几个主要步骤。

（1）稳定化处理（也称不熔化处理或预氧化处理）。使先驱丝变成不熔的，以防止在后来的高温处理中熔融或粘连。

（2）炭化热处理。通过高温除去先驱丝中半数以上的非碳元素。

（3）石墨化热处理。通过更高温度加热，使碳变成石墨结构，以改善在第（2）步中所获得的碳纤维的性能。石墨化处理不是每种碳纤维都必需的。

为了使碳纤维具有高模量，需要改善石墨晶体或石墨层片的取向。这就需要在每个步骤中严格控制牵伸处理。如果牵伸不足，不能获得必要的择优取向；但如果施加的牵伸力过大，则会造成纤维过度伸长和直径缩小，甚至引起纤维在生产过程中断裂。

2. PAN基碳纤维制造过程中纤维结构的变化 图1－1为PAN基碳纤维制造过程以及每个过程纤维化学结构的变化。

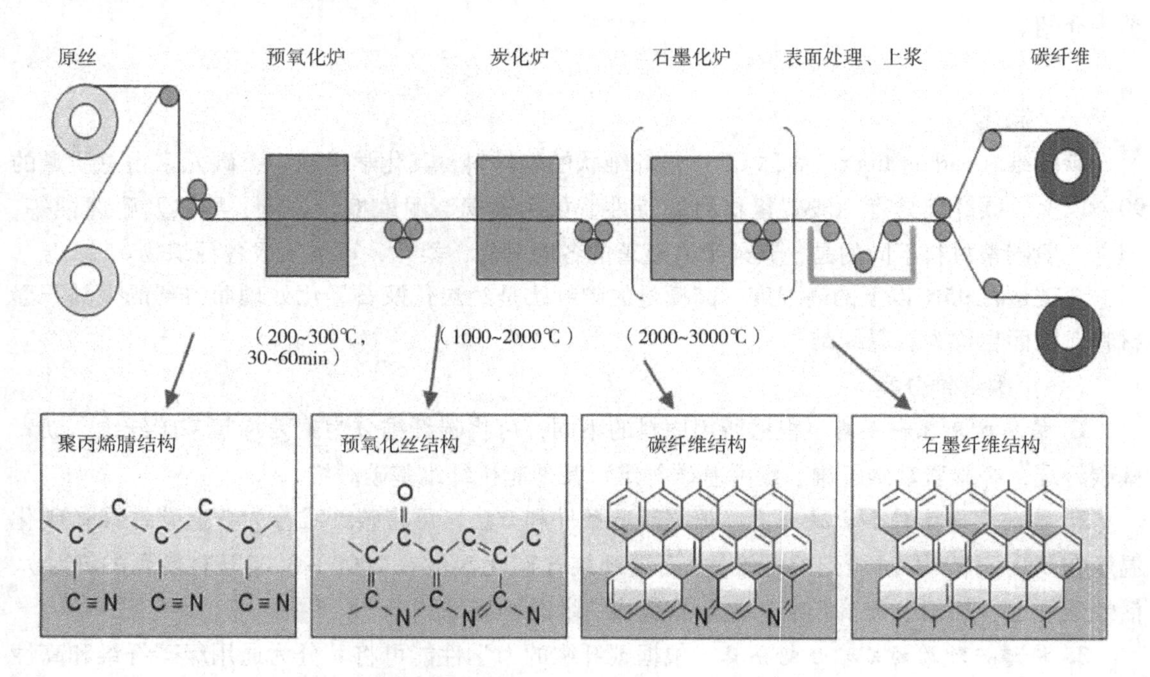

图1－1 PAN基碳纤维制造过程以及每个过程纤维化学结构的变化

（1）预氧化。在200～300℃下氧化气氛中（空气），在受张力的情况下进行，使线型分子链转化成耐热梯形六元环结构，以使PAN纤维在高温炭化时不熔不燃，保持纤维形态，从而得到高质量的CF。

（2）炭化。炭化在1000～2000℃的惰性气氛中进行。在炭化过程中，纤维中非C原子（如N、H、O）被大量除去，炭化后含碳率达95%左右。

预氧化时形成的梯形大分子发生脱N交联，转变为稠环状，形成了CF。

炭化时施加一定的张力，不仅使纤维的取向度得到提高，而且使纤维致密化，并避免大量孔隙的产生，可制得结构较均匀的高性能碳纤维。

（3）石墨化。惰性气体保护下（多使用高纯氩气 Ar，也可采用高纯氦气 He）施加张力在 2000～3000℃温度下进行。石墨化过程中，结晶碳含量不断提高，可达 99%以上；纤维结构不断完善，乱层石墨结构过渡为类似石墨的层状结构，石墨化晶体与纤维轴方向的夹角进一步减小（取向度提高）。

（4）表面处理。通过表面处理，增加纤维的抗氧化性、集束性或增加与基体材料的黏合性。

二、碳纤维的结构与性能

碳纤维的结构主要介绍其结构单元、皮芯结构、缺陷结构；碳纤维的性能主要介绍力学性能、基本物理性能及热学性能。

（一）碳纤维结构

1. 碳纤维的结构单元　碳纤维的基本结构单元是六角网平面。它的结构缺陷、尺寸大小以及取向状态决定了碳纤维性能。

图 1－2 所示为碳纤维的理想结构模型，原纤沿纤维轴向平行排列，且由完整的六角网平面构成。这种碳纤维的理论拉伸模量应为 1020GPa，理论拉伸强度应为 180GPa。

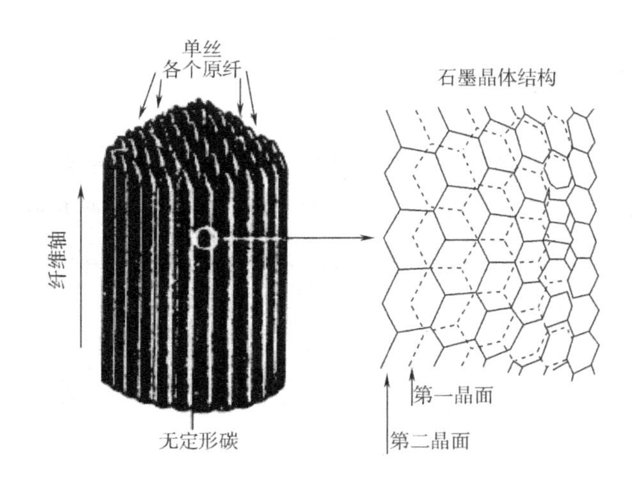

图 1－2　碳纤维的理想结构模型

目前 PAN 基碳纤维的最高拉伸强度为 7.02GPa（T1000），最高拉伸模量为 690GPa（M70J），与理论值相差甚远，尤其是拉伸强度差得更远。说明碳纤维的结构模型并不是图 1－2 所示的理想结构模型，与理想结构存在很大差异。

实际上，碳纤维属于乱层石墨结构（turbostratic graphite structure），二维较有序，三维无序。最基本的结构单元是石墨片层，二级结构单元是石墨微晶（由数张或数十张石墨片层组成），三级结构单元是石墨微晶组成的原纤维，直径在 50nm 左右，弯曲，彼此交叉的许多条带状组成的结构。

2. 碳纤维的皮芯结构　在皮层，石墨片层大而有序排列，且沿纤维取向；在芯部，石墨层小而排列紊乱，蜿蜒曲折，且有许多孔。

碳纤维中预氧丝的皮芯结构要“遗传”给碳纤维，且在炭化或石墨化过程中进一步加深。皮芯结构是制约碳纤维性能提高的主要结构因素，严重制约了碳纤维拉伸强度的提高。如何消除预氧化过程中产生的皮芯结构是提高碳纤维拉伸强度和拉伸模量的主要技术途径。

随着热处理温度的提高，皮芯结构越来越严重。

3. 碳纤维的缺陷结构 石墨的理论密度为 2.266g/cm^3，高强度碳纤维密度在 1.80 ~ 1.85g/cm^{3}之间。两者之差就是孔隙所占比例。对于高强度碳纤维，要求孔隙率在 18.2% 以下，最好在 17.6% 以下。

研制高性能碳纤维不仅要关注孔隙率，而且要研究孔的大小、孔的形状和孔的空间分布状态。显然，孔隙率越小，碳纤维性能越好。

碳纤维中的缺陷主要来自两方面：

（1）原丝带来的缺陷。炭化过程中可能消失小部分，但大部分将保留下来，变成碳纤维的缺陷。

（2）炭化过程带来的缺陷。炭化过程中，大量非 C 元素以气体形式逸出，使纤维表面及内部形成空穴和缺陷。

4. 碳纤维的结构特点 由于石墨材料的结构具有显著的各向异性，碳六角网平面内是强的共价键，层面之间是弱的范德瓦耳斯力，赋予其力学性能和热性能也具有各向异性。

（二）碳纤维的性能

1. 力学性能

（1）拉伸曲线。应力应变曲线是一条直线，在断裂前是完全的弹性体，回复为 100%，因而碳纤维无蠕变，耐疲劳性好；碳纤维拉伸断裂伸长小（一般小于 2%），拉伸曲线是直线，断裂功较小，其耐冲击性较差，容易损伤。其单丝拉伸曲线如图 1－3 所示。

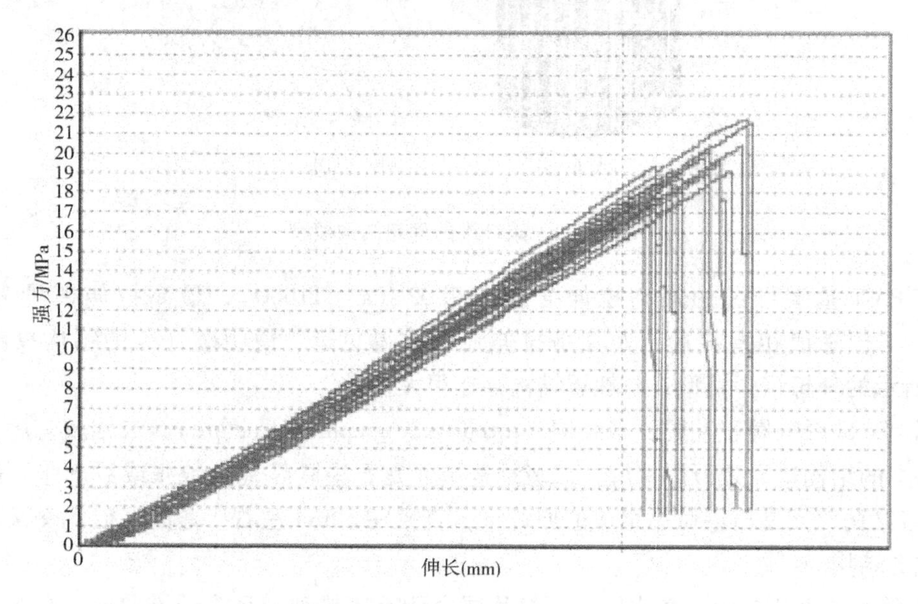

图 1－3　碳纤维单丝拉伸曲线

（2）拉伸断裂强度和拉伸模量。碳纤维的拉伸强力与微晶的大小有关，与纤维中的缺陷有关，微晶直径大，裂纹的数目和大裂纹多，强力会减小。

碳纤维的模量与微晶的取向度有关，取向度越高，模量越大。

东丽已经商品化的 PAN－CF T1000，强度为 6.37GPa，PAN－CF T1100 强度为 6.6GPa，目前正研制强度高达 60GPa 的超高强度 PAN－CF T2000，T2000 的强度各相当于 T1000 和 T1100 的 9.5 倍和 9 倍。

据报道，PAN－CF 的理论强度为 180GPa，T2000 的强度仅为理论值的 1/3，因此还有很大的提升空间，关键是能否找到实用化的工艺技术解决方案。

通用级碳纤维和高性能碳纤维的性能比较见表 1－1，而主要型号碳纤维的性能见表 1－2。

表 1－1　通用级碳纤维和高性能碳纤维的性能

项目	普通型	高强型		高强中模量型			高强高模量型（MJ 系列）				
	T300	T800	T1000	M40	M46	M50	M40J	M46J	M50J	M60J	M65J
拉伸强度（MPa）	3530	5590	7060	2740	2550	2450	4410	4210	3920	3920	3600
拉伸模量（GPa）	230	294	294	392	451	490	377	436	475	588	640
断裂伸长率（%）	1.5	1.9	2.4	0.6	0.6	0.5	1.2	1.0	0.8	0.7	0.6
密度（g/cm^3）	1.76	1.81	1.82	1.81	1.88	1.91	1.77	1.84	1.88	1.94	1.98

表 1－2　主要型号碳纤维的性能

公司产品型号	密度（g/cm^3）	拉伸强度（GPa）	拉伸模量（GPa）	电阻率（$\mu\Omega \cdot m$）
Avacarb99	1.74	1.90	262	11.0
T300	1.76	3.33	230	
T300J	1.78	4.21	230	
T300H	1.80	4.41	250	
T700S	1.80	1.90	230	
T800H	1.81	5.49	294	
T1000G	1.80	6.37	294	
M35J	1.75	4.70	343	
M40J	1.77	4.41	377	
M46J	1.84	4.21	436	
M50J	1.88	4.12	175	
M55J	1.91	4.02	540	
M60J	1.94	3.92	588	
M30	1.70	3.92	294	
M30S	1.73	5.49	294	
M30G	1.73	5.10	294	
M40	1.81	2.74	392	
PANEX33	1.78	3.60	228	14.0

2. 物理性能

（1）耐热性。在不接触空气或氧化性气氛时，碳纤维具有突出的耐热性，在高于1500℃下强度才开始下降。

（2）热膨胀系数。碳石墨材料结构各向异性十分显著，碳六角网平面内是强共价键，原子的热振动小，热膨胀系数也小，为负值，约为$1.2\times10^{-5}K^{-1}$；层间是范德瓦耳斯力，热振动大，热膨胀系数也大，高达$28\times10^{-6}K^{-1}$两者相差甚远。

（3）热导率。金属热传导以电子为主，石墨非金属材料以声子进行热传导为主。石墨的结构具有显著的各向异性，使其热导率也呈现出各向异性。密度越低，孔隙率越高，热导率越低。其原因是孔隙对声子产生散射，使热阻增大，热导率下降。石墨的理论密度为$2.266g/cm^3$，因为存在孔隙率，实际石墨材料的密度要低于此值。表1-3为石墨与金刚石的基本物理性能，图1-4为石墨的密度与热导率的关系，图1-5为碳纤维的热导率与电阻率的关系。

表1-3 石墨和金刚石的密度及热电性能

项目	石墨	金刚石
密度（g/cm^3）	2.3	3.5
线膨胀系数（1/℃）	0.4×10^{-5}	0.12×10^{-5}
比热容［cal/(℃·g)］	0.17	0.12
热导率［cal/(cm·s·K)］	0.038	0.33
电阻率（Ω·cm）	10^{-3}	10
硬度	1~2	

注 石墨密度应为$2.266g/cm^3$，金刚石在空气中700℃以上燃烧，1cal=4.184J。

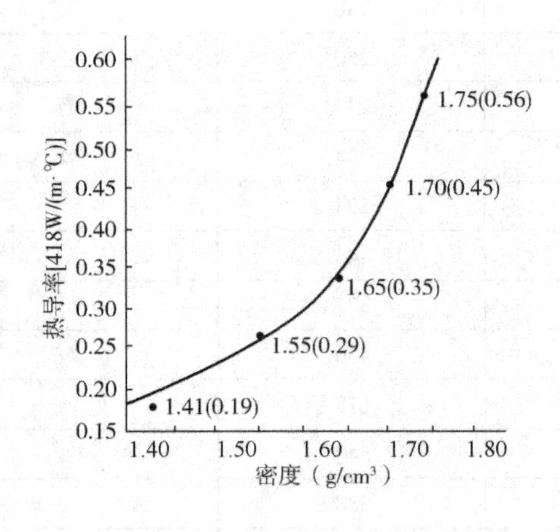

图1-4 石墨材料密度与热导率的关系

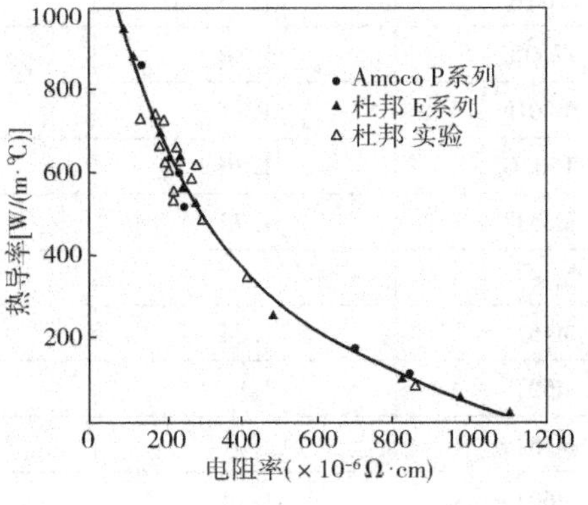

图1-5 碳纤维的热导率与电阻率的关系（300K）

从图1-5中可知，热导率随电阻率的下降而增大，呈现出反比关系。这也就是说，石墨层面越发达，取向度越高，是热导率高和电阻率小的原因所在。

（4）密度。ρ在$1.5\sim2.0g/cm^3$之间，密度与原丝结构、炭化温度有关。

（5）电阻率。碳纤维是电的良导体，它的导电性能虽然没有传统的金属导体银、铜、铝好，但作为非金属导体备受人们的青睐。金属导电主要靠电子，碳石墨材料主要靠非定域 π 电子，即大 π 键的非定域电子。

碳纤维的石墨化程度高，电阻率低，碳纤维制造时处理温度越高电阻率越低。T1000G 碳纤维的电阻率为 $1.4 \times 10^{-3} \Omega \cdot cm$。

3. 化学性能　碳纤维的化学性质与碳相似，它除能被强氧化剂氧化外，对一般碱性是惰性的。在空气中温度高于 400℃时则出现明显的氧化，生成 CO 与 CO_2。碳纤维对一般的有机溶剂、酸、碱都具有良好的耐腐蚀性，不溶不胀，耐蚀性出类拔萃，完全不存在生锈的问题。当碳纤维复合材料与铝合金组合应用时会发生金属炭化、渗炭及电化学腐蚀现象。因此，碳纤维在使用前须进行表面处理。

三、碳纤维织物及其碳纤维复合材料

（一）碳纤维织物

碳纤维经各种织造工艺和设备生产出二维、三维以及多维的中间预成型体，用来制造不同类型和用途的复合材料。纺织织造工艺主要有机织、编织、非织造、针织和缝织。

最常用的机织物是平纹布和斜纹布。编织织物是用二维或三维编织机编织出的中间预成型体。这些编织物可以是绳、带、管以及各种异形织物。针织物按其生产工艺可分为经编针织物和纬编针织物两种类型。无论是经编或纬编针织物，可在经向或纬向织入增强衬纱，并与针织纱捆绑在一起，使织物形成一个整体结构。多轴向缝编针织物将纱线或纤维束按设计要求沿不同方向铺层，铺好的多层纤维在通过捆绑区时被捆绑纱线绑在一起，成为一个整体的缝编针织物。

这种整体缝编针织物的优点是纱线强度的利用率高，结构稳定，成型体的层间不易剥离分层，使用寿命长。图 1－6～图 1－9 为几种结构的碳纤维织物。

图 1－6　碳纤维机织物

图 1-7　碳纤维双轴向经编织物

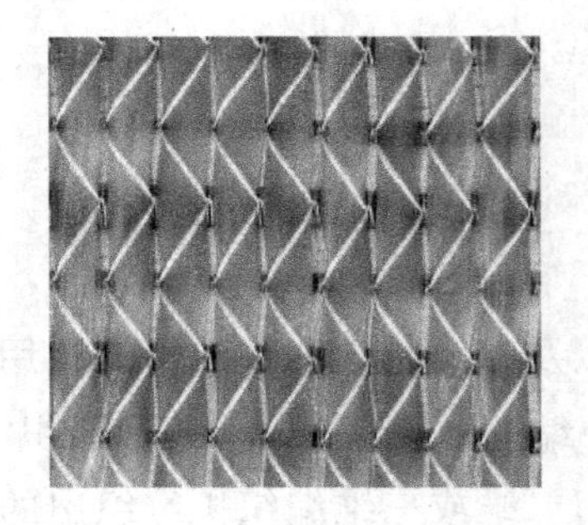

图 1-8　碳纤维正交经编织物

图 1-9　碳纤维管状编织物

（二）碳纤维复合材料

1. 碳纤维增强树脂基复合材料

（1）热固性树脂基体碳纤维增强复合材料。作为高性能纤维增强复合材料，所用基体树脂主要有环氧树脂和不饱和聚酯树脂，热固性树脂只能一次加热和成型，在加工过程中发生固化，形成不熔和不溶解的网状交联型高分子化合物，因此不能再生。

（2）热塑性树脂基体碳纤维增强复合材料。热塑性复合材料（FRT）具有密度低（1.1～1.6g/cm^3）、强度高、抗冲击好、抗疲劳性好、可回收、加工成型快、造价低等突出特点，属于高性能、低成本、绿色环保的新型复合材料。已部分替代价格昂贵的工程塑料、热固性复合材料（FRP）以及轻质金属材料（铝镁合金），在飞机、汽车、火车、医疗、体育等方面有广阔应用前景。

因而近年来高性能热塑性复合材料（HPTPC）得到长足发展，进入实用阶段。

市场上已有系列产品销售。所用热塑性树脂主要有聚乙烯、聚丙烯、聚酰胺、ABS、聚碳酸酯、聚醚酰亚胺、聚砜、聚醚酮、聚醚醚酮和热塑性聚酰亚胺等。在碳纤维增强热塑性粒料（CFRTP）中，碳纤维占10%～30%（质量分数）为宜。碳纤维含量越高，制品性能越好；但含量太高，加工和成型的困难也大。例如，东丽公司用碳纤维增强尼龙66的粒料，碳纤维含量分别为10%、20%和30%三类产品。

2. 碳/碳复合材料　碳纤维增强碳基复合材料（carbon fiber reinforced carbon matrix composites）简称碳/碳复合材料（carbon/carbon composite，C/C 复合材料）。C/C 复合材料可

用连续碳纤维长丝深加工预制体或用短切碳纤维增强基体碳来作为制造的坯体，经液相浸渍和炭化或化学气相沉积（CVD）、化学气相渗透（CVI）使其致密化。所制 C/C 复合材料具有高的比强度和比模量。在非氧化气氛中并在 2000℃以上使用时，强度和模量不降低，是任何材料无法与其比拟的。在高温氧化性气氛中，不融不燃，均匀烧蚀，是最好的烧蚀材料之一，广泛用于航天飞机的外壁材料、导弹鼻锥以及发动机喷管。同时，具有高的热导率，热膨胀系数小，耐摩擦和耐磨损等一系列热性能，还是当前最好的刹车制动材料，广泛用于飞机的刹车装置。C/C 复合材料与生物相容性好，可用于生物材料。它导电、导热，作为高级加热元件也得到广泛应用。

3. 碳纤维增强金属基复合材料　碳纤维增强金属基复合材料（carbon fiber reinforced metal composite materials，CFRM）是以碳纤维为增强材料、金属为基体的复合材料。在美国，也叫作金属基复合材料（metal matrix composites，MMC）。碳纤维增强铝基复合材料以铝或铝合金为基体，这种材料具有比强度高、比模量高、导热导电性好、耐高温、耐磨、热膨胀系数小等优异的综合性能，是航天技术理想的结构材料。

四、碳纤维的应用

（一）碳纤维的应用范围及市场份额

图 1－10 是 2014 年全球碳纤维应用领域及其份额，分别是：航空航天与国防：15.4kt，29%；汽车：8.5kt，16%；风力发电机：7.4kt，14%；运动休闲：6.4kt，12%；模塑料：5.8kt，11%；压力容器：2.7kt，5%；土木工程：2.3kt，4%；海洋：0.8kt，2%；其他：3.7kt，7%。

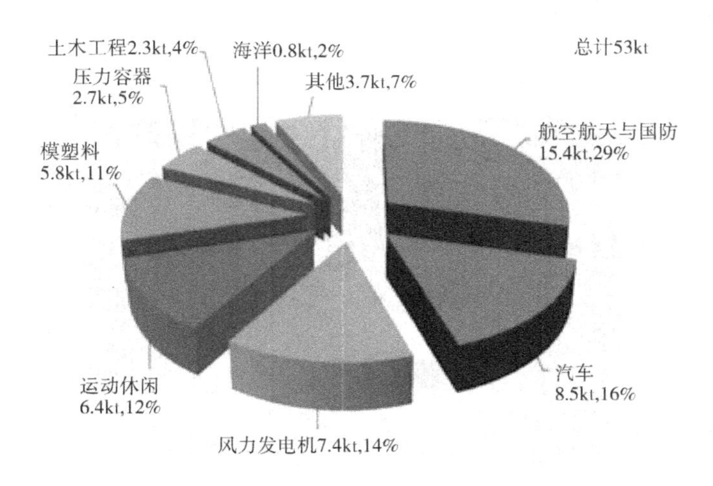

图 1－10　2014 年全球碳纤维应用状况

（二）碳纤维各个领域的应用实例

在民用领域，550 座的世界最大飞机 A380 由于碳纤维增强塑料 CFRP 的大量使用，创造了飞行史上的奇迹。占飞机 25% 重量的部件由复合材料制造，其中 22% 为 CFRP。这些部件包括减速板、垂直和水平稳定器（用作油箱）、方向舵、升降舵、副翼、襟翼扰流板、起落架舱门、整流罩、垂尾翼盒、方向舵、升降舵、上层客舱地板梁、后密封隔框、后压力舱、后机身、水平尾翼等。

我国第一架全碳纤维复合材料结构、氢燃料电池动力无人试验机“雷鸟”（LN60F）在沈阳某机场首飞成功（图 1－11）。

图 1－11　中国全碳纤维复合材料结构的“雷鸟”

全球最畅销的碳纤维双座运动飞机，其采用轻型碳纤维复合材料的优点：一是空机重量载重比高，本机的空机重量为 230kg，最大起飞重量为 450kg，空机重量载重比达 0.957；二是大量减少了工装、模具数量，便于在多品种、小批量生产时降低生产成本。

2016 年美国世界首架全碳纤维材料制造的钻石 DART－450 飞机首飞成功，据钻石公司介绍，DART－450 飞机是世界上首架全碳纤维材料制造的双座式军民两用教练机（图 1－12）。

图 1－12　DART－450 全碳纤维材料制造的双座式军民两用教练机

高模量碳纤维质轻、刚性，尺寸稳定性和导热性好，因此很早就应用于人造卫星结构体、太阳能电池板和天线中。现今的人造卫星上的展开式太阳能电池板多采用碳纤维复合材料制作，而太空站和天地往返运输系统上的一些关键部件也往往采用碳纤维复合材料作为主要材料。

碳纤维增强树脂基复合材料被用作航天飞机舱门、机械臂和压力容器等。航天飞机进入大气层时，苛刻热环境在上千摄氏度以上，任何金属材料都会化为灰烬，唯有碳/碳复合材料不热熔，只是烧蚀，能保持外形，使其安全着陆，是制造航天飞机的鼻锥和翼尖不可取代的耐烧蚀材料。

首款日本自行研制的 X－2 隐形战斗机（图 1－13）的原型机由三菱重工业公司等多家国内企业共同研制，长 14.2m，宽 9.1m，高 4.5m，采用碳纤维制成，可吸收无线电波从而躲避雷达探测。

图 1－13　X－2 隐形战斗机

瑞典 Visby 级轻型护卫舰采用碳纤维夹心材料，由聚氯乙烯夹心和碳纤维乙烯基酯层压板构成，它不但具有很高的强度和经久耐用性，还具有优良的抗冲击性能。

采用碳纤维复合材料制造导弹天线罩连接环也是其应用方向之一。采用碳纤维增强树脂基复合材料代替目前的低膨胀合金钢 4J36，一方面可以改善连接环的性能，提高其与天线罩间的连接强度；另一方面改善连接环的整体制造性能；同时，大大降低成品价格和成品重量。由于碳纤维复合材料为一次成型，大大缩短了生产周期。

对于汽车工业而言，应用碳纤维复合材料有利于汽车零部件的整合及模块化，降低车身重量，降低喷涂，降低生产过程中的污染，安全环保。目前，宝马公司与西格里公司合作，制造出在整个车身结构方面都采用碳纤维材料的量产车型（i3，i8），而这些车型（宝马集团推出的 i 系品牌）在保护乘客安全方面主要依赖所采用的具备优越弹性模量及拉伸强度的碳纤维材料，其强度均超过了钢材料。2014 年丰田的燃料电池汽车 NIRAI 量产，该车上应用了东丽公司生产的热塑性碳纤维复合材料地板及储氢罐。通用汽车与普拉森碳复合材料公司（Plasan）合作进行 2014 款雪佛兰 Corvette C7 的研究与开发，将每辆车的碳纤维车身部件含量提高到 30000～40000 单位体积的水平。兰博基尼 Avcntador LP700－4 更是采用了碳纤维复合材料制成了一体式车架，该车全硬壳式结构重量仅有 145.5kg（324.5 磅）。这种一体式车架，能承受更大的拉应力，能够使车身在高速冲撞，车体彻底肢解后，保证驾驶者的绝对安全。

采用碳纤维复合材料制造发动机罩盖，可达到降低质量、便于加工的效果，且成本并不高于传统的金属发动机罩盖。采用了碳纤维复合材料的通用 Chevrolet Corvette Z06 纪念版轿车的发动机罩盖质量仅为 9. 3kg。该发动机罩盖外板完全由碳纤维/环氧树脂复合材料制成。

底盘传动系统方面。碳纤维复合材料也开始逐步部分取代金属材料。SGL Carbon AG 公司正在生产的碳纤维—陶瓷制动盘装置已用于 Porsche AG 车，并已开始在 911Turho GT 和 GT S 车型中使用。

碳纤维传动轴在汽车上也已有较广泛的应用。英国 GNK 公司自 1988 年开始研发碳纤维传动轴，并在 RenaultEspaceQuadra，Toyota MarkII、Audi 80/90 Quattro，AudiA4 和 A8 Quattros 等车型上应用。日本东丽生产的碳纤维汽车传动轴已应用于阿斯顿马丁 DBB、阿斯顿马丁 V8 Vantage Coupe，阿斯顿马丁 V12 Vantage，马自达 RX – 8 和 MMCPagero 越野车，2011 款奔驰 SLS AMG 欧翼等车型上，自 1996 年开始已经应用了 90 万只。

2013 年，山北京蓝星股份有限公司、中材科技股份有限公司和包头德翼车行有限公司共同研制开发，成功将碳纤维复合材料应用在了卡车车厢上，这是我国首例。2014 年，奇瑞汽车和中科院宁波材料技术与工程研究所共同研发的碳纤维复合材料电动汽车，是国内首款在车身上采用碳纤维复合材料并运用 RTM 工艺制作的车型。由于采用了碳纤维复合材料作为核心技术，车身重量仅为 218kg，车身减重达 47% 以上，整车减重 15%，可以有效减少有害物质排放。此外，碳纤维复合材料的应用使得汽车的抗冲撞性能和可操控性得到较大增强。

2007 年开始 Gurit 为限量版汽车 Aston Martin DBS 开发碳纤维复合材料部件，包括引擎盖、前翼、车身等（图 1 – 14）。

图 1 – 14　Gurit 生产的 Aston Martin DBS

（三）全球碳纤维需求趋势以及我国的发展趋势

1. 全球碳纤维需求趋势　图 1 – 15 为全球碳纤维需求预测。

2. 我国碳纤维“十三五”发展规划　面向国防军工、民用航空、人造卫星等航空航天高端装备制造业，建筑补强、海洋工程、石油勘探等传统产业升级领域以及新能源汽车、风机叶片、高压输电线缆等新兴产业领域，开展不同品系碳纤维产品的产业化关键技术攻关，开

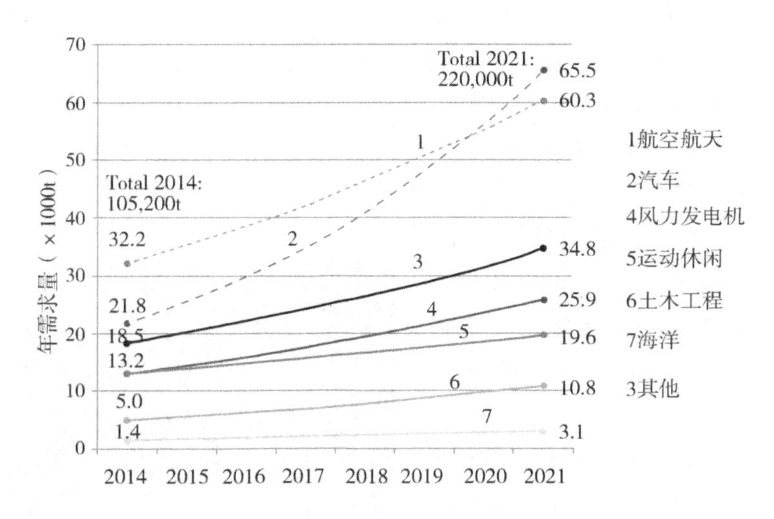

图 1-15　2014～2021 年碳纤维应用行业需求趋势

发出高性能、高稳定性、规模化、低成本和多品系的碳纤维产品，形成符合我国实际应用需要的碳纤维技术和产品系列，形成一定数量、稳定发展的碳纤维生产应用产业链。

重点突破国产 T300 级、T700 级碳纤维的低成本、批量化、稳定化制备技术，实现单线生产能力 1000t/a 以上，产品质量稳定性达到日本东丽同类产品水平；国防军工用碳纤维技术成熟度达到 9 级，通过实际使用验证，技术指标全部满足要求；碳纤维质量价格与进口产品相当，产品性能全面满足工业领域使用要求。实现国产 T800 级碳纤维的工程化制备，产品性能指标完全达到日本东丽 TS00H 和 T800S 水平；产品完成国防军工、大型民航客机上的应用评价；建立 00 级碳纤维在民用领域的应用体系。开展更高等级的高强、高强中模、高模和高模高强碳纤维主要产品的制备关键技术开发，确定其前躯体及技术路线。实现国产碳纤维品种系列化、工艺多元化、产能规模化。显著提升国产化装备的设计制造和二次改造升级能力，确保设备与生产工艺相适应，实现国产装备的自主保障能力。

重点培育 3～5 家达到一定规模、有技术实力、资金实力、产品结构合理、产业链条完整的企业成长为碳纤维行业骨干企业，通过体制机制创新，进一步降低成本，消除关键材料的保障风险，建立有中国特色的碳纤维制造及应用产业链结构，形成碳纤维制备技术与产品的有序竞争。

第二节　石墨烯纤维

一、石墨烯纤维的结构和性能

石墨烯（graphene）是一种由碳原子构成的单层片状结构的、只有一个碳原子厚度的二维材料。2004 年，英国曼彻斯特大学成功地在实验中从石墨中分离出石墨烯，从而证实它可以单独存在，该项研究获得了 2010 年诺贝尔物理学奖。

石墨烯目前是世上最薄却也最坚硬的纳米材料。石墨烯几乎完全透明，只吸收2.3%的光，导热系数高达5300W/(m·K)，高于碳纳米管和金刚石，电阻率只约$10^{-6}\Omega \cdot cm$，比铜或银更低，为目前世上电阻率最小的材料。因为它的电阻率极低，电子迁移的速度极快，因此被期待可用来发展出更薄、导电速度更快的新一代电子元件或晶体管。由于石墨烯实质上是一种透明、良好的导体，也适合用来制造透明触控屏幕、光板甚至是太阳能电池。

石墨烯纤维是一种不规则层状纤维，相比于石墨材料，石墨烯纤维内部的结构不规则，而且存在很多缺陷和化学官能团，其层间距也通常大于石墨的层间距（0.335nm）。石墨烯结构如图1－16所示。然而，正是因为内部存在这种不规则结构，使得各层间的结合力较石墨中各层间的范德瓦耳斯力相互作用更强。这种层叠式结构的制备成本低，可与聚合物材料进行复合，制备高性能纤维增强复合材料。图1－17和图1－18为石墨烯纤维的两种形态。

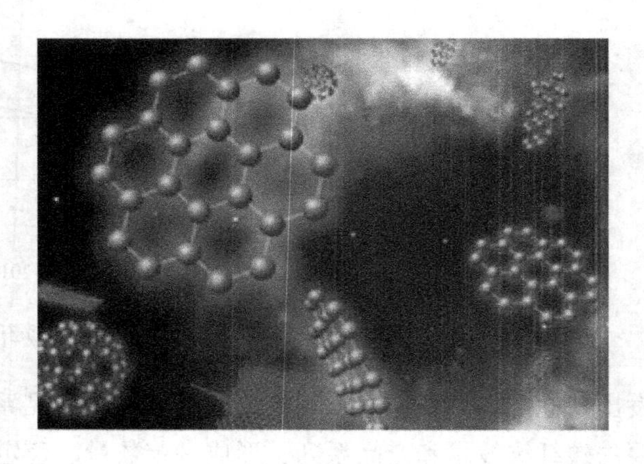

图1－16　石墨烯结构示意图

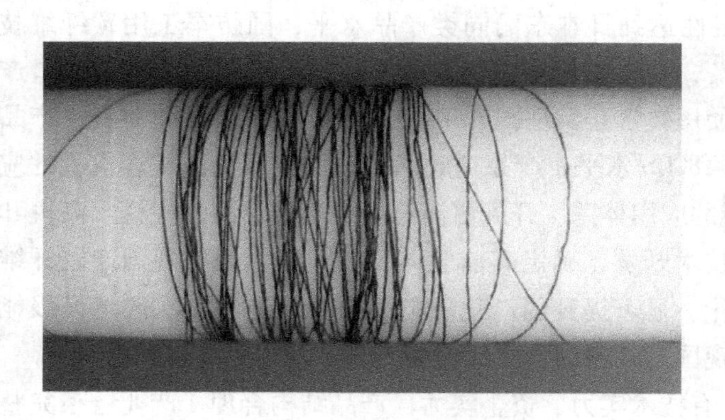

图1－17　一根4m长的石墨烯纤维

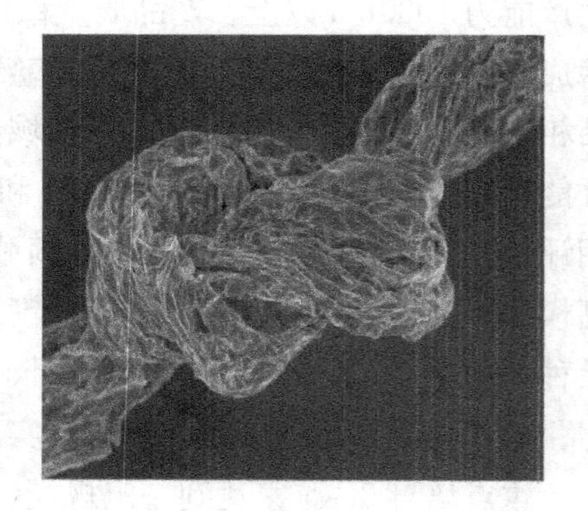

图1－18　石墨烯纤维打成的结

二、石墨烯纤维制备方法

（一）水热一步自组装法

水热一步法是将氧化石墨烯（graphene oxide，GO）的水相悬浮液置于固定的管状容器中，加热去除水相后，在高温条件下，GO片层堆叠，在管状模具中形成氧化石墨烯纤维。

将内径0.4mm的玻璃管充满8mg/mL的GO悬浊液，两端密封后在230℃下处理2h得到石墨烯连续纤维，如图1－19所示。1mL的GO悬浮液可以制备出6m长的纤维，纤维的直径约为33μm。可通过调节玻璃管的内径和悬浊液的浓度控制纤维的直径。纤维的表观密度为$0.23g/cm^3$，比一般碳纤维和碳纳米管（CNT）密度均低。拉伸断裂强度为180MPa，而800℃真空热处理2h的纤维的拉伸断裂强度最大可达到420MPa，这种纤维的强度与气相法制备的

CNT 连续纤维相当。纤维的断裂伸长率为 3% ~6%，与 CNT 相当。纤维的室温电导率为 10S/cm。这种密度低，形状可控，具有高抗拉应力和编织性的石墨烯纤维可应用于智能服装、电子纺织品等领域。

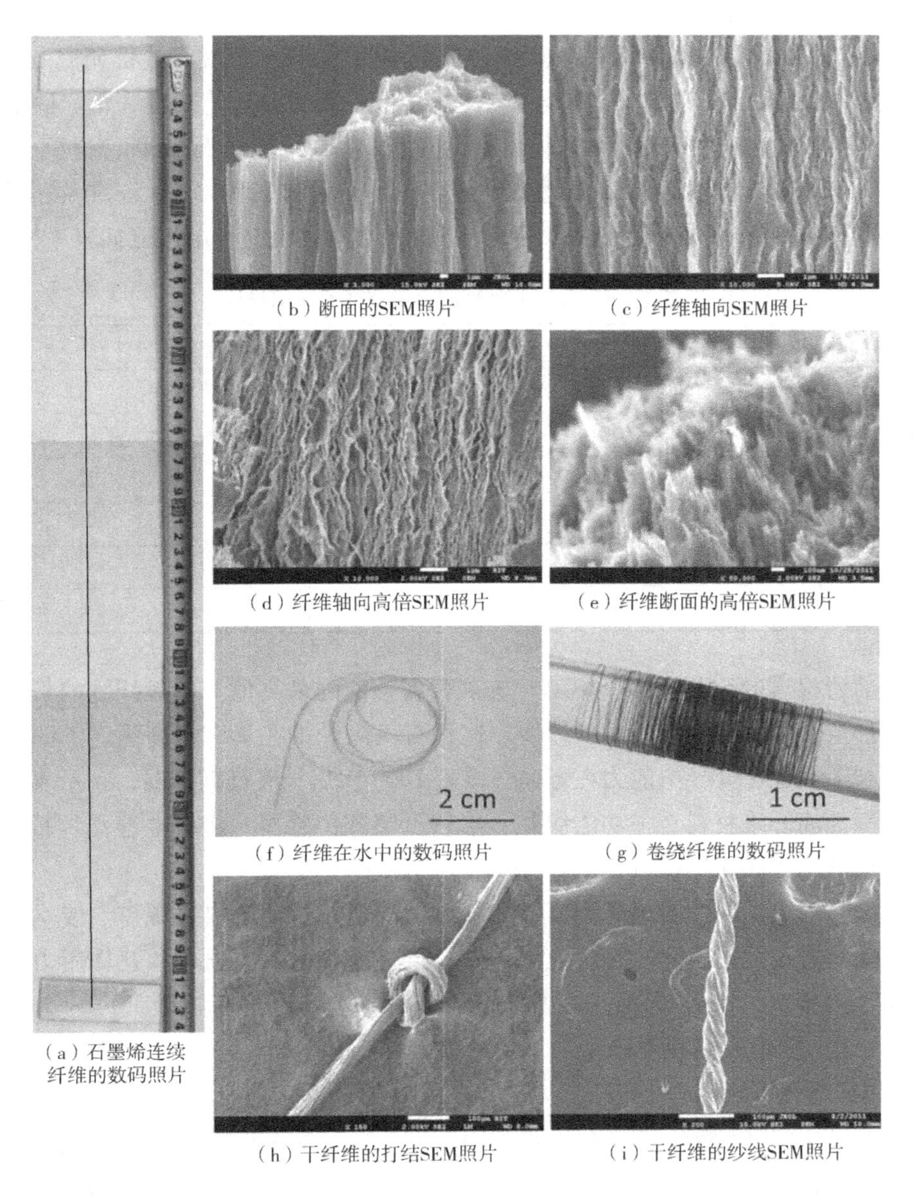

（a）石墨烯连续纤维的数码照片 （b）断面的SEM照片 （c）纤维轴向SEM照片 （d）纤维轴向高倍SEM照片 （e）纤维断面的高倍SEM照片 （f）纤维在水中的数码照片 （g）卷绕纤维的数码照片 （h）干纤维的打结SEM照片 （i）干纤维的纱线SEM照片

图 1 – 19 柔性石墨烯纤维的照片[42]

（二）液晶纺丝法

液晶纺丝法是利用 GO 悬浮液的手性与液晶性能，结合溶液纺丝技术，制备石墨烯纤维的一种方法。当 GO 体积分数为 5.7% 的超高浓度时，得到连续纤维。根据喷丝孔直径和牵伸倍数的不同，纤维的直径为 50 ~ 100μm。GO 纤维具有良好的力学性能，拉伸断裂强度为 102MPa，杨氏模量为 5.4GPa，断裂伸长率为 6.8% ~10.0%。还原后的石墨烯纤维拉伸断裂强度为140MPa，杨氏模量为7.7GPa，断裂伸长率为5.8%，电导率约为2.5×10^4S/cm。石墨烯纤维的物理力学性能明显优于GO纤维，可归因于石墨烯片层之间更紧密的排列和强大的相互作用力。

在优化纺丝工艺后，经过牵伸，在KOH水溶液凝固浴中制备出大尺寸石墨烯纤维。纤维断裂强度为184.6MPa，模量为3.2GPa，断裂伸长率为7.5%。相比于先前研究制备的小尺寸石墨烯纤维（102MPa，石墨烯纤维平均直径0.84μm）强度提高了接近2倍。随后，采用二价离子进行层间交联，选用$CaCl_2$对化学还原后石墨烯纤维进行交联，得到了强度高达501.5MPa、杨氏模量为11.2GPa的石墨烯纤维。不同交联剂交联的GO纤维及还原氧化石墨烯（reduction of graphene oxide fiber，RGOF）纤维的力学性能与导电性能如表1-4所示。

表1-4 石墨烯纤维的力学性能与导电性能

纤维种类	凝固浴	拉伸断裂强度（MPa）	杨氏模量（GPa）	断裂伸长率（%）	电导率（S/cm）
GO纤维	KOH	184.6	3.2	7.5	—
	Cu^{2+}	274.3	6.4	5.9	—
	Ca^{2+}	364.4	6.3	6.8	—
RGOF纤维	KOH	303.5	6.1	6.4	3.9×10^4
	Cu^{2+}	408.5	8.6	6	3.8×10^4
	Ca^{2+}	501.5	1.2	6.7	4.1×10^4

这是目前所报道的纯石墨烯（RGO）宏观材料强度的最高值。单根纤维的长度可达到数十米，也可形成多根纤维缠绕而成的纱线。这种石墨烯纤维在具有超高强度的同时还兼具良好的导电性和柔韧性，其导电能力在弯曲—伸直1000次后没有任何减弱，预示着石墨烯纤维这一新品种高性能纤维材料在多功能织物、柔软可穿戴传感器、超级电容器、石墨炸弹、轻质导线等领域有广泛的应用前景。

这种方法打通了从天然石墨矿到石墨烯纤维的通道，所需原料来源广、成本低且可规模化制备，因此具有很强的实际应用价值。研究人员正计划引入更强的相互作用力来克服石墨烯片间的相互滑移，进一步提升石墨烯纤维的强度，达到甚至超过碳纤维的力学性能，向“太空电梯”这一梦想的目标迈进。

（三）化学气相沉积法

化学气相沉积法（CVD）是先将石墨烯沉积到二维平面基板上，在沿垂直平面的一维方向进行拉伸，将石墨烯浸入溶剂相中，随后干燥，制备出石墨烯纤维的一种方法。

将石墨烯沉积于铜箔上，然后从溶剂（乙醇或丙酮）中牵出的纤维直径20~50μm，电导率1000S/cm。石墨烯纤维内部具有多孔结构，如图1-20所示。

多孔石墨烯纤维展现出了典型的电容器的特性，循环伏安法测试具有较好的速率稳定性和较高的电荷容量范围（0.6~1.4mF/cm）。加入1%~3%的MnO_2修饰后，石墨烯/MnO_2复合材料电荷容量提升到12.4mF/cm，循环稳定性也得到提高。这种多孔纤维可用于催化剂支架、传感器、超级电容器和锂离子电池电极等。

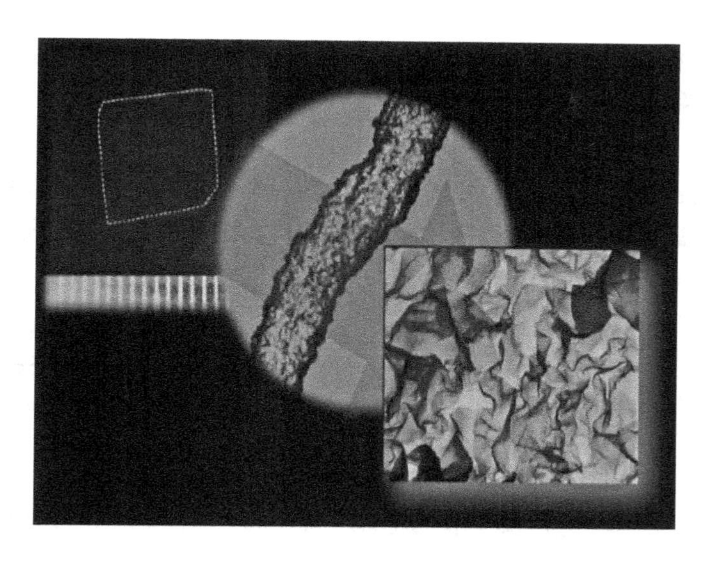

图1-20　CVD法制备的石墨烯纤维

（四）湿法纺丝

湿法纺丝是采用常规湿法工艺，选用特定的凝固浴，将石墨烯悬浮液注入凝固浴后制备出石墨烯纤维的一种方法。

湿法纺丝工艺纺丝速度在0.8～5m/min下，制备出直径范围在40～150μm的宏观石墨烯纤维，还原后石墨烯纤维的线密度范围为0.2～1.56tex。

不同尺寸石墨粉制备出的GO纤维、石墨烯纤维的力学性能与导电性能的数据如表1-5所示。大尺寸氧化石墨烯制备出宏观纤维具有更高的力学性能与导电性能。

表1-5　石墨烯纤维力学性能与导电性能

试样	线密度（tex）	纤维密度（g/cm^3）	拉伸强度（MPa）	拉伸模量（GPa）	导电性（S/cm）
GO纤维	0.57	0.30	145.4±5.6	5.4±0.5	—
还原后石墨烯纤维	0.48	0.28	208.7±11.4	7.9±0.3	210
大尺寸石墨烯纤维	0.61	0.32	245.2±8.2	9.5±0.4	—
还原后大尺寸石墨烯纤维	0.50	0.31	360.1±12.7	12.8±0.8	320

三、石墨烯连续纤维的应用

（一）高性能复合材料

石墨烯增强复合材料是石墨烯纤维的一项应用。实验数据表明，采用此复合材料，尼龙的重量只增加1‰，强度有望增加1倍。然而，目前文献报道的石墨烯纺丝纤维的强度与碳纤维强度还有很大差距，约为0.5GPa，一旦能够达到1GPa，即可实现产业化。

（二）超导材料

由于石墨烯的导电特性，石墨烯纤维的另一个可能运用的领域为超轻导线，其重量轻于金属导线。然而，虽然理论证实石墨烯在室温下传递电子速度比已知所有的导体和半导体都快，但目前由于通过 GO 纤维还原制备而成的石墨烯纤维内部和石墨烯片上缺陷及残留基团的存在，其导电性并比不上金属，还有待改进。

（三）电子器件

石墨烯的导热性与导电性以及出色的屏障性能，可以使得石墨烯材料作为互联器件应用于集成电路的散热器件。石墨烯可以轻易地通过 CVD 法在铜板上制得，所以可以预见其广泛应用。表 1－6 所示为石墨烯电子器件的优点。

表 1－6　石墨烯电子器件的优点

电子器件应用	优点
触摸屏	相比基准材料，石墨烯具有更优的耐久性
电子书	单层石墨烯的高透光率和可视性
可折叠有机发光二极管（OLED）	优异电子性能的石墨烯在厚度为 5mm 内具有可弯曲性，其工作官能团的可调性使其具有高效性，石墨烯的原子平台使得石墨烯避免了电子缺陷和电流漏泄
高频晶体管	可提供比传统Ⅲ－Ⅴ材料更高的频率
逻辑晶体管	高流动性

（四）纳米过滤膜领域应用

超薄纳米过滤膜就是化学 GO 另一个应用领域。GO 既可以制成宏观石墨烯纤维，还可以制成超薄纳米过滤膜。据介绍，通过化学氧化还原法，石墨烯会形成天然孔洞，孔洞直径为 1～2nm，有望用于环保过滤和海水淡化。

第三节　玄武岩纤维、碳化硅纤维及氧化铝纤维

一、玄武岩纤维

（一）概述

玄武岩纤维是以纯天然的玄武岩矿石为原料，将其破碎、除杂、清洗和干燥后加入熔制窑炉，经 1450～1500℃的熔窑熔融后拉丝而成的。1985 年在乌克兰纤维实验室建成第一台可工业化生产的窑炉，产品主要用于军工行业。目前，俄罗斯、乌克兰、美国、中国、德国、加拿大等国家都在进行玄武岩纤维的发展研究。我国是从 20 世纪 70 年代起开始对玄武岩纤维进行研究的，2004 年横店集团上海俄金玄武岩纤维有限公司采用创新生产技术“一步法”工艺成功实现了玄武岩纤维的工业化生产，使我国完全掌握了连续玄武岩纤维的自主研发和生产。

根据图 1－21 玄武岩纤维制备工艺示意图，可简单概括玄武岩纤维制备工艺如下：首先要选用合适的玄武岩矿原料，经破碎、清洗后的玄武岩原料储存在料仓 1 中待用，经给料器 2 用提升输送机 3，输送到定量下料器 4 喂入单元熔窑，玄武岩原料在 1500℃左右的高温初级熔化带 5 下熔化。目前玄武岩熔制窑炉均是采用顶部的天然气喷嘴 12 的燃烧加热。熔化后的

玄武岩熔体流入二级熔制带（前炉）6。为了确保玄武岩熔体充分熔化，其化学成分得到充分的均化以及熔体内部的气泡充分挥发，一般需要适当提高二级熔制带（前炉）6 中的熔制温度，同时还要确保熔体在二级熔制带（前炉）的较长停留时间。最后，玄武岩熔体进入两个温控区，将熔体温度调至 1350℃ 左右的拉丝成形温度，初始温控带用于“粗”调熔体温度，成形区温控带用于“精”调熔体温度。来自成型区的合格玄武岩熔体经多孔的铂铑合金漏板 7 拉制成纤维，拉制成的玄武岩纤维在施加合适的浸润剂 8 后，经集束器 9 及纤维张紧器 10，最后至自动绕丝机 11。

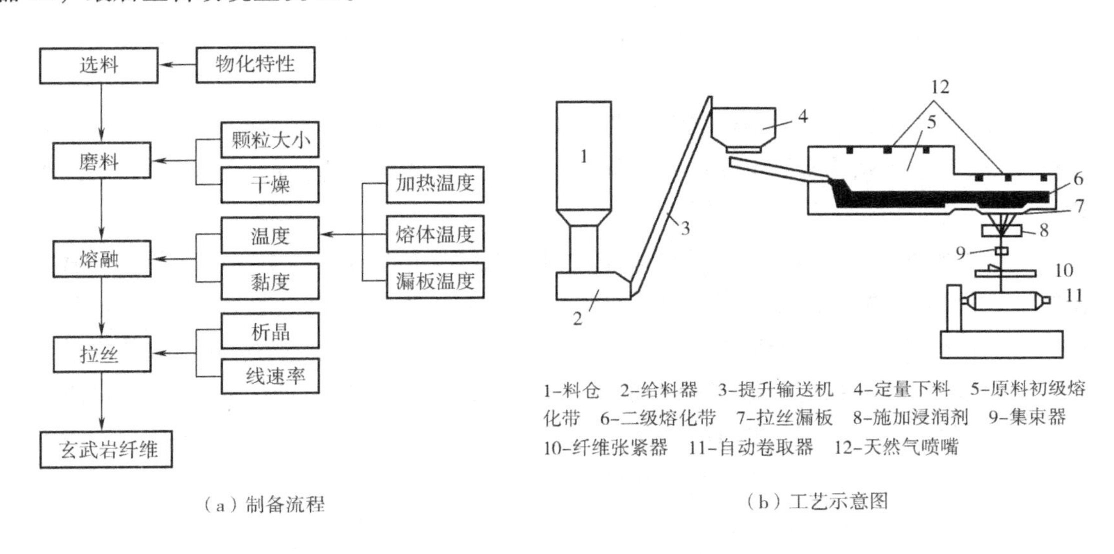

（a）制备流程

1-料仓　2-给料器　3-提升输送机　4-定量下料　5-原料初级熔化带　6-二级熔化带　7-拉丝漏板　8-施加浸润剂　9-集束器　10-纤维张紧器　11-自动卷取器　12-天然气喷嘴

（b）工艺示意图

图 1－21　玄武岩纤维制备工艺示意图

（二）玄武岩纤维形态及成分

图 1－22 所示为玄武岩纤维纵截面 SEM 图。图 1－23 所示为玄武岩纤维的表面 SEM 图，如图中所示，玄武岩纤维表面光滑，外观颜色一般为深棕色，但会因纤维中所含铁元素质量分数的差别有所差异，铁质量分数越高，颜色越深，但一般颜色相差不大。玄武岩纤维截面呈圆形，是在熔融冷却成形前，表面张力作用而导致的。

图 1－22　玄武岩纤维纵截面 SEM 图

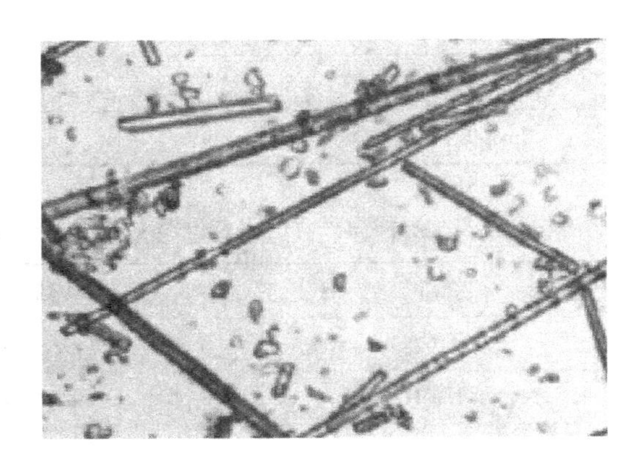

图 1－23　玄武岩纤维表面形态

玄武岩纤维主要成分是玄武岩，其化学组成一般为：SiO_2、Al_2O_3、CaO、MgO、Fe_2O_3、FeO、TiO_2、K_2O、Na_2O 等及少量杂质，其中主要成分为 SiO_2（44% ~ 50%）、Al_2O_3（12% ~18%）、CaO、MgO，次要成分是 Fe_2O_3、FeO、TiO_2、K_2O、Na_2O 等。玄武岩中含有的不同组分会赋予纤维特定的性能。纤维结构为非晶态，呈现近程有序远程无序的结构特征。

（三）玄武岩纤维的性能

1. 玄武岩纤维的物理性能 普通玄武岩纤维的有效使用温度范围为 260 ~ 700℃，特种玄武岩纤维则高达 982℃，说明玄武岩纤维具有优异的耐高温和耐低温性能，其使用温度范围大大超过其他类别纤维。玄武岩纤维的热传导系数低于其他类别纤维，因而具有优良的绝热性能。

玄武岩纤维的吸音系数大于玻璃纤维等其他纤维，故是一种理想的隔音材料。玄武岩纤维的比体积电阻比无碱玻璃纤维高一个数量级，具有优良的电绝缘性能，是一种理想的电绝缘材料。

2. 玄武岩纤维的化学性能 玄武岩纤维含有少量的 Na_2O、K_2O、TiO_2 等物质，使其具有较好的防水及耐化学腐蚀性能。玄武岩纤维吸水率为 0.12% ~0.3%，在水中煮沸 3h 后，质量损失率仅为 0.4%，强度保持率可达 99.8%。一般情况下，玄武岩纤维的耐酸性优于耐碱性，且同其他玻璃纤维相比其耐碱性更优良。在 2mol/L 的 NaOH 溶液中煮沸 4h 后的纤维质量损失率为 5.8%，在 2mol/L 的 HCl 溶液中煮沸 4h 后，纤维损失率仅为 3.04%。但也有研究表明，不同产地的玄武岩纤维耐酸碱性有所差异。

玄武岩纤维化学稳定性是指其抵抗水、酸、碱等介质侵蚀的能力。通常以受介质侵蚀前后的质量损失和强度损失来度量。表 1 -7 是玄武岩连续纤维与 E 玻璃纤维（无碱玻璃纤维，氧化钠含量在 0 ~2%）在不同介质中煮沸 3h 后的质量损失率。表 1 -8 是两种纤维在不同介质中浸泡 2h 后强度保留率。两个表中的数据，均是采用相同直径全裸的玄武岩纤维与 E 玻璃纤维的测试结果。

表 1 -7 玄武岩纤维与 E 玻璃纤维在不同介质中煮沸 3h 后的质量损失率

介质	玄武岩纤维	E 玻璃纤维
H_2O（水）	0.2%	0.7%
2mol/L NaOH（碱）	5.0%	6.0%
2mol/L HCl（酸）	2.2%	38.9%

表 1 -8 玄武岩纤维与 E 玻璃纤维在不同介质中浸泡 2h 后强度保留率

介质	玄武岩纤维	E 玻璃纤维
H_2O（水）	98.6% ~99.8%	98.0% ~99.0%
2mol/L NaOH（碱）	69.5% ~82.4%	52.0% ~54.0%
2mol/L HCl（酸）	83.8% ~86.5%	60.0% ~65.2%

除以上性能外，玄武岩纤维还具有优异的高温稳定性。高温稳定性是指在加热等高温条件下保持其化学性能、物理性能及各项力学性能的能力。表1－9列出了玄武岩纤维与E玻璃纤维在高温条件下抗拉强度下降的对比。从对比中可以看出，玄武岩纤维的高温力学性能大大优于E玻璃纤维。试验同时还指出，玄武岩纤维还具有优异的高温化学稳定性。玄武岩纤维在70℃热水作用下，在1200h后才失去部分强度，而在此条件下E玻璃纤维经过200h后基本上失去强度。

表1－9　玄武岩纤维与E玻璃纤维在高温下的抗拉强度变化

加热温度	抗拉强度变化（%）	
	玄武岩纤维	E玻璃纤维
20℃（室温）	100	100
200℃	95	92
400℃	82	62

3. 玄武岩纤维的力学性能　玄武岩纤维与其他高性能纤维的力学性能比较见表1－10。

表1－10　玄武岩纤维与其他高性能纤维的力学性能比较

纤维类别	密度（g/cm）	拉伸强度（MPa）	弹性模量（GPa）	断裂伸长率（%）
玄武岩纤维（国产）	2.75	3257	93	2.9
玄武岩纤维（加拿大）	2.80	4840	89	3.1
玄武岩纤维（乌克兰）	2.65～3.05	3000～3500	79.3～93.1	3.2
碳纤维	1.7～2.2	3500～6000	230～600	1.5～2.0
芳纶	1.49	2900～3400	70～140	2.8～3.6
E玻璃纤维	2.55～2.62	3100～3800	72.5～75.5	4.7
S玻璃纤维	2.50～2.60	4010～4650	83～86	5.3

通过比较发现，不同产地及不同生产厂家的玄武岩纤维因成分含量差异，使其力学性能也不尽相同。玄武岩纤维抗拉强度和弹性模量较高，明显优于芳纶和E玻璃纤维，断裂伸长率也比碳纤维大，说明玄武岩纤维成品的耐冲击性优于碳纤维成品。因此，玄武岩纤维可作为一种新型增强体材料代替碳纤维和玻璃纤维用于复合材料的制备加工。

4. 玄武岩纤维的环保性　玄武岩纤维与其他高性能纤维相比，具有较好的环保特性，主要表现在生产过程和对工人的安全性方面。首先，玄武岩纤维在熔化过程中不产生硼和其他碱金属氧化物等有害物质，且本身呈惰性，不燃烧、不爆炸、与空气和水接触无有毒物质产生，克服了传统玻璃纤维材料在制造过程中的缺点；其次，玄武岩纤维在废弃后，能自动降解为土壤母质，对环境无污染。除上述特点外，玄武岩纤维还具有较好的电绝缘性、良好的吸音性及电磁波屏蔽性能。

（四）玄武岩纤维的应用领域及应用前景

按纤维形态可将其分为玄武岩短纤维、连续玄武岩纤维和超细玄武岩纤维。玄武岩纤维的存在结构形式不同，其加工工艺和产品性能及应用领域也有所差距。目前玄武岩纤维可以无捻粗纱、膨体纱、玄武岩无纬布、平纹布、斜纹布、多轴向织物、针刺毡等多种结构形态存在。图1－24～图1－26所示为玄武岩纤维的应用。

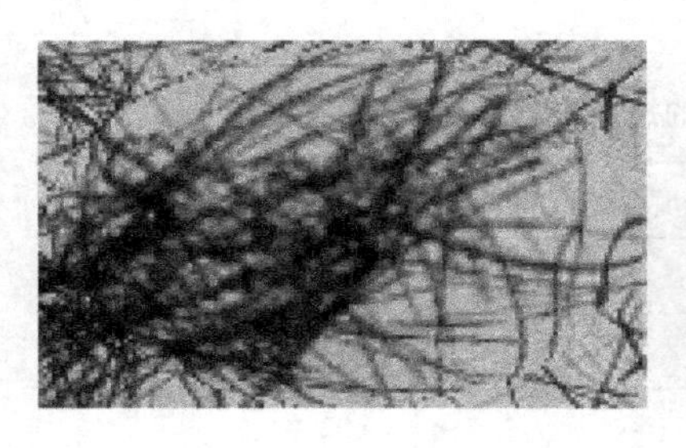

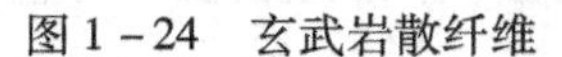

图1－24　玄武岩散纤维

图1－25　玄武岩纤维毡

图1－26　玄武岩纤维方格布

由于玄武岩纤维具有优越的化学、物理、力学及高温性能，因此它可在各行各业获得广泛的应用。

例如，航空工业（如发动机绝缘、排气设备中消音器的隔音），电子工业（如印刷电路板、仪表外壳部件、音箱绝缘材料、箔片等），石油化学工业（如空气净化过滤器、石油加工工业污水净化过滤器等），汽车工业（如发动机绝缘、驾驶室绝缘、刹车片绝缘、过滤器、排气管及车体部件等），建筑工业（如防火建筑材料、屋面材料等），机械工业（减震垫片、工业制冷及生活用冰箱隔热片、氮氧容器的绝缘材料、高压软管部件、抗摩擦部件等），造船工业（如取代石棉用作热、声音绝缘，小型复合材料船舶的方向盘零件和船体等），电气工业（如热绝缘、电绝缘、发电站净化用过滤器等），服装工业（如特种耐热服装、防弹背心、绳索和链带等），电缆工业（如取代黄麻编制层等），道路建设（如路基配筋、土工布、噪声屏蔽设施、防滑坡结构等）。

由于玄武岩纤维的耐高温性能，使得玄武岩连续纤维能非常容易地进入过滤材料市场，并成为该市场的主导力量。过滤材料的典型制品是工业滤布袋，工业滤布品种主要有涤纶短纤滤布、锦纶滤布、丙纶滤布、维纶滤布、全棉工业滤布等，这些滤布材料都不适合高温工作。而炭黑、电力、玻璃、化工、钢铁、冶金等诸行业又迫切需要耐高温过滤材料。目前采用不锈钢丝网来完成在400℃高温条件下的连续过滤任务，但90μm直径的不锈钢丝价格高达每吨40万元。这么高昂的价格大大限制了它所能占有的市场份额。

经过和过滤材料行业的有关单位（如广州元方滤材厂）探讨，普遍认为玄武岩连续纤维若能以每吨2.0万～2.5万元的价格供应市场，则将能非常顺利地进入市场，而且市场十分广阔。这将是一个无竞争对手的市场，可同时占据国内及国外两个市场。

采用矿物纤维土工布作为沥青路面增强材料，可以防止路面因低温龟缩而产生裂纹，能改变路面的结构应力分布，阻止反射裂缝的扩展，还可以减轻车辙的轧痕。这种矿物纤维土工布经表面化学处理后，改善了矿物纤维的表面性能，增强了纤维与沥青的黏结力，使其可在160℃高温下的沥青混合料接触后，不会产生开裂及翘曲变形，具有优良的施工性能，可以延长公路的使用寿命，并可相对降低路面结构层厚度，从而达到降低公路建设造价的目的。

利用矿物纤维复合材料管道可输送水、石油、多种化学介质及天然气等。矿物纤维管道以其优异的耐腐蚀性能、轻质高强、输送流量大、安装方便、工期短和综合投资低等优点，成为油气输送、输水工程式化及化工工业的最佳选择。它具有其他管材无法比拟的优越性。

二、碳化硅纤维

（一）概述

碳化硅纤维（silicon carbide fibers）是以有机硅化合物为原料，经纺丝、炭化或气相沉积而制得的具有 β - 碳化硅结构的无机纤维，属陶瓷纤维类。

从形态上分有晶须和连续纤维两种。晶须是一种单晶，碳化硅的晶须直径一般为0.1～2m，长度为20～300m，外观是粉末状。连续纤维是碳化硅包覆在钨丝或碳纤维等芯丝上而形成的连续丝或纺丝和热解而得到纯碳化硅长丝。

目前，制备连续SiC纤维的主要方法有化学气相沉积法（chemical vapor deposited，CVD法）、先驱体转化法（preceramic polymer pyrolysis，3P法）、微粉烧结法（powder sintering，PS）和化学气相反应法（chemical vapor reaction，CVR法）等。

1. 化学气相沉积法（CVD法） 化学气相沉积法是20世纪60年代，以细钨丝（W）或碳纤维（C）为芯材，以甲基硅烷类化合物（如 CH_3SiCl_3 等）为原料，在氢气流下于灼热的芯丝表面上反应，裂解为SiC并沉积在芯丝上而制得。由于CVD法制备SiC纤维时所采用的C丝和W丝的直径已有10～30μm，而成品SiC纤维的直径更是达到了140μm，直径太粗，柔韧性差，难以编织，不利于复杂复合材料构件的制备。同时又由于其生产效率低、成本高、难以实现大批量规模化生产，极大地限制了CVD法SiC纤维的应用。

2. 先驱体转化法（3P法） 先驱体转化法制备SiC纤维自1975年日本Yajima教授发明以来，是目前比较成熟且已实现工业化生产的方法，是工业化制备SiC纤维的主流方法。该方法是将有机硅聚合物——聚甲基硅烷转化成聚碳硅烷，经纺丝成先驱丝，再经交联，然后再高温烧成碳化硅纤维，该纤维主要由SiC微晶、自由C、非晶型相 Si_xCO_y 组成。

3. 微粉烧结法（PS法） 微粉烧结法是采用亚微米的 α - SiC微粉、助烧剂（如B或C）与聚合物的溶液混合纺丝，经挤出、溶剂蒸发、煅烧、预烧结及烧结（>1900℃）等步骤最后制得 α - SiC纤维。由于其晶粒粗大（高达1.7μm），且纤维内部有较大的孔洞，因此采用该方法制得的SiC纤维因其强度太低且直径偏粗（强度1.0～1.2GPa，直径25μm），不适宜用作高性能陶瓷基复合材料的增强纤维。

4. 化学气相反应法（CVR法） 化学气相反应法是以活性碳纤维为芯材，以气态SiO为硅源，在高温下通过气相反应或气相渗透使得碳纤维全部转化为SiC纤维。该方法工艺简单，成本较低，但受活性碳纤维多孔脆性的影响，所得 SiC 纤维的强度和模量均不高，因此目前还没有商品化纤维出现。

当前，国际上连续 SiC 研制的主要单位见表 1－11。

表 1－11　连续 SiC 纤维制备方法及主要单位

制备方法	国家	主要单位	技术特色	主要牌号
化学气相沉积法	法国	火炸药（SNPE）公司	钨芯	SM1040、SM1140、SM1240 系列
	英国	英国石油（BP）公司	钨芯	—
	美国	AVCO－Texton 公司	碳芯	SCS－2、SCS－6SC－8、SCS－9A、SCS－ULTRA
	中国	中科院金属所	钨芯	—
先驱体转化法	日本	碳公司	辐照	Nicalon、Hi－Nicalon、Hi－Nicalon S
		宇部公司	含 Ti/Zr/Al	Tyranno Lox M、Tyranno ZM、Tyranno SA
	美国	道康尔	含 B/N/Ti	Sylramic、Sylramic iBN
	德国	拜耳	含 N/B	Siboramic
	中国	国防科大	KD－1、DK－A、KD－SA	
		厦门大学	—	
		苏州赛力菲	SLF、Cerafil、SF	
微粉烧结法	美国	金刚砂（Carborundum）公司	因技术问题停产，后合并为美国奇耐联合纤维公司（Unifrax ILLC）	
化学气相反应法	未见产业化			

（二）连续 SiC 纤维的性能

SiC 纤维与碳纤维同属目前比较重要的无机纤维材料，与金属材料相比都具有比重轻、比强度大、耐腐蚀等特点。又由于两者都能够解决特殊场合、极端条件、恶劣环境等出现的瓶颈问题，发挥各自的特性，因此又都受到格外的关注。单从外表上看，两者很难分清（图 1－27），对两者的特性进行粗略比较见表 1－12。国产连续 SiC 纤维（SLF－Ⅰ）与国外 SiC 纤维（通用型）性能对比见表 1－13。

（a）碳纤维

（b）碳化硅纤维

图 1－27　碳纤维与碳化硅纤维外观比较

表 1－12　SiC 纤维与碳纤维的性能比较

	对比项目	碳纤维（PAN 基）	碳化硅纤维（先驱体法）	应用说明
物理性能	外观颜色	黑色	黑色或银黑色	两者外观上不宜分清
	纤维直径（μm）	4～11	7～14	SiC 纤维直径略粗，对纤维机织不利，需特殊对待
	密度（g/cm^3）	1.75～2.0	2.5～3.2	SiC 略重，但作为烧蚀材料，碳纤维需要加厚，SiC 纤维可减薄，轻量化上相当；高温下，SiC 材料可反复使用
	线密度（tex）	33～1600	250～300	为后续加工、应用方便，碳纤维总体丝束偏大
	丝束（K）	0.5～12	0.8～1	
	筒重（g）	1000～2000	150～350	碳纤维大筒包装，SiC 纤维受工艺影响，一般小包装
	定装长度（m）	5000～15000	500～1000	碳纤维产业连续化能力较 SiC 纤维强，SiC 受制备方法影响定长偏小
力学性能	强度（GPa）	3.5～7.0	2.6～4.5	总体上，受制造工艺影响，碳纤维在力学性能上略优于 SiC 纤维
	模量（GPa）	230～650	180～450	
	伸长率（%）	0.7～2.4	0.6～2.0	
电热磁及化学性能	空气中使用温度（℃）	<350	1250～1800	碳纤维 350℃强度急剧下降，687℃时燃烧，宜在低温或惰性气氛保护下使用
	电阻率（Ω·cm）	0.5×10^{-3}～2.5×10^{-3}	10^{-1}～10^{-7}	碳纤维是导体，SiC 纤维电阻率可调
	电磁波特性	反射、屏蔽特性	吸收/透波可调	SiC 纤维可用作吸波隐身材料
	热导率[cal/(cm·s·℃)]	0.02～0.4	0.01～0.2	25℃、500℃条件下测量，在某种意义上，碳纤维略高
	比热容 [cal/(g·℃)]	0.1～0.2	0.1～0.35	25℃、500℃条件下测量，SiC 纤维的比热容略大
	热膨胀系数（$10^{-6}K^{-1}$）	−0.4～−1.5	1～5	500℃、1000℃条件下轴向测量，碳纤维为负值
	耐酸碱性	有限条件	很好	在有氧条件下，碳纤维在酸或碱环境中的使用温度不宜超过 300℃
	受湿热性影响	大	极小	湿热条件会加速碳纤维力学性能下降
	耐摩擦性	不好	极好	SiC 颗粒莫氏硬度可达 9.3 以上
	吸收中子特性	无	吸收	SiC 纤维可用于耐辐射以及核防护装备
	复合材料界面特性	弱界面材料	强界面材料	SiC 纤维与金属、陶瓷、聚合物具有很好的复合相容性

表 1－13　国产连续 SiC 纤维（SLF－I）与国外 SiC 纤维（通用型）性能对比

指标	Nicalon NL－200	Tyranno Lox M	赛力菲 SLF－I
制造商	日本·碳公司	日本·宇部	中国·苏州赛力菲
抗拉强度（GPa）	3.0	3.3	2.6～2.9
初始模量（GPa）	200	185	185
线密度（tex）	190～210	190～210	270～285

续表

指标	Nicalon NL－200	Tyranno Lox M	赛力菲 SLF－I
断裂伸长率（%）	1.4	1.8	1.4
氧含量（%）	12	12	10
密度（g/cm^3）	2.55	2.48	2.47
直径（μm）	14	11	12
单纺位孔数（f）	250	200	500

（三）碳化硅纤维的应用

国产连续 SiC 纤维具有较好的可编性，可以制成各种平面及立体织物，可见图1－28。赛力菲 SLF－I 纤维的力学性能与编制性能接近或达到国外产品水平，但与国外产品相比，性能、品种和产量上仍需尽快缩短差距。目前苏州赛力菲陶纤有限公司已实现年产吨级连续 SiC 纤维，年产 10t 的产业化基地正在建设中。

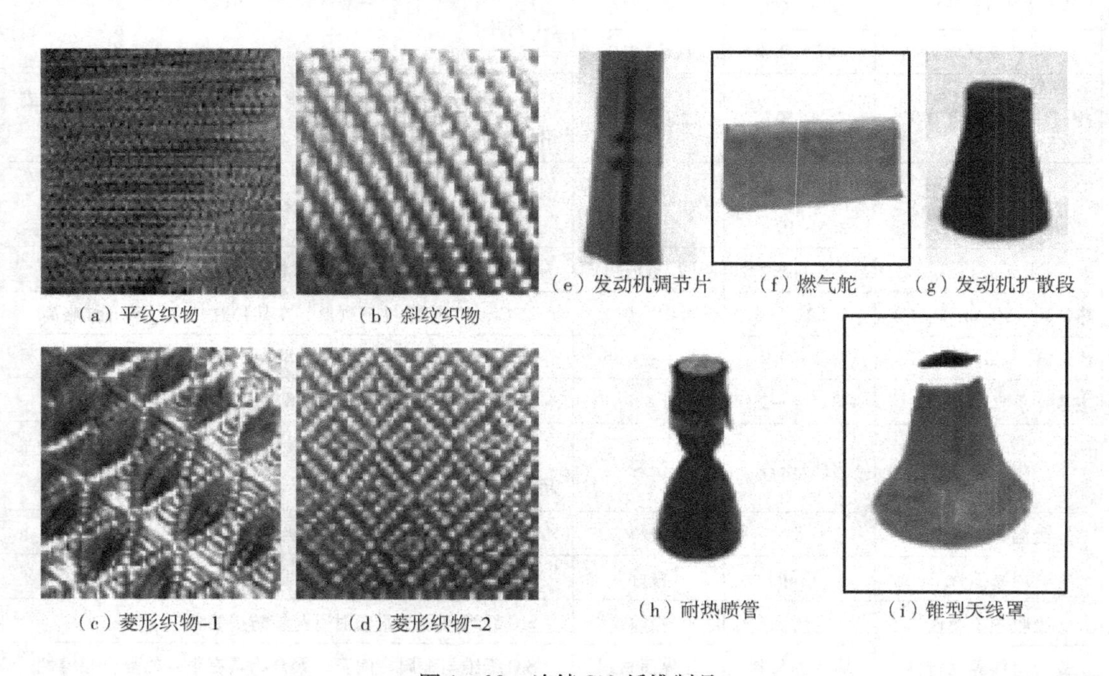
（a）平纹织物　（b）斜纹织物　（c）菱形织物-1　（d）菱形织物-2　（e）发动机调节片　（f）燃气舵　（g）发动机扩散段　（h）耐热喷管　（i）锥型天线罩

图1－28　连续 SiC 纤维制品

SiC 纤维具有高强度、高模量、耐高温、抗氧化、抗蠕变、耐化学腐蚀、耐盐雾和优良电磁波吸收等特性，与金属、树脂、陶瓷基体具有良好的兼容性，可在多领域中用作高耐热、抗氧化材料以及高性能复合材料的增强材料，尤其在高温抗氧化特性上更显突出，特别适宜作航空发动机、临近空间飞行器及可重复使用航天器等热结构材料的主选材料。国外连续 SiC 纤维产品的应用见表1－14。

表 1-14 国外连续 SiC 纤维产品应用

分类	应用领域	具体用途	应用状态	备注
热防护材料	航天飞机、超高音速运输机	高温区和盖板	纤维及织物的复合材料	法国“海尔梅斯” 德国“桑格尔”美国 NASA 航天飞机系列
	空间飞机或探测器	平面翼板及前沿曲面翼板	纤维及织物的复合材料	日本的 HOPE-X
	发动机	燃烧室	纤维及织物的复合材料	美国 Solar turlinces 美国 GE 公司参研 IHPTET 计划 日本 IHI 公司参研 HYPR 计划制造消声器 日本 IHI 公司参研 HYPR 计划制造尾椎 日本 AMG 公司制造 AMG 的燃烧室 法国 SNECMA 公司制备军用飞机火焰稳定器 美国 GE 公司参研 IHPTET 计划 美国 Allid-Sigral 公司参研 HYPR 计划
	燃气涡轮发动机	静翼面、叶片、翼盘、支架、进料管	纤维及织物的复合材料	法国斯内科玛和美国 GE 公司合资的 CFM 国际公司，Weat Line 涡轮叶片，飞机发动机“LEAP-X” 日本宇部公司用于 AMG 法国 SNECMA 公司用于军用飞机 英国 RR 公司用于军机
	飞机以及高超飞行器	发动机喷口挡板、调节片、衬里、叶盘	纤维及织物的复合材料	日本 AMG 燃料室 法国 Rafale 战斗机的 M88 发动机部分构件
隐身材料	飞机、巡航弹	尾翼、头锥、鱼鳞板、尾喷管	SiC 增强铝或 SiC 纤维与 PEEK 混编织物	美国洛克希德公司，隐身战机 F-22 的四个直角尾翼 法国“幻影 2000”战斗机的 M53 发动机 法国 Alccee 公司无人驾驶遥控隐身飞机“豺狼” 日本 IHI 公司制备军用飞机
纤维增强金属	飞机、战术导弹、汽车	尾翼、炮管、调节杆	SiC 纤维增强铝	英国海军“马岛”战争所用的战术导弹尾翼和炮管日本马自达汽车拉杆
防辐射	核电站耐辐射材料及核聚变装置	第一堆壁、燃料包覆、偏滤器以及控制棒材料	纤维毡及织物复合材料	美国、法国、日本、德国、中国、英国、俄罗斯等国际合作
民用	汽车、飞机	刹车盘	纤维毡及织物复合材料	韩国、美国、德国方程赛车
	探测器探头	探测基元	纤维	日本防盗和防火探测器

连续 SiC 纤维产品的潜在应用表现为以下几个方面：

1. 作为耐热材料 可用作连续热处理炉的网状带，输送高温物质用的传送带，金属精炼、压延、铸接、焊接等作业的耐热帘，金属熔体过滤器以及隔热材料，环境保护（排烟中的脱尘，脱硫，脱 NO_x 装置）中的衬垫、过滤器、袋式受尘器，化学工业、原子能的过滤器，汽车工业排气处理中的催化剂载体，燃烧器械的喷灯嘴，检测元件的红外敏感元件等。

2. 作为耐腐蚀材料 可于航海领域的涂层，机体结构材料以及海防工程等。

3. 作为纤维增强金属材料 在航天、航空、汽车工业等领域，可用于机体结构材料、结构零件，发动机部件及周围零件、风扇叶片等。

4. 作为装甲陶瓷材料 用于轻型装甲车辆挂片、舰船装甲、舰船夹板、飞机驾驶座椅、防弹背心插板等防护领域。

5. 用于环保、低辐射泄漏领域 如制造领域中计量设备的仪器、仪表等，使其具有电磁兼容、吸收电磁干扰的作用。

6. 用于反电磁干扰领域 如军事、宇航、航空领域的雷达或通信设备的天线，导弹、飞机、卫星的特性耦合和散射测量等。

7. 用于电子信息安全保密 如计算机系统和数据处理设备、高屏蔽电缆、计算机、通信终端、保密会议室、作战指挥室等，可以防止数据泄露。

8. 用作增强材料 如耐火砖、陶瓷、玻璃、碳素等材料的强化和增韧材料等。

9. 其他领域 如高档扬声器锥体、除静电刷子、屏蔽材料、高尔夫球棒、滑雪板、人体红外检测器等。

三、氧化铝纤维

（一）概述

氧化铝纤维（alumina fiber），属于高性能无机纤维，具有长纤、短纤、晶须等多种形式。

自20世纪70年代以来，世界许多发达国家投入大量精力研制开发多晶氧化铝纤维。1974年英国ICI公司采用卜内门法生产氧化铝纤维，生产的多晶纤维使用温度可达1600℃。1979年，美国DuPont公司最早采用淤浆法生产氧化铝纤维，所得 $\alpha-Al_2O_3$ 多晶纤维的氧化铝质量分数为99.9%，其商品牌号为FP。该氧化铝纤维的断后延长率低，仅为0.29%，其应用受到限制。日本MitsuiMining公司采用淤浆法生产氧化铝纤维，得到表面光滑的氧化铝纤维。

目前国外已有很多公司生产各种型号的高性能氧化铝纤维，市场上主要的氧化铝纤维品种有美国DuPont公司生产的FP和PRD166，美国3M公司生产的Nextel系列，英国ICI公司生产的Saffil氧化铝纤维以及日本Sumitomo公司生产的Altel氧化铝纤维。国内氧化铝纤维生产厂家在多晶氧化铝纤维的胶体法成纤工艺及煅烧、加工工艺方面已趋于成熟，最早中试成功的是浙江欧诗漫晶体纤维有限公司，并建成了国内第一套氧化铝纤维连续生产装置，是目前国内最具代表性的生产型企业，公司现已建成国内最具规模的多晶莫来石（氧化铝）纤维生产基地。

（二）制备方法

氧化铝熔点高达2323℃，其熔体黏度低，成纤性差，故无法用熔融法制取氧化铝纤维，目前主要有以下几种制取工艺。

1. 淤浆法　以$\alpha-Al_2O_3$粉、$Al(OH)_2Cl\cdot2H_2O$及少量$MgCl_2\cdot6H_2O$为主要原料，加入分散剂、流变助剂、烧结助剂等辅料，在一定条件下制成淤浆干纺混合物，挤出纺丝成纤、干燥，在1000～1500℃的空气中烧结，再在1500℃气体火焰中处理数秒钟，得到连续的氧化铝纤维。淤浆法生产中的浆料含水分及挥发物较多，在烧结前必须进行干燥处理，并要选择适当的升温速度，以防止气体挥发时体积收缩过快导致纤维破裂。

2. 溶胶—凝胶法　以金属铝的无机盐或醇盐为主要原料，加入醋酸、酒石酸等酸催化剂和水等，在一定条件下配成溶液并使其分散均匀，发生水解和聚合反应后得到一定浓度的溶胶，再经过浓缩处理使其黏度达到220～250Pa·s，成为可纺凝胶，经过纺丝、干燥后于1500℃烧结，可得到微晶聚集态氧化铝纤维。该法生产氧化铝纤维工艺简单，易于控制早期结晶以及材料的显微结构，产品纯度高，均匀性好，其均匀程度可以达到分子或原子水平，溶液在生产中容易被除去，烧结温度比传统方法低400～500℃，所得到的氧化铝纤维的抗拉性能好、可设计性强、产品多样化，已成为制取氧化铝纤维的主要方法。

3. 预聚合法　用烷基铝和其他添加剂在一定条件下聚合，形成一种铝氧烷聚合物，将该聚合物溶解在有机溶剂中，加入硅酸酯或有机硅化合物，再对该混合物进行浓缩处理成可纺黏稠液。经过干法纺丝成先驱纤维，然后分别在600℃和1000℃进行热处理，得到微晶聚集态连续氧化铝纤维。该法易于得到连续的氧化铝长纤维。

4. 卜内门法　将有机铝盐和其他添加剂在一定条件下混合，使之成为一定黏度的粘稠溶液，然后再与一定量的水溶性有机高分子、含硅氧化聚合物等混合均匀，形成可纺黏液，经过纺丝、干燥、烧结等处理，即得到氧化铝纤维。卜内门法难以得到连续长纤维，其产品多为短纤维形式。

5. 浸渍法　采用无机铝盐作为浸渍液，亲水性能良好的黏胶纤维作为浸渍物基体纤维。在一定条件下将其混合均匀，无机铝盐以分子状态分散于基体纤维中，经过浸渍、干燥、烧结、编织等步骤可以得到形状复杂的氧化铝纤维。浸渍法易于形成含铝纤维，并可以制成形状复杂的纤维产品，但成本较高，工艺较为烦琐，产品性能不易控制，形成的纤维质量较差。

6. 熔融抽丝法　美国TYCO研究所于1971年开发了熔融抽丝法来制备单晶$\alpha-Al_2O_3$纤维，即在高温下向氧化铝熔体插入钼制细管，利用毛细现象，熔融液刚好升到毛细管的顶端，然后由顶端缓慢向上拉伸就得到$\alpha-Al_2O_3$连续纤维。该法制取氧化铝纤维存在和浸渍法同样的不足之处。

（三）氧化铝的性能

氧化铝纤维直径10～20μm，密度2.7～4.2g/cm^3，抗拉强度1.4～2.45GPa，抗拉模量190～385GPa，最高使用温度为1100～1400℃，以Al_2O_3为主要成分，并含有少量的SiO_2、B_2O_3、Zr_2O_3、MgO等。

多晶氧化铝连续纤维或短纤维产品的主要缺陷是无论氧化铝纤维的纯度多高，在高温下都会发生氧化铝多晶颗粒边界生长现象而限制其在高温下的各种增强性能，同时纤维结构上往往存在缺陷而降低纤维的力学强度。单晶$\alpha-Al_2O_3$纤维可克服多晶纤维因晶粒在高温下长大而导致纤维性能下降的问题，得以实现在广阔的温度范围内的热学、化学和力学性能大幅度提升，从而在加入基体材料后使其复合材料的性能更加优越和稳定，因此正成为各国争相研发的热点。

单晶 $\alpha-Al_2O_3$ 纤维具有显著优于多晶氧化铝纤维和其他无机纤维的优越性能，可在1700℃以上的强腐蚀性和强氧化/还原的环境下增强各类复合材料的综合性能，也可作为多孔基材与其他材料形成先进复合材料，具有显著的耐高温综合性能。与目前使用的先进增强材料相比，单晶 $\alpha-Al_2O_3$ 纤维是纯氧化物材料，同时具有优异的热学和化学稳定性、强抗氧化性、强抗腐蚀性、高熔点、高硬度、高强度、均一轴生长、单晶、无第二相、无晶粒生长、抗蠕变等特点和性能。几种非金属无机材料纤维的性质比较见表1－15。

表1－15　几种非金属无机材料纤维的性质比较

性质	单晶 $\alpha-Al_2O_3$ 纤维	多晶氧化铝纤维	碳化硅纤维	碳纤维
相形态纯度	单一相	双相，其中一个相限制其性能	单一相	单一相
晶体结构	单一晶型，无晶粒生长	多种晶型，存在晶粒边界并在高温下引起蠕变	单一晶型	单一或多种晶型
热学性质	在所有条件下都具有超高热稳定性，稳定工作温度1700℃以上	稳定工作温度低于1200℃	超高热稳定性，稳定工作温度1500℃以上，但不适用于腐蚀性环境	超高热稳定性，稳定工作温度1500℃以上，但不适用于腐蚀性环境
化学性质	在强酸、强碱、强腐蚀性环境下非常稳定	在强酸、强碱、强腐蚀性环境下不稳定	仅在某些酸环境下稳定，在氧气和水环境下不稳定	仅在某些酸环境下稳定，在氧气和水环境下不稳定
力学性质	非常高，且具有时间一致性	较低	非常高，但时间一致性差	非常高，但时间一致性差

（四）氧化铝纤维的应用

氧化铝纤维具有优异的抗高温、耐腐蚀、低变形、低热导率、低空隙率与独特的电化学性质。多晶氧化铝纤维在高科技领域主要用做增强材料和耐高温绝热材料两大类，广泛用于增强Al、Ti、SiC和其他氧化物陶瓷基体，纤维与基体之间具有良好的相容性。采用氧化铝纤维增强的金属基与陶瓷基复合材料，可用在超音速与极超音速飞机上，已用做液体火箭发动机的喷管和垫圈。多晶氧化铝纤维具有的高强度、高模量、耐高温、抗氧化性、耐腐性和电绝缘性等多功能特性，正在被广泛应用于各领域。

单晶 $\alpha-Al_2O_3$ 纤维与金属基材料、陶瓷基材料之间有良好的相容性，是制备新型高性能复合材料的主要补强增韧材料之一，具有高强度、高模量、耐高温、抗氧化性和耐腐蚀性等多功能特性。

1. 用作绝热耐火材料　氧化铝短纤维具有突出的耐高温性能，主要用作绝热耐火材料，在冶金炉、陶瓷烧结炉或其他高温炉中作护身衬里的隔热材料。由于其密度小、绝热性好、热容量小，不仅可以减轻炉体质量，而且可以提高控温精度，节能效果显著。氧化铝纤维在高温炉中的使用节能效果比一般的耐火砖或高温涂料好，节能量远大于散热损失量，其原因不仅是因为减少了散热损失，更主要的是强化了炉气对炉壁的对流传热，使炉壁能得到更多的热量，再传给物料，从而提高了物料的加热速度和生产能力。氧化铝纤维还具有优异的高温力学性能，其抗拉强度可达3.2GPa，模量可达420GPa，长期使用温度在1000℃以上，有些可在1400℃高温下长期使用而强度不变。

2. 用作高强度材料 氧化铝纤维增强铝基复合材料具有良好的综合性能，因而成为装甲车、坦克发动机活塞的理想材料。美国陆军采用氧化铝纤维增强复合材料制造履带板，使质量从铸钢的544kg下降到272～363kg，减轻近50%。

3. 用作航空航天材料 氧化铝纤维还可应用于航空航天领域，据报道，氧化铝纤维增强复合材料制成空射导弹用固体发动机壳体，其爆破压强和钢材相同，质量却比铝合金还轻11%；此外，应用于固体火箭发动机喷管，可使喷管设计大大简化，部件数量减少50%，质量减轻50%。

4. 用作汽车附件材料 氧化铝纤维增强铝基复合材料可用于制造汽车发动机活塞、连杆、气门、集流腔等。据称，采用这种材料制成的连杆质量轻、抗拉强度和疲劳强度高、线膨胀系数小，可满足连杆工作性能要求，日本本田公司在轿车上使用了5万根这样的连杆。

5. 其他应用 除了上述应用，氧化铝纤维材料还可以用作有机废气处理器、燃气催化燃烧辐射器、耐火隔热纤维砌块等，能够改善汽车发动机使用效率、减少废气排放量、提高燃烧效率、改善产品烘干效果等。用于环保和再循环技术领域，如用作焚烧电子废料的设备，经过多年运转后，氧化铝纤维仍然具有优良的抵抗炉内各种有害物腐蚀的性能。

参考文献

[1] Hae－Ok Lee · Soon－Hong Lee. A Stay on the Origins and the History of Kintting[D]. Sungshin Wonmens Univercity,1999.

[2] Xingming Li, KunLin Wang. Directly Drawing Self－Assembled, Porous, and Monolithic Graphene Fiber from Chemical Vapor Deposition Grown...[J]. langmuir,2011,27(19):12164.

[3] Claire Berger, et al. Electronic Confinement and Coherence in Patterned Epitaxial Graphene[J]. Science,2006, 312(5777):1191－6.

[4] Zelin Dong, Changcheng Jiang, Huhu Cheng, et al. Facile Fabrication of Light, Flexible and Multifunctional Graphene Fibers[J]. Maknals Views,2012,24(14):1856－1861.

[5] Sungjin Park, Dmitriy A. Dikin, SonBinh T. Nguyen, et al. Graphene Oxide Sheets Chemically Cross－Linked by Polyallylamine[J]. The Journal Of Physical Chemistry C,2016,113(36):15801－15804.

[6] Changsheng Xiang, Colin C. Young, Xuan Wang, et al. Large Flake Graphene Oxide Fibers with Unconventional 100% Knot Efficiency and Highly Aligned Small Flake Graphene Oxide Fibers[J]. Maknals Views,2013,25(33):4592.

[7] Huhu Cheng,a Zelin Dong,a Chuangang Hu,et al. Textile electrodes woven by carbon nanotube－graphene hybrid

fibers for flexible electrochemical capacitors†[J]. Nanoscale, 2013, 5(8): 3428 - 3434.

[8] Li Chen, a Yuling He, a Songgang Chai, et al. Toward high performance graphene fibers[J] Nanoscale, 2013, 5(13): 5809 - 15.

[9] Huai - Ping Cong, Xiao - Chen Ren, Ping Wang et al. Wet - spinning assembly of continuous, neat, and macroscopic graphene fibers[J]. Scientific Reports, 2012, 2(4): 613.

[10] 董丽. 认识纳米纤维的全部潜力[J]. 现代材料动态, 2016(2): 10.

[11] 史妍, 曲良体. 石墨烯纤维研究进展[J]. 科技导报, 2015(3): 99 - 103.

[12] 杨莉, 吴宜城, 沈城伟. 玄武岩纤维的性能及应用[J]. 成都纺织高等专科学校学报, 2016, 33(1): 132 - 135.

[13] 王正刚, 张卫强, 张义军, 等. 玄武岩纤维性能及其鉴别方法[J]. 玻璃纤维, 2015(3): 40 - 47.

[14] 宗亚宁. 新型纺织材料及应用[M]. 北京: 中国纺织出版社, 2009.

[15] 罗晰旻. 碳化硅纤维的重要进展[J]. 高科技纤维与应用, 2011, 36(4): 33 - 34, 45.

[16] 汪多仁. 碳化硅纤维的开发与应用进展[J]. 高科技纤维与应用, 2004(6): 43 - 45.

[17] 张旺玺. 纤维材料工艺学[M]. 郑州: 黄河水利出版社, 2010.

[18] 马小民, 冯春祥, 何立军, 等. 耐高温连续碳化硅纤维的性能探讨及应用[J]. 航空制造技术时间, 2014(6): 104 - 108.

[19] 汪家铭, 孔亚琴. 氧化铝纤维发展现状及应用前景[J]. 高科技纤维与应用, 2010, 35(4): 49 - 54.

[20] 任春华, 叶亚莉, 周国成, 等. 氧化铝纤维的发展现状及前景[J]. 新材料产业, 2010, (4): 38 - 42.

[21] 严伯刚, 吴韬, 金磊, 等. 单晶 $\alpha - Al_2O_3$ 纤维的研究进展[J]. 江西科学, 2014, 32(4): 428 - 432.

第二章　高性能有机纤维

第一节　芳香族聚酰胺纤维

芳香族聚酰胺纤维是指至少有85%的酰胺链（—CONH—）直接与两苯环相连接的合成纤维，具有代表性的是对位的聚对苯二甲酰对苯二胺（PPTA，芳纶1414，对位芳纶）及间位的聚间苯二甲酰间苯二胺（芳纶1313，间位芳纶）。

一、对位芳纶（芳纶1414）

对位芳纶的中国学名为芳纶1414，1965年发明，1971年美国杜邦公司的商品化命名为Kevlar，荷兰Akzo－Noble公司的商品名为Twaron，俄国的商品名为Terlon。化学名称为聚对苯二甲酰对苯二胺（PPTA）。图2－1～图2－3为芳纶1414的长丝、短纤维和织物。

图2－1　芳纶1414长丝

图2－2　芳纶1414短纤维纱

图2－3　芳纶1414机织物

（一）对位芳纶的制造

对位芳纶的基本原料是对苯二胺（PPDA）和对苯二甲酰氯（TPC）。将 PPDA 溶于含 5% $CaCl_2$的 N－甲基吡咯烷酮（NMP）中，并冷却至－10℃以下，然后，通过精密计量装置将等摩尔的 PPDA—NMP 溶液和 TPC 送入双螺杆反应器进行低温溶液缩聚，反应生成物经沉析、水洗、干燥后，即为 PPTA 树脂。然后经过液晶纺丝或干湿法纺丝制得纤维，纺丝工艺如图 2－4 所示。

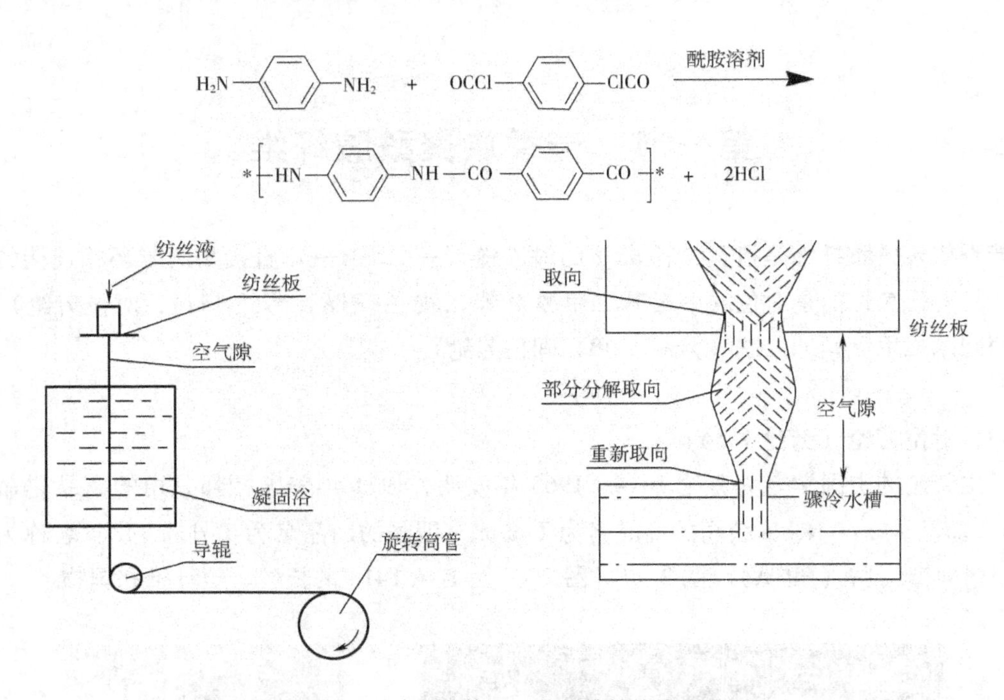

图 2－4　干喷湿法纺丝工艺纤维结构成型过程

（二）对位芳纶的结构

1. 大分子结构　对位芳纶的大分子结构如下所示：

$$\left[-\underset{\mathrm{H}}{\mathrm{N}}-\langle\bigcirc\rangle-\underset{\mathrm{H}}{\mathrm{N}}-\overset{\mathrm{O}}{\overset{\|}{\mathrm{C}}}-\langle\bigcirc\rangle-\overset{\mathrm{O}}{\overset{\|}{\mathrm{C}}}-\right]_n$$

2. 结晶结构　具有高结晶和高取向分子结构。Kevlar 29 的结晶度大于 85%，取向角为 12°～20°；Kevlar 49 的结晶度在 90%～95%之间，取向角小于 12°。

3. 原纤结构　原纤沿纤维轴向取向，600nm 宽，具有较高的结晶度和有序的结构。凯夫拉（Kevlar）纤维的原纤结构在横向有较小的连接力（范德瓦耳斯力和氢键）。皮层具有较高的原纤取向，芯层原纤的取向度较低，排列不规则。凯夫拉纤维原纤化结构模型见图 2－5。

4. 皮芯结构　其皮芯结构如图 2－6 所示。

（三）对位芳纶的性能

对位芳纶最突出的性能是其高强度、高模量和出色的耐热性，还具有适当的韧性，可供纺织加工。

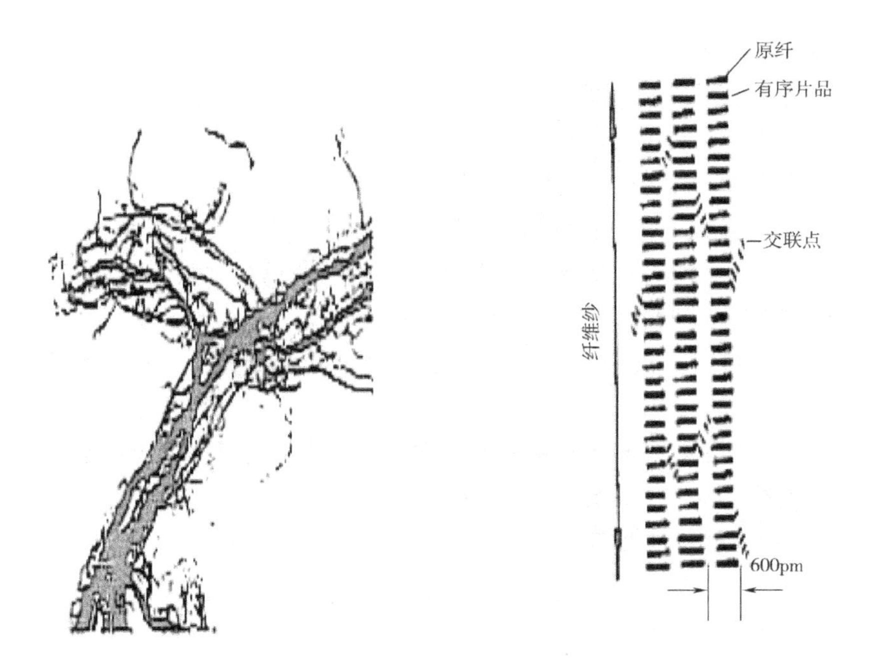

图 2－5　凯夫拉纤维原纤化结构模型

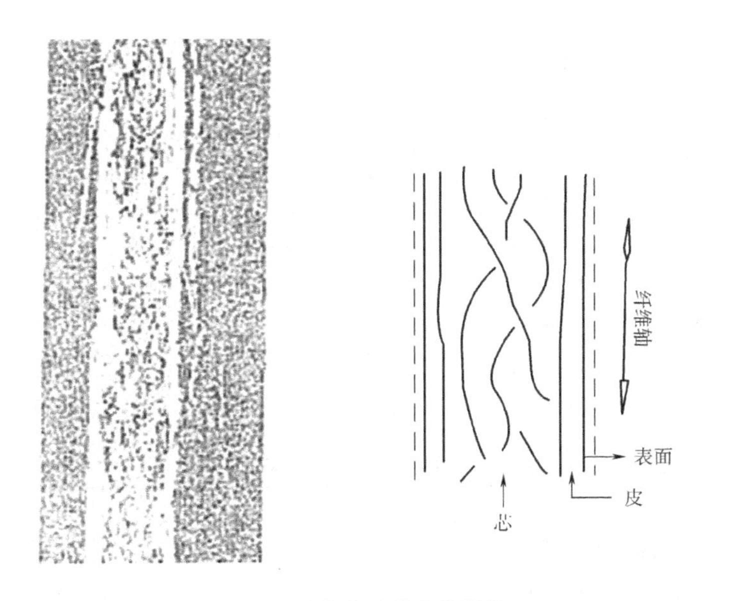

图 2－6　对位芳纶的皮芯结构

1. 力学性能　对位芳纶的比强度是钢丝的 6 倍，玻璃纤维的 3 倍。一般单丝的强度为 15.9～23.8cN/dtex，断裂伸长率为 1.5%～4.4%，Kevlar 49 和 Kevlar 149 的模量分别为 861.4cN/dtex 和 970.9cN/dtex，断裂伸长率为 2.8%、1.5%。具有非常低的蠕变，蠕变随温度和应力的增加而增加。对位芳纶力学性能的缺点是压缩强度和压缩模量较低。

2. 热性能　比热：Kevlar 49 为 1.7，与相同厚度的玻璃纤维布具有相同的绝热性能，但由于密度小，同重量的材料绝热性能好。玻璃化转变温度为 375℃，熔点为 530℃。

极限氧指数：28.5% ~29%。

使用温度：连续使用温度范围为 -196 ~204℃，在560℃高温下不分解、不熔化。在高温下，有很低的热收缩，热稳定性好。

耐热性：在200℃下经历100h，仍能保持原强度的75%；在160℃下经历500h，仍能保持原强度的95%。在高温下，有很低的热收缩，热稳定性好。

3. 化学稳定性 一般来讲，在氧化环境下，长时间使用温度为150℃。大部分盐水溶剂无影响，强酸强碱在高温或高浓度下，降低纤维强度。

4. 其他性能 密度为1.43 ~1.44g/cm^3，比锦纶、聚酯纤维大，比碳纤维纤维小。回潮率在3.9% ~4.5%。

纤维有光泽、淡黄色。耐潮湿和耐紫外辐射性差，表面与基体复合黏合性差。由于易原纤化，耐磨性能较差，需要上油剂，保护纤维。

一些品牌的PPTA纤维性能如表2-1所示。

表2-1 PPTA纤维性能

商品牌号	密度 (g/cm^3)	拉伸强度 (cN/dtex)	拉伸模量 (cN/dtex)	伸长率 (%)	LOI (%)	分解温度 (℃)	吸湿率 (%)
Kevlar 29	1.44	20.3	490	3.6	29	500	7.0
Kevlar 49	1.45	20.8	780	2.4	29	500	3.5
Kevlar 119	1.44	21.2	380	4.4	29	500	7.0
Kevlar 129	1.44	23.4	670	3.3	29	500	7.0
Kevlar 149	1.47	16.8	1150	1.3	29	500	1.2
Twaron Reg	1.44	21.0	500	4.4	29	500	6.5
Twaron HM	1.45	21.0	750	2.5	29	500	3.5
Technora	1.39	24.7	520	4.6	25	500	2.0
Armos	1.43	35.0 ~39.0	1050	3.5 ~4.0	39 ~42	575	2.0 ~3.5
Rusar C	1.46	36.3	1074	2.6	35	575	2.25
Rusar HT	1.47	34.7	1200	2.6	45	575	1.35

（四）对位芳纶的应用领域

1. 先进复合材料 密度很小的芳纶树脂基增强复合材料被用作宇航、火箭和飞机的结构材料，用来减轻自重，增加有效负荷，节省大量动力燃料。波音飞机的壳体、内部装饰件和座椅等部件都使用了对位芳纶。

芳纶复合材料还可广泛应用于轻型卡车与轿车的传动轴、车身底盘、保险架、座椅骨架、车门、面板、水箱等部件。

2. 防护材料 防弹衣等防护装备一直都是芳纶应用的重要领域，对位芳纶也因此得到“防弹纤维”的称号。用其制作的芳纶防弹衣和头盔的防护效果十分显著，许多国家军警的防弹衣、防弹头盔、防刺防割服、排爆服、高强度降落伞、防弹车体、装甲板等均大量采用对位芳纶。芳纶头盔是多层芳纶布经特殊树脂黏结高温高压成型的，具有强度高、质量轻及防护性能好的特点。芳纶复合材料防护头盔如图 2 -7 所示。

3. 建筑结构加固材料 芳纶复合增强材料除了具有轻质高强、高模、防腐蚀、耐久性能好等特点外，还具有抗碱腐蚀能力强、不导电、抗动载抗冲击和抗疲劳性能好，这就使它在海港码头工程、绝缘性要求高的场所如地铁、隧道及电气化铁路等工程得到广泛应用。如图 2 -8 所示。

图 2 -7 芳纶复合材料防护头盔

图 2 -8 建筑加固用芳纶织物

日本利用芳纶浸渍环氧树脂作为修补及加固材料，对高速公路、新干线的桥墩、建筑物的立柱、烟囱等进行修复，经过修复的建筑物可长期使用，并有修理工期快、节约资金等优点，更重要的是建筑物的抗震能力提高了十多倍。

我国使用对位芳纶进行加固的工程实例也有很多，如广东省惠州西枝江大桥加固工程、哈尔滨东宁金厂大桥加固工程、山东济宁凤凰台战备大桥加固工程、深圳龙岗万佳百货牛腿加固工程、济南黄河大桥加固工程等。

4. 代替石棉制造摩擦材料 可作为石棉替代品应用于摩擦材料领域，如离合器衬片、制动器垫片和刹车片，还可在密封材料上作为增强材料，提高密封垫圈的耐压性。工业化国家 90% 的刹车片和离合器面板，40% 的密封垫片都采用芳纶制造。

5. 用于缆绳和传送带 对位芳纶还可应用在光缆增强材料、航天器回收降落伞用绳带、半潜式深海钻井平台锚绳、高压电线牵引绳等领域。另外，还可应用于高温输送带、高速传送带、军用遮蔽物、帐篷、涂覆织物等领域。如图 2 -9 所示。

图 2 -9 芳纶绳索

二、间位芳纶

间位芳纶的中国学名为芳纶 1313，化学名称为聚间苯二甲酰间苯二酰胺（PMLA）。1967 年美国杜邦公司制造，其商品名为

Nomex。日本帝人也是世界上最早的芳纶 1313 供应商之一，商品名为 Conex。烟台泰和新材料股份有限公司制造的芳纶 1313 商品名为 Tametar。芳纶短纤维及其短纤纱如图 2-10 和图 2-11 所示。

图 2-10 芳纶 1313 短纤维

图 2-11 芳纶短纤维纱

（一）间位芳纶的制备

以间苯二胺和间苯二甲酰氯两种单体为原料，以二甲基乙酰胺或四氢呋喃为溶剂进行低温溶液聚合。聚合时应加入三乙胺、无机碱类化合物等酸吸收剂。反应完成后用碱中和，经过滤、脱泡后直接进行干法或湿法纺丝。干法纺丝一般用于纺制长丝，喷丝孔数较少，纺丝速度较高，纤维质量较好，但设备较复杂，生产成本也较高。而湿法纺丝喷丝孔数可达 30000 孔以上，设备简单，产量高，生产成本低，适于生产短纤维，但纤维质量比长丝稍差。初生纤维经洗涤、两道拉伸干燥、卷曲、切断和打包，便是成品短纤维。

（二）间位芳纶的结构特点

在它的晶体里，氢键在两个平面内排列，从而形成了氢桥的三维结构。由于极强的氢键作用，使之结构稳定，具有优越的耐热性能以及优良的阻燃性能、耐化学性能。其分子结构式如下：

$$\left[NH-C_6H_4-NH-CO-C_6H_4-CO \right]_n$$

（三）间位芳纶的性能特点

1. 耐高温和阻燃性 芳纶 1313 在 260℃下持续使用 1000h，其剩余强度仍能保持原强度的 65% ~70%，它不熔融，当温度超过 400℃时，纤维逐渐发脆，炭化，直至分解，但不会产生熔滴，在火焰中不延燃，具有较好的阻燃性，限氧指数 LOI 为 29% ~32%。

2. 绝缘性 芳纶 1313 介电常数很低，固有的介电强度使其在高温、低温、高湿条件下均能保持优良的电绝缘性，用其制备的绝缘纸耐击穿电压可达到 40kV/mm，是全球公认的最佳绝缘材料。

3. 耐酸性　该纤维能耐大多数酸的作用，只有长时间与盐酸、硝酸或硫酸接触，强度才有所降低。对碱的稳定性也好，只是不能与氢氧化钠等强碱长期接触。

4. 力学性能　断裂强度较高（高于普通涤纶、棉、锦纶 66 等），伸长较大，耐磨牢度好。间位芳纶的力学性能见表 2－2。

表 2－2　力学性能

指标	Nomex（干法）	Conex（湿法）
密度（g/cm^3）	1.38	1.38
强度（cN/dtex）	4.42	4.42～4.86
延伸度（%）	17	35～50
拉伸模量（cN/dtex）	132.45	52.98～79.47
回潮率（%）	4.2～4.9	5～5.5
分解温度（℃）	400	400

5. 芳纶 1414 和芳纶 1313 性能比较　强伸性：芳纶 1414 > 芳纶 1313；耐热性：芳纶 1313 > 芳纶 1414；阻燃性：芳纶 1313 > 芳纶 1414。因此，芳纶 1414 作为轮胎帘子线和防弹等高强度材料，而芳纶 1313 作为耐高温和阻燃材料。

（四）间位芳纶的用途

利用其优异的耐高温性、阻燃性做成除尘袋，能过滤掉炼钢、水泥等高污染企业产生的高温粉尘；做成消防服、作战服，能有效地避免烧伤烫伤；做成绝缘纸，可以大幅度提高机电产品的耐热绝缘等级；做成蜂窝夹芯材料，又是高速列车、飞行器的理想结构材料。其应用如图 2－12 和图 2－13 所示。芳纶 1313 的主要供应商依次为美国杜邦、烟台泰和新材、日本帝人。美国杜邦在全球处于垄断地位。烟台泰和新材的产品性能指标和差别化程度与美国杜邦比较接近，是美国杜邦的主要竞争对手。日本帝人也是世界上最早的芳纶 1313 供应商之一。

图 2－12　芳纶 1313 蜂窝夹芯材料

图 2－13　芳纶 1313 耐高温滤尘袋

第二节　超高分子量聚乙烯纤维

超高分子量聚乙烯（Ultra High Molecular Weight Polyethylene，UHMWPE）纤维是继芳纶（Kevlar）纤维后，又一类具有高度取向伸直链结构的纤维。超高分子量聚乙烯纤维是20世纪70年代由英国利兹大学首先研制成功，当时所用的聚乙烯相对分子质量只有10万。此后荷兰DSM公司、美国的联合信号公司（Allied Signal）、日本东洋纺在20世纪80年代实现了产业化。宁波大成联合科研院所从1996年开始，历经四年多的艰苦努力和巨额资金的投入，发明了混合溶剂，申请了专利，于2000年实现了产业化。

一、超高分子量聚乙烯纤维生产工艺及国内外生产状况

UHMWPE纤维凝胶纺丝工艺主要有两大类：一类是干法路线，即高挥发性溶剂干法凝胶纺丝工艺路线；另一类是湿法路线，即低挥发性溶剂湿法凝胶纺丝工艺路线。溶剂和后续工艺是两种工艺路线的最大区别，由于两类溶剂特性区别大，从而使后续溶剂脱除工艺也完全不同，各有优势。

干法路线以荷兰帝斯曼公司为代表，使用高挥发性十氢萘作为溶剂，形成稀溶液或悬浮液（质量分数小于10%），通过喷丝板挤出，经烟道冷却，十氢萘汽化，得到干态凝胶原丝，再经高倍拉伸得到UHMWPE纤维。其中十氢萘溶剂对聚乙烯溶解效果好、易挥发，纺丝过程无须连续多级萃取和热空气干燥，生产效率高，操作条件温和，溶剂十氢萘能直接回收，易达到环保要求。

湿法路线以美国霍尼韦尔公司为代表，将UHMWPE树脂在矿物油类低挥发性溶剂中溶解或溶胀，用双螺杆挤出机混炼、脱泡，经计量泵挤出，进入水浴（或水与乙二醇等混合浴）凝固得到含低挥发性溶剂的湿态凝胶原丝，再用高挥发性萃取剂连续多级萃取，置换出原丝中的低挥发性溶剂，得到干态凝胶原丝，经高倍拉伸制得高性能UHMWPE纤维。该路线要收集萃取剂、溶剂和水等混合物，通过精馏装置分离回收；溶剂矿物油一般采用高沸点的白油、石蜡油、煤油等，溶剂来源多、价格低；萃取剂采用低沸点物，如氟利昂、二甲苯、汽油、丙酮、三氯三氟乙烷等。该工艺耗用大量萃取剂，经历多道萃取、干燥和大量混合试剂的精馏分离，耗能多，流程较长，成本较高。目前挥发性和萃取性最好的萃取剂是氟利昂，但不符合环保要求，发展受限。

大成冻胶纺丝的基本工艺流程见图2－14。

在超倍拉伸的过程中，除了能使大分子取向促进应力诱导结晶外，还能使原有折叠链结晶解体，改造成伸直链结晶，使纤维具有无定形区均匀分散在连续、伸直链结晶基质中的结构，从而发挥出高强、高模的优异特性。

UHMWPE纤维凝胶丝的超倍热拉伸一般须经三个阶段：

（1）初期阶段，拉伸温度较低（90～133℃），拉伸倍数在15倍以下。此阶段是肩颈拉

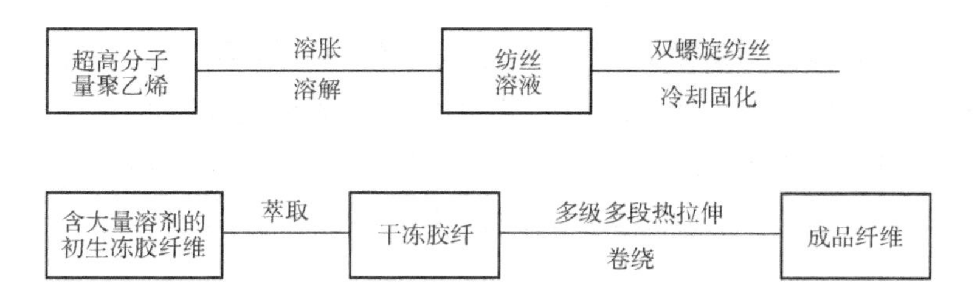

图2-14　大成冻胶纺丝的基本工艺流程

伸，纤维结构主要发生折叠链片晶和分离的微纤运动。

(2) 随拉伸温度的提高（143~145℃）和拉伸倍数的提高，运动的折叠链片晶开始熔化，分离的微纤逐渐聚集，纤维形变增大。

(3) 温度高于143℃，分子运动激烈，熔化的折叠链片晶解体，在拉伸力的作用下重排成伸直链结晶。

世界上工业化生产UHMWPE纤维的企业主要是荷兰帝斯曼、美国霍尼韦尔和日本东洋纺（Toyobo）三大公司。随着我国取得自主知识产权，UHMWPE纤维生产技术快速提升。2011年，世界UHMWPE纤维的总产能29.2kt/a，其中荷兰帝斯曼和美国霍尼韦尔公司共占42%；我国产能近17.0kt/a，占总产能的58%。目前，世界上UHMWPE纤维总生产能力34.8kt/a左右，其中荷兰约6.0kt/a，美国约3.0kt/a，日本约3.2kt/a，中国约21.6kt/a，我国产能已占世界总产能的62%。

二、UHMWPE纤维的分子结构和超分子结构特点

超高分子量聚乙烯纤维的基本结构为聚乙烯，相对分子质量在100万以上。分子式如下：

$$\left[CH_2CH_2 \right]_n$$

在超倍牵伸时，其大分子链的高度取向使晶区及非晶区的大分子充分伸展，形成了高度结晶的伸直链的超分子结构，高强聚乙烯纤维的优越性能完全是由于它的这种超分子结构决定的。产品的结晶度一般不低于75%，有较高的取向度，微纤轴方向与纤维轴方向之间的夹角COSΦ值一般不低于0.9697。这些特点赋予其沿拉伸方向有着较高的强度（24cN/dtex以上）和较高的模量（700cN/dtex以上）。

通过提高相对分子质量，增加纤维中伸直链结构等方法可以进一步提高其强度和模量。当相对分子质量高达300万以上，把无限长的高分子链完全伸展后，其纤维的拉伸强度相当于高分子链的极限强度。PE分子链C—C键的极限强力可以用以下公式计算：

$$极限强度(cN/dtex) = 60.9/(P \cdot s)$$

式中：P——聚乙烯密度（0.97）；

s——聚乙烯分子截面积（$0.193nm^2$）。

因此极限强度可达331cN/dtex。而目前市售UHMWPE纤维的强度仅为33cN/dtex。一般柔性链分子构成纤维的强度最多只能达极限强度的10%。因此，只要采取特定的纺丝及后拉

伸技术，使 PE 纤维达到超高强度是可能的。

聚乙烯分子本为非极性分子，无极性基团，分子间作用力小，分子易发生内旋转。这些结构特点导致聚乙烯纤维熔点较低，通常不高于 170℃，耐蠕变性能差。

因为聚乙烯分子结构简单，没有极性基团，也使其表面加工性能差，不易做染色及黏结处理，如需改善其表面加工性能，还需在其表面引入极性基团。

三、UHMWPE 纤维性能

1. 拉伸性能 由于 UHMWPE 是线性长链结构，由亚甲基组成，高分子链在晶区呈伸直链构象，因此决定了 UHMWPE 纤维具有其他纤维无法比拟的力学性质，目前全球各大公司生产的 UHMWPE 纤维拉伸性能见表 2-3。

UHMWPE 纤维的密度为 0.97，只有芳纶的 2/3 和高模碳纤维的 1/2，而轴向拉伸性能很高。其比拉伸强度是现有高性能纤维中最高的，比拉伸模量除高模碳纤维外也是很高的，较芳纶高得多。UHMWPE 纤维与其他同类纤维拉伸性能的比较见表 2-4。

表 2-3 UHMWPE 纤维拉伸性能

生产厂家	品牌	密度（g/cm³）	强度［N/tex（g/旦）］	模量（g/旦）	伸长率（%）
大成公司	DC-90	0.97	3.62（41.0）	123.48（1400）	3.0
	DC-88	0.97	3.35（38.0）	110.25（1250）	3.5
DSM 公司	Dyneema SK60	0.97	2.82（32.0）	90.41（1025）	3.5
	Dyneema SK66	0.97	3.16（36.0）	97.02（1100）	3.6
	Dyneema SK75	0.97	3.53（40.0）	110.25（1250）	3.2
	Dyneema SK76	0.97	3.70（42.0）	119.07（1350）	3.0
美国 Honeywell	Spectra 1000	0.97	3.18（36.0）	131.43（1150）	2.9
	Spectra 2000	0.97	3.35（38.0）	119.07（1350）	2.9
日本三井石化	TEKMILON 系列	0.97	2.90（32.9）	83.00（941）	4.0

表 2-4 UHMWPE 纤维与其他同类纤维拉伸性能的比较

性能	密度（g/cm³）	强度［N/tex（g/旦）］	模量［N/tex（g/旦）］	伸长率（%）	比强度	比模量
UHMWPE 纤维	0.97	3.2（36.0）	110.3（1250）	3.5	4.14	146
芳纶	1.44	2.3（26.0）	70.6（800）	2.5	1.33	60
碳纤维	1.81	1.9（22.0）	132.3（1500）	1.2	0.97	73
S 玻璃纤维	2.50	1.8（20.0）	31.8（360）	5.2	0.74	14

2. 耐冲击性能 UHMWPE 纤维是玻璃化转变温度低的热塑性纤维，韧性很好，在塑性变形过程中吸收能量，因此，它的复合材料在高应变率和低温下仍具有良好的力学性能，抗冲击能力比碳纤维、芳纶及一般玻璃纤维复合材料高。

UHMWPE纤维复合材料的比冲击总吸收能量分别是碳纤维、芳纶和E玻璃纤维的1.8倍、2.6倍和3倍，其防弹能力比芳纶装甲结构的防弹能力高2.6倍。

3. 化学性质　由于UHMWPE纤维的高结晶度和高取向度，大分子截面积又极小，故大分子链间排列十分紧密，从而有效地阻止了化学试剂的侵蚀，其数据见表2-5。PE的亚甲基结构又使其耐光性比芳纶好。

表2-5　UHMWPE纤维的化学性能

试剂	浸润6个月的保留强度	
	PE纤维	芳纶
蒸馏水	100	100
海水	100	100
洗涤剂（10%）	100	100
盐酸（1mol/L）	100	40
磷酸（10%）	100	79
冰醋酸	100	82
氢氧化钠（29%）	100	70
氢氧化钠（5mol/L）	100	42
汽油	100	93
煤油	100	100
甲苯	100	72

4. 耐热性　UHMWPE纤维耐热性较差，热变形温度（0.46MPa）85℃，熔点130～136℃。

5. 加工性　由于PE由亚甲基单元组成，C—C键处于较自由的旋转状态，它决定了PE纤维的柔韧性，表2-6为几种合成纤维的成环、勾结强度的比较。从表2-6可见，PE纤维的加工性能位于其他纤维之首，故适于多种加工形式（编织和织造等）来制备所需各种形式的织物。

表2-6　UHMWPE纤维的成环强度和勾结强度

纤维品种	成环强度		勾结强度	
	(N/tex)	(%)	(N/tex)	(%)
PE	1.3～2.0	40～65	1.1～1.7	35～55
芳纶	0.9～1.5	40～75	0.6～0.8	30～40
碳纤维	0.01	0～1	0	0
聚酯	0.6～0.7	70～75	0.4～0.5	50～60
锦纶6	0.6～0.7	70～75	0.4～0.6	60～65
聚丙烯	0.6～0.7	85～95	1.4～1.5	60～70

注　该百分数为原始强度的百分数。

在织物加工时，纤维的耐磨性和挠曲寿命又是另一个重要指标，PE 纤维较芳纶和碳纤维为优，可以与聚酯、尼龙相比拟，它为纤维的加工提供了良好的保证。

四、UHMWPE 纤维的应用

（一）用于防护材料

PE 纤维的耐冲击性好、比能量吸收大，是制备复合材料的优良增强纤维，在无须高温条件下较芳纶为佳。

已用作装甲车辆的装甲防护结构、各种防弹板、头盔、导弹头锥仓体、火箭发动机壳体和雷达罩等。其中以兵器尤为突出，如分别以 PE 纤维、芳纶与铝复合做成的装甲壳体相比较，比能量吸收分别为 119.7J/kg 和 76.5J/kg，穿透速度分别为 100.3m/s 和 86.4m/s。已用作运钞车及防弹车的防弹板、防护挡板等。

在防弹头盔方面，防弹效果相同的 UHMWPE 纤维头盔的重量只有芳纶头盔重量的 2/3。

目前世界上先进的复合材料军用防弹衣的基本构型相似，主要包括融合有战术背心功能的外套、采用芳纶或超高分子量聚乙烯纤维制成的软制防弹层，以及加强防护用的防弹插板。美国 2001 年 1 月开始陆续装备的“拦截者”防弹衣，主要以“凯夫拉”制成软制防弹层，以碳化硼陶瓷制成防弹插板；法国维和部队配备的防弹衣以及防弹插板都是采用超高分子量聚乙烯纤维制成，全套重量不超过 5kg，能抵御北约 5.56mm、俄制 7.62mm 突击步枪普通弹的攻击。

宁波大成公司以 UHMWPE 纤维单向无纬布制作的 2cm 厚的插板可以有效防御以 AK-47 为代表的突击步枪普通弹的攻击；1cm 厚的碳化硅或氧化铝陶瓷块材料加上约 50 层 UHMWPE 单向无纬布纤维片制成的防弹插板能够抵御狙击步枪穿甲弹的攻击，这样一块 30cm×25cm 的插板重约 2.6kg。目前我军配备的 95 式突击步枪，口径为 5.8mm，弹丸初速达 930m/s，属于世界上威力相当大的突击步枪之一，采用这种插板也完全可以对其进行有效防护。

由于中国实现了高强 UHMWPE 纤维及单向无纬布的规模化生产，使中国士兵能够以每人 5000 元的成本配备全套防护装备，包括头盔、防弹衣、陶瓷插板、护颈、护肩等在内，装备防御水平超越美军，接近了世界最高水平。

宁波大成公司以高强聚乙烯纤维为基础材料研制的系列防弹制品已全面进入国内市场，并远销欧美、中东、南亚、非洲等 40 余个国家和地区，得到了用户的普遍好评。

采用编织、针织和非织造形式可以将 PE 纤维制成多种类型的织物，现已上市的有防弹背心和防弹衣服，防切割手套和织物（图 2-15、图 2-16）。其中以防弹衣最为引人注目。它具有轻柔的优点，防弹效果优于芳纶。如以强度为 25.1cN/dtex、模量为 1151cN/dtex、伸长率为 3%、线密度为 228dtex 的 PE 纤维纱线，织成面密度为 1.76kg/m 的织物，与芳纶相同面密度的织物制成的防弹衣相比较，穿透织物的子弹速度分别为 370m/s 和 358m/s。荷兰 DSM 公司将 PE 纤维织成无纬布（UD）形式，不但具有强度高的特点，而且用户使用特别方便。近年来，国外出现了高强度玻璃纤维与 PE 纤维混杂编织的织物，其用途广泛。

图2－15　防弹衣

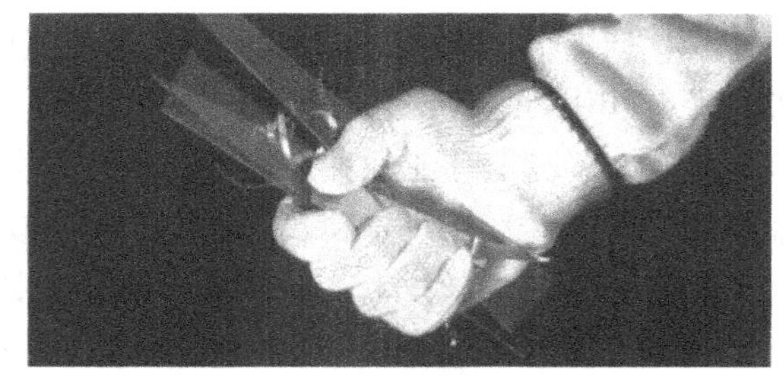

图2－16　防切割手套

（二）缆绳

由于PE纤维的高强、高模、耐磨、耐腐蚀和耐光性，应用该纤维制成缆绳、绳索、渔网是极为适宜的，尤其适用于海洋工程，如超级油轮海洋操作平台、灯塔的固定锚绳，解决了已往使用钢缆绳遇到的锈蚀和尼龙、聚酯缆绳遇到的腐蚀、水解、紫外降解等引起缆绳强度降低或断裂及需经常进行更换的问题。在深海（约5000m）开采锰结核矿时，PE纤维显示出更优异的性能。由于相对密度小于1，自由悬挂长度可无限长（海水中），解决了已往使用钢缆绳时，过长钢缆绳的自重导致的断裂。

在航天工程中，已用作航天飞机着陆的减速降落伞和飞机悬吊重物的绳索。国际上已将PE纤维编织成不同线密度的绳索，取代了传统的钢缆绳和合成纤维缆绳，其发展速度异常迅速。在捕渔业中，已用PE纤维制成了拖网。

（三）应用中存在的问题

UHMWPE纤维具有上述众多的优越性能，并得到了广泛的应用。但由于结构上的特点，UHMWPE纤维的熔点为140℃左右，在长期的恒定载荷作用下蠕变比较大，随着使用温度的升高更加明显。又由于PE自身的化学惰性及纤维表面的光滑，使其与其他材料的粘接性差。这两点限制了UHMWPE纤维在一些方面的应用。

为了改进这些不足，使其得到更广泛的应用，提出了几种改进措施。如使纤维进行交联形成三维网状结构，提高纤维的热机械性能和耐蠕变性；纤维进行表面处理或表面接枝，提高其与基体树脂的粘接性等。

第三节　PBO纤维

聚对苯并双噁唑纤维（Poly－p－phenylene benzobisthiazole，PBO）简称PBO纤维，其商品名为柴隆（Zylon）。PBO纤维具有超高强度、超高模量、超高耐热性、超阻燃性四项“超”性能。

一、概述

PBO 纤维是 20 世纪 80 年代美国空军空气动力学开发研究人员发明的，90 年代随着技术的发展，PBO 的制备技术也逐渐成熟并实现了工业化。美国 Dow 化学公司获得其全世界实施权，并对 PBO 进行了工业性开发。但由于当时 Dow 化学公司在纺丝成型技术上没有过关，所制备的 PBO 纤维强度一直和 Kevlar 纤维相类似。1990 年美国 Dow 化学公司和日本 Toyobo 公司开发出 PBO 的纺丝技术，使 PBO 纤维的强度和模量成为 Kevlar 纤维的两倍以上。目前世界上 PBO 纤维的生产由 Toyobo 公司所垄断。2006 年 2 月 8 日大连化工研究设计院宣布该院成功开发了 PBO 纤维关键中间体 4,6 - 二氨基间苯二酚（4,6 - Diaminoresorcinoldihy drochloride，DAR）合成新工艺，与现有工艺相比，其研发的全新 DAR 合成工艺路线具有原料易得、工艺简单、收率高、污染小、产品纯度高等明显优点，所使用的原料可回收循环利用，可实现降低成本、保护环境之目的。

PBO 纤维的制备有很多方法，但最常用的就是使 4,6 - 二氨基间苯二酚与对苯二甲酸在多聚磷酸溶剂和缩合剂中进行溶液加热聚合，所得聚合液为液晶状态，经脱泡和过滤之后可以直接进行干纺而制得初纺丝，而由于纺丝时刚直的分子链经过空气层时已经高度取向，所以初纺丝的强度和模量已达到了 37cN/dtex 和 1148cN/dtex，从而不需要再进行拉伸。如果制备高模量的纤维，可将初纺丝在 600℃ 以上的高温下进行热处理，所获得高模量丝的强度保持不变，而模量却迅速升高到 1766cN/dtex，其纤维呈现黄色的金属光泽。

二、PBO 纤维的结构

PBO 纤维是由苯环和芳杂环组成的刚性棒状高分子，其分子结构如图 2 - 17 所示，分子链在液晶纺丝过程中形成高度取向的二维有序结构，最显著的特征是大分子链、晶体和微纤/原纤均沿纤维轴向呈现几乎完全取向的排列，形成高度取向的有序结构。

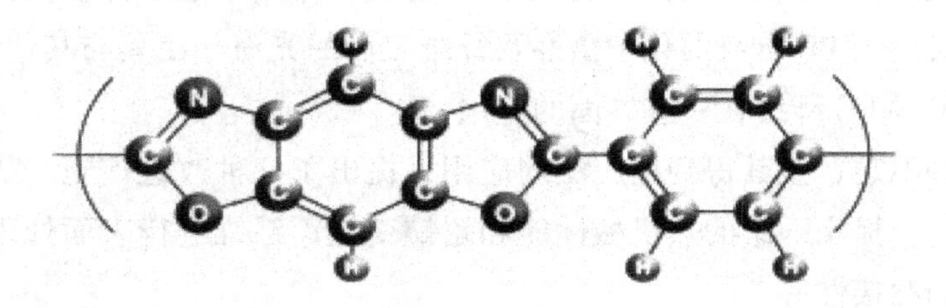

图 2 - 17　PBO 分子结构图

对 PBO 分子链构象的分子轨道理论计算结果表明，PBO 分子链中苯环和苯并二噁唑环是共平面的，从空间位阻效应和共轭效应角度分析，PBO 纤维分子链间可以实现非常紧密的堆积，而且由于共平面的原因，PBO 分子链各结构成分间存在更高程度的共轭，因而导致了其分子链更高的刚性。

PBO 纤维直径一般为 10 ~ 15μm，是由众多微纤结构组成，所以 PBO 纤维极容易微纤化。PBO 纤维及其表面形态如图 2 - 18 和图 2 - 19 所示。

图 2－18　PBO 纤维

图 2－19　PBO 纤维的表面形态

三、PBO 纤维的性能

PBO 作为 21 世纪超性能纤维，具有十分优异的力学性能和化学性能，其强力、模量为 Kevlar（凯夫拉）纤维的 2 倍，并兼有间位芳纶耐热阻燃的性能，而且物理化学性能完全超过迄今在高性能纤维领域处于领先地位的 Kevlar 纤维。表 2－7 为 PBO 纤维与其他纤维性能比较。

表 2－7　PBO 纤维与其他纤维性能比较

纤维品种 \ 性能指标	断裂强度（N/tex）	模量（GPa）	断裂伸长率（%）	密度（g/cm^3）	回潮率（%）	LOI（%）	裂解温度（℃）
钢纤维	0.35	200	1.4	7.80	0	—	—
碳纤维	2.05	230	1.5	1.76	—	—	—
高模量聚酯	3.57	110	3.5	0.97	0	16.5	150
聚苯并咪唑（PBI）	0.28	5.6	30	1.40	1.5	41	550
Zylon HM	3.7	280	2.5	1.56	0.6	68	650
Zylon AS	3.7	180	3.5	1.54	2	68	650
间位芳族聚酰胺	0.47	17	22	1.38	4.5	29	400
对位芳族聚酰胺	1.95	109	2.4	1.45	4.5	29	550

（一）力学性能

1. 拉伸性能　PBO 纤维的拉伸强度为 5.8GPa，拉伸模量可达 280～380GPa，抗压强度仅为 0.2～0.4GPa。研究表明，造成这种现象的原因是 PBO 的微纤结构使其在压应力的作用下产生纠结带，使纤维变弯曲。

2. 耐冲击性能 PBO纤维在受冲击时可原纤化而吸收大量的冲击能，是十分优异的耐冲击材料。PBO纤维复合材料的最大冲击载荷和能量吸收均高于芳纶和碳纤维，在相同的条件下，PBO纤维复合材料的最大冲击载荷可达3.5kN，能量吸收为20J；而T300碳纤维复合材料的最大冲击载荷为1kN，能量吸收约5J，高模量芳纶复合材料的最大冲击载荷约为1.3kN，能量吸收略大于碳纤维。

3. 尺寸稳定性 PBO纤维在50%断裂载荷下100h的塑性形变不超过0.03%。在50%的断裂载荷下的抗蠕变值是同样条件下对位芳纶的2倍。在一定载荷下，一定时间后纤维会发生断裂，使用外推法，得到在60%断裂应力水平下其断裂时间为17万小时。PBO纤维在吸脱湿时尺寸变化和特性变化小。

4. 耐磨性能 PBO纤维的耐磨性优良，在0.88cN/dtex的初始张力下，PBO－AS和PBO－HM磨断循环周期为5000次和3900次，而对位芳纶和高模量对位芳纶分别为1000次和200次。

5. 热力学性能 PBO－AS和PBO－HM纤维在300℃空气中处理100h之后的强度保持率分别为48%和42%。PBO－HM纤维在400℃还能保持在室温时强度的40%、模量的75%。在高达500℃和600℃时仍能保持40%和17%的室温强度。PBO在180℃饱和热蒸汽中处理50h后强度保持率为40%～50%，处于对位芳纶和间位芳纶之间。PBO在300℃热空气中无张力处理30min，收缩率只有0.1%。

6. 抗压强度 PBO纤维的抗压强度只有0.2～0.4GPa，相比较其拉伸强度相差甚远。目前研究者已经在增强PBO纤维抗压性能这一领域展开研究，如采用交联法、涂层法以及引入取代基都是有效地提高抗压性能的方法。

（二）耐热及阻燃性能

PBO纤维没有熔点，是迄今为止耐热性最高的有机纤维，其分解温度高达650℃，可在300℃下长期使用。

PBO纤维的极限氧指数（LOI）为68%，在有机纤维中仅次于聚四氟乙烯纤维（LOI为95%）。PBO纤维的织物经垂直法燃烧试验证实：PBO纤维织物在接触火焰时不收缩，移去火焰后基本无残焰，炭化长度小于5mm。

（三）化学稳定性

PBO纤维具有优异的耐化学性，几乎在所有的有机溶剂及碱中都是稳定的。但能溶解于100%的浓硫酸、甲基磺酸、氯磺酸、多聚磷酸。此外，PBO对次氯酸也有很好的稳定性，在漂白剂中300h后仍保持90%以上的强度。

（四）吸湿性

PBO纤维的吸湿率比芳纶小，PBO－AS的吸湿率为2.0%，PBO－HM的吸湿率为0.6%，而对位和间位芳纶的吸湿率都为4.5%。

（五）耐光性及染色性

PBO纤维耐日晒性能较差，暴露在紫外线中的时间越长，强度下降越多。特别是经过40h的日晒实验，芳纶的拉伸断裂强度值还可以稳定在原值的80%左右，而PBO纤维的拉伸断裂强度值仅为原来的37%。PBO纤维分子非常刚直且密实性高，染料难以向纤维内部扩散，所以染色性能差，一般只可用颜料印花着色。

四、PBO纤维的应用

（一）耐热和阻燃材料

利用PBO纤维耐热的特点，可将其制成温度超过350℃的耐热垫和高温滚筒。用PBO纤维制成的高温过滤袋和过滤毡，高温下长期使用仍可保持高强度、高耐磨性。PBO纤维阻燃性好，在火焰中不燃烧、不皱缩，并且非常柔软，适用于高性能的消防服、炉前工作服、焊接工作服等处理熔融金属现场用的耐热工作服以及军服。

（二）增强和高拉力材料

PBO纤维的拉伸强度和模量约为对位芳纶的两倍。特别是弹性模量，作为直链型高分子，被认为是有极限弹性模量。刚直性分子链又赋予了PBO纤维优异的耐热性，比对位芳纶的耐热温度高100℃，是目前综合性能最优异的一种有机纤维。利用PBO纤维高模量的特性，可用于光导纤维的增强，可减小光缆直径，使之易于安装，减少通信中的噪声。

PBO纤维也可在密封垫片、轮胎、胶带（运输带）、胶管等橡胶制品，各种树脂、塑料、混凝土抗震水泥构件和高性能同步传动带中作为增强纤维。PBO纤维还可做电热线、耳机线等各种软线的增强纤维以及弹道导弹和复合材料的增强组分。利用PBO纤维的高强及高模量特性，可用于绳索和缆绳等高拉力材料、光纤电缆承载构件、纤维光缆的受拉件、光缆的保护膜件材料、桥梁缆绳、航海运动帆船的主缆以及赛船用帆布。

（三）体育用品

PBO纤维可用作防切伤的保护服、安全手套和安全鞋、赛车服、骑手服、各种运动服和活动性运动装备、飞行员服、防割破装备以及其他体育用品，如羽毛球、网球拍、高尔夫球杆及钓鱼竿，山地自行车及赛车制动器、滑雪板、托柄、盔、降落伞、船帆、运动鞋、跑鞋、钉鞋、溜冰鞋等。已有体育用品公司开发出全PBO纤维增强复合材料的运动自行车轮辐和网球拍。另外，在赛艇建造方面也已有应用。

（四）防弹抗冲击材料

在纤维增强塑料领域，由于要求高弯曲刚性，其增强材料一般以碳纤维为主流，但碳纤维增强树脂型复合材料存在的一个问题是耐冲击性低，PBO纤维的耐冲击强度远远高于由碳纤维以及其他纤维增强的复合材料，能吸收大量的冲击能，利用其优异的抗冲击性能，应用于防弹材料，使装甲轻型化，也可用于导弹和子弹的防护装备，如警用的防弹衣、防弹头盔、防弹背心。

（五）在航空宇宙方面及军事领域的应用

PBO纤维在航天领域可用于火箭发动机隔热、绝缘、燃料油箱、太空中架线、行星探索气球等方面。美国曾打算把行星探测遥控装置送上金星，使用PBO气球（内装遥控装置）进行探测。金星地表温度为460℃，金星上空的硫酸云中的温度为-10℃，在这样的温度下，能使用的耐热性气球薄膜材料只有PBO。PBO纤维还可用于弹道导弹、战术导弹和航空航天领域使用的复合材料增强材料，主要用于军用飞机、宇宙飞船及导弹等的结构材料，在火星轨道探测器的空气袋应用方面，特别是对减少发射经费起着重要的作用。此外PBO纤维已广泛用于各种武器装备，对促进武器装备的轻量化、小型化和高性能化起着至关重要的作用。

五、存在的问题

PBO纤维虽然具有一系列优越的性能，但它与树脂基体的界面黏结性能很差，一般比芳纶还低。另外PBO的分子结构排列特点也决定了PBO的染色性能极差。这些缺点极大地限制了PBO纤维在高性能复合材料中的应用，因此需要对其进行表面处理，改善其与树脂基体的界面黏结性能和染色性能。

第四节 PPS、PEEK、PTFE及PI纤维

一、PPS纤维

PPS纤维是聚苯硫醚（polyphenylenesulfide）纤维的简称，是由结晶型热塑性工程塑料聚苯硫醚树脂经过纺丝制成。其重复结构单元如下：

—⬡—S—

1979年美国Phillips公司合成出适于纺丝的高分子线型PPS树脂并实现了工业化，Phillips公司生产出商品名为“Ryton”的PPS纤维。之后，日本东丽、东洋纺、吴羽公司相继进行了PPS纤维的开发。目前，全球范围内只有少数几家大型化学公司在生产PPS纤维，日本公司的产品占据主要市场。日本东洋纺公司的注册商标为Procon，日本东丽公司的注册商标为Torcon，美国Phillips公司的注册商标为Ryton。

中国于20世纪90年代开始开发PPS纤维，四川省纺织工业研究所与四川大学合作全力以赴进行PPS纤维的研究开发。2006年，江苏瑞泰科技有限公司根据与四川省纺织工业研究所共同开发的技术，成功进行PPS纤维试生产，并在年产1500t规模的工厂中开始生产PPS纤维。但是，目前该公司PPS纤维在长时间使用时耐热性上比国外PPS纤维的要差。

（一）PPS纤维的性能

PPS纤维机械性能好，耐热性和热稳定性高，耐化学腐蚀性优异，阻燃性、电绝缘性等也非常好，加工性能良好，综合性能出色。

1. 力学性能 聚苯硫醚纤维结晶度较高，力学性能与其他高性能纤维比较接近，而且尺寸稳定，完全满足使用要求，性价比高。PPS纤维基本物理性能及其与其他纤维的比较见表2-8。

表 2-8 PPS 纤维基本物理性能及与其他纤维的比较

项目	PPS 纤维	间位芳纶	涤纶
密度（g/cm^3）	1.34	1.38	1.38
拉伸强度（$cN/dtex^3$）	3~5	4.0~4.9	4.2~5.7
伸长（%）	30~60	25~35	20~50
熔点、分解温度（℃）	285	400~430	255~260
长期使用温度（℃）	190	210~230	80~120
酸碱性	○	×	△
耐碱性	○	○	×
耐有机药品性	○	×	△
极限氧指数（%）	34	30	20~21
耐汽蒸性	○	×	×

注 ○代表良；△代表中；×代表差。

2. 耐热性和热稳定性 PPS 纤维玻璃化转变温度（T_g）为 88℃，结晶温度（T_c）约为 125℃，熔点（T_m）达到 285℃，与常规合成纤维相近。耐热性好，可在温度 190℃以下的空气中连续使用（暴露在空气中 10^5h，强度保持率依然在 50% 以上）；160℃高压釜汽蒸 160h，强度保持率在 90% 以上。

PPS 纤维在高温下仍具有很好的强度、刚性及耐疲劳性，可在 200~240℃下连续使用，在低于 400℃的空气或氮气中均较稳定，基本没有重量损失；在 204℃空气中 2000h 后强度保持率仍然有 90%，5000h 后强度保持率为 70%，8000h 后强度保持率依然接近 60%；在 260℃空气中 1000h 后有 60% 的强度保持率；在 175℃下处理 104h 后强力保持率为 55%；在 230℃下处理 104h 后强力保持率仅为 47%；空气中温度达到 700℃时发生完全降解。

3. 阻燃性 PPS 按 UL 标准属于不燃；自身阻燃，极限氧指数可达 34%~35%，着火点为 590℃；在火焰上能燃烧，燃烧呈黄橙色火焰，并生成微量黑烟灰，离开火焰燃烧立即停止，无滴落物，形成残留焦炭，发烟率低于卤化聚合物，烟密度和续燃性低；不需添加阻燃剂就可以达到 UL-94V-0 标准。

4. 耐化学性 聚苯硫醚高聚物分子主链上含有硫醚基，结构对称无极性，因此 PPS 纤维的耐化学腐蚀性优异，仅次于聚四氟乙烯（PTFE）。PPS 纤维耐非氧化性酸、热碱液性好，稀 H_2SO_4 和 NaOH 对纤维性能的影响较小；而 HNO_3 对纤维性能的影响较大，浓 H_2SO_4 和浓 HNO_3 等强氧化剂能使 PPS 纤维发生剧烈的降解；在有机酸、酯、醇、酮、烃类、氯代烃和芳香烃中不受侵蚀；250℃以上能溶于联苯、联苯醚及其卤代物，对甲苯和氧化类溶剂等抵抗较弱。耐化学稳定性极佳，在高温的无机试剂中放置 7 天后其强度基本不损失。PPS 纤维主要耐化学品性能见表 2-9。

表 2－9　PPS 纤维主要耐化学品性能

化合物		温度条件（℃）	暴露 7 天后强度保持率（%）
酸	硫酸（48%）	93	100
	盐酸（10%）	93	100
	浓盐酸	60	95
	浓磷酸	93	100
	醋酸	93	100
	甲酸	93	100
碱	氢氧化钠（10%）	93	100
	氢氧化钠（30%）	93	100
氧化剂	硝酸（10%）	93	75
	浓硝酸	93	0
	铬酸（50%）	93	0～10
	次氯酸钠（50%）	93	20
	浓硫酸	93	10
	溴	93	0
有机溶剂	丙酮	沸点	100
	四氯化碳	沸点	100
	氯仿	沸点	100
	二氯乙烯	沸点	100
	甲苯	93	75～90
	二甲苯	沸点	100

5. 其他性能　PPS 纤维的密度约为 1.34g/cm^3，介电常数为 3.9～5.1，介电强度（击穿电压强度）为 13～17kV/mm，在高温、高湿、变频等条件下仍能保持良好的绝缘性；PPS 纤维强度、伸长率和弹性等力学性能与聚酯相差无几，纺织加工性能良好；PPS 纤维耐磨性能优异，1000r/min 时的磨耗量仅为 0.04g；PPS 纤维吸湿率低，在相对湿度为 65% 时，吸湿率为 0.2%～0.3%，几乎全部是表面水分的作用；PPS 纤维保温性优良，相对热传导率为 5W/(m·℃)；PPS 纤维大分子中有硫原子存在，对氧化剂比较敏感，耐光性较差。

PPS 纤维的部分其他性能见表 2－10。

表 2－10　PPS 纤维部分其他性能

颜色	相对密度	回潮率（%）	弹性恢复率（%）	沸水收缩率（%）
金黄	1.37	0.6	（2% 应变下）100	0～5
			（5% 应变下）96	
			（10% 应变下）86	

（二）PPS 纤维的应用领域

PPS 纤维是可在高温环境中使用和耐磨损的少数几种纤维材料之一，其较高的熔点和在苛刻环境中的稳定性使其在高温滤尘、化工过滤材料，在保温、绝缘材料等方面得到应用。随着电子、航空航天、国防技术的发展，PPS 纤维市场前景十分广阔。PPS 纤维在各领域中的应用见表 2－11。

表 2－11　PPS 纤维在各领域中的应用

应用领域	用途	应用领域	用途
环境保护	过滤织物、除尘器	电子	电绝缘材料、特种用纸
化学工业	化学品的过滤	纺织	缝纫线、各种防护布、耐热衣料
航空工业	增强复合材料、阻燃、防雾	造纸	针刺毡干燥带
汽车工业	耐热件、耐腐蚀件、摩擦片		

1. 高温粉尘滤袋材料　在国外，PPS 纤维早已被确认是主要的特种功能过滤材料，主要用于火力发电厂、燃煤锅炉、垃圾焚烧炉以及取暖燃煤锅炉粉尘滤袋的过滤织物。早在 1979 年，欧美等发达国家就将 PPS 针刺滤料应用于燃煤锅炉袋式除尘器中。目前袋式除尘设备已占燃煤电力、燃煤锅炉除尘设备的 80% 左右，其滤袋材料全部采用 PPS 纤维。

在国内，PPS 纤维也已被国内环保设备生产厂家与环保设备应用企业认识，并确立了该产品在环保行业的重要地位，尤其是在燃煤电厂、工业燃煤锅炉、垃圾焚烧炉等领域得到了广泛应用，并有逐步替代静电除尘的趋势。

2. 化工过滤材料　利用 PPS 纤维的耐热、耐酸碱腐蚀性和低的含湿率，可以用 PPS 纤维制成针刺非织造布，用于热的化学品过滤。如高温磷酸过滤、氯碱工业的过滤材料等。目前，该行业年实际需求量为 500t 左右，每年以 20% 左右的速度递增。

3. 防护材料　利用 PPS 纤维的耐热性及阻燃性制作耐高温、阻燃防护服。利用 PPS 纤维优异的绝缘阻燃性能及耐磨性能，制成电绝缘材料，用于 F 级、H 级电缆和电器绝缘材料。将 PPS 纤维用作宇航和核动力站所需的各种织物，如涂层织物、防辐射织物、防辐射军用帐篷、导弹外壳、隐形材料等。利用 PPS 纤维开发保温衣用材料。日本东丽公司利用 PPS 纤维的热遮蔽特性，开发出使用 PPS 复合丝的保温衣用材料。

4. 复合材料　PPS 纤维与碳纤维、芳纶等混织可作为高性能复合材料的增强织物。

二、PEEK 纤维

PEEK 纤维最早由英国 Zyex 公司于 20 世纪 80 年代中期推向市场，商品名为“Zyex”，因其具有优良的耐热性、耐腐蚀性、耐摩擦性、电绝缘性及阻燃性能等，目前已在航空、航天、阻燃防护服及许多工业领域得到应用。PEEK 纤维的出现将为高性能纤维增加一个新的重要品种，并能为高聚物材料开辟新的更广阔的应用范围。

另外，Zyex 公司还研制出了一种可耐高温并可用于制造轻质耐磨损织物的中空 PEEK 纤维，并申请了专利。这种纤维的外径为0.07～0.8mm，其体积空隙率达80%，其耐磨损性可达实心单丝的3～4倍之高。

国内一些纺织、环保企业开始采用进口或国产PEEK树脂进行纺丝与应用研究，这加速了我国PEEK纤维从科研向产业化转变的速度。由于国内纺丝级PEEK原料的研究和开发相对落后，尚不能满足正常纺丝的要求，目前PEEK纤维及应用产品主要靠国外进口。

（一）PEEK的结构与性能

PEEK纤维是一种半结晶的热塑性高性能纤维，PEEK是一种线性全芳香族结晶聚合物，分子式：

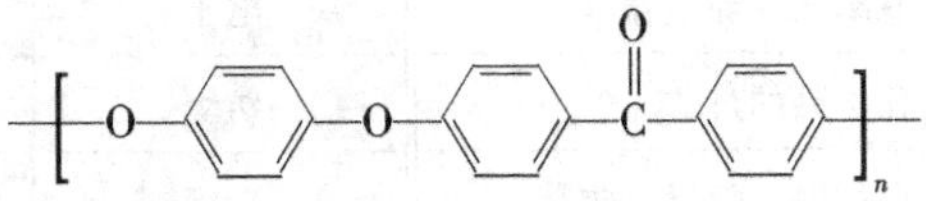

由于其分子链具有刚性的苯环、柔顺的醚键及提高分子间作用力的羰基，并且分子链段结构规整，因此PEEK纤维有许多优异的性能。

1. 耐高温性 PEEK纤维无论在空气中还是在水蒸气中，所具有的良好耐高温性能都是其他纤维无法比拟的。有研究表明，PEEK纤维在270℃热空气中老化50天后，强力保持了79.7%，在300℃还能保持一定强度，其连续使用温度接近260℃。另外，PEEK纤维的热稳定性很好，在空气中的起始分解温度达560℃。

PEEK纤维的熔点很高，在250℃条件下各项性能表现良好，在300℃条件下能够保持一部分特性。图2－20是在高温热空气中放置28天后，PEEK纤维同其他纤维相比较在各个温度的强度保持率；图2－21是在高温水蒸气中放置七天后，PEEK纤维同其他纤维在各个温度的强度保持率。PEEK纤维无论在空气中还是在水蒸气中所具有的良好耐热性能都是其他纤维无法比拟的。

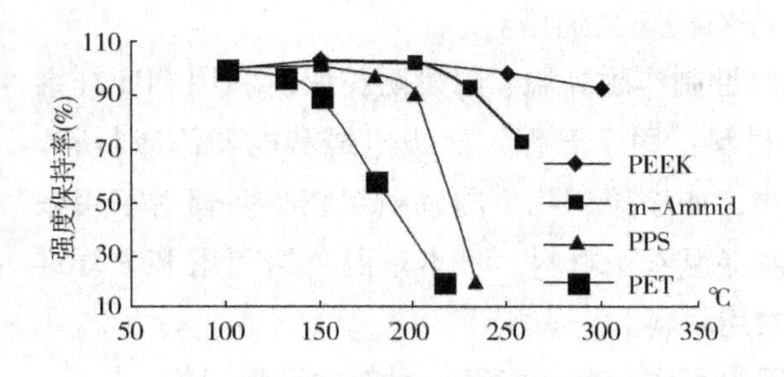

图2－20 PEEK纤维同其他纤维在高温热空气各个温度的强度保持率

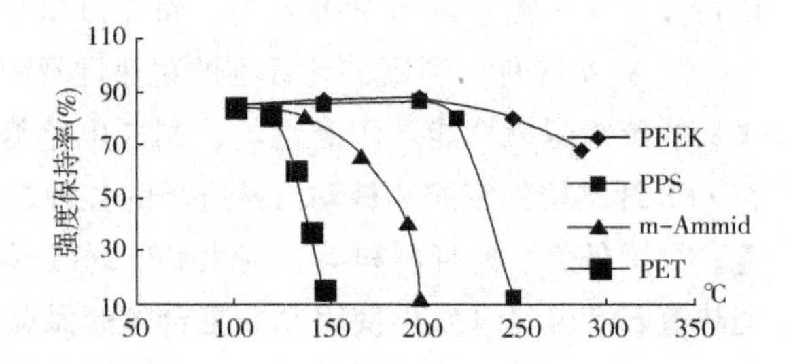

图2－21 PEEK纤维同其他纤维在高温水蒸气各个温度的强度保持率

图2－20中PEEK纤维在各个温度范围内，随温度的升高强度损失都不明显，在图2－21中只有在温度高于250℃时PEEK的强度损失才开始加快。

2. 阻燃性 PEEK纤维有难燃性和自熄性，极限氧指数为33%，充分燃烧时只产生H_2O和CO_2，不产生任何有毒气体，其在燃烧过程中放出的烟气和毒性是高性能纤维中最低的，并且燃烧时形成残留焦炭，不会熔化或滴落。

3. 耐化学腐蚀性 PEEK 纤维具有优异的耐化学药品性。在常用的化学药品中，PEEK 纤维只溶解于浓硫酸，并且在高温下耐酸碱性也比其他大多数高性能纤维好，具有优良的耐腐蚀性。表 2－12 为 PEEK 纤维同其他纤维在 90℃条件下，浸泡在各种化学试剂中 7 天后原有强度的保持率。

表 2－12 各种纤维在各种化学试剂中 7 天后原有强度的保持率（%）

纤维样品 / 试剂	PEEK	PPS	m－Aramid	PET	PA66	PP
硫酸（10%）	100	100	32	98	0	100
氢氧化钠（10%）	100	100	36	0	71	100
硝酸（10%）	100	62	0	0	0	100
漂白液	100	36	7	94	7	63
过氧化氢（5%）	100	5	9	94	0	30
亚甲基氰化物	94	94	90	93	90	80

从表 2－12 中可以看出，PEEK 纤维对各种化学试剂的耐腐蚀性非常好，除亚甲基氰化物以外，对其他试剂都能维持百分之百的强度，明显优于其他纤维。

4. 耐磨性 PEEK 纤维一个比较突出的性能是使用过程中具有良好耐摩擦性，常温下即表现出很好的耐摩擦性能，并且其耐磨性不随温度、压力等的改变而发生明显变化，160℃高温下 PEEK 纤维使用寿命是尼龙的 3 倍多。

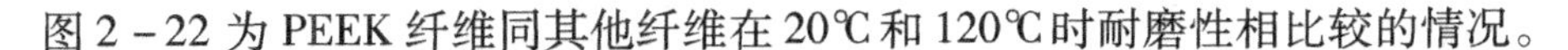

图 2－22 为 PEEK 纤维同其他纤维在 20℃和 120℃时耐磨性相比较的情况。

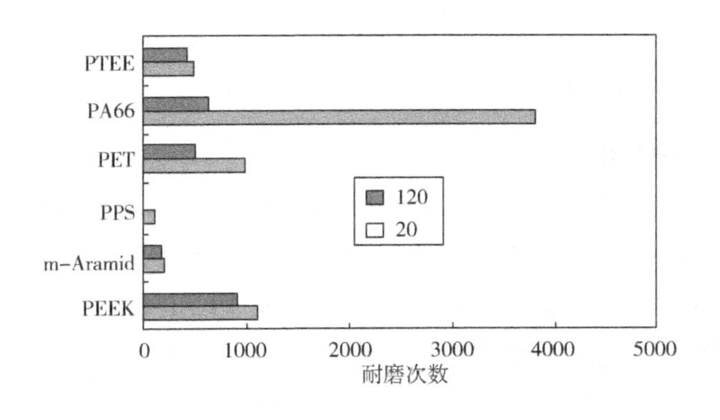

图 2－22 耐磨性比较

虽然 PA66 纤维在 20℃是耐磨性远远优于其他纤维，但在升到 120℃时耐磨性明显降低，低于同样条件下的 PEEK 纤维。而 PEEK 纤维（不考虑 PA66）耐磨性在任意温度都是最好的，并且耐磨性不随温度的改变而发生明显变化。

5. 优良的弹性回复能力 PEEK 纤维产品不仅具有低应变（在恒定负荷下保持固定的延伸率），而且还能在冲击负荷下具有很好的弹性回复能力，因此这类产品可以用作网球拍弦和管弦乐器的乐弦。

6. 绝缘性 PEEK纤维具有优良的电绝缘性能，且其绝缘性随温度、湿度、频率的改变变化极小。

7. 耐紫外光老化性 PEEK纤维随紫外光照射时间增加断裂强度、断裂伸长率降低，出现明显的脆化现象，但即使在紫外光照射6天后，PEEK纤维的断裂强度仍保留56%左右，具有比较优良的耐紫外光老化性能。

8. 耐水解性 PEEK纤维的吸水率很小，平衡吸水率约为0.5%。其在高达200℃，并有气压的蒸汽环境中长时间放置几乎没有强力损失，甚至温度达到250℃时，强力损失也只有10%/月。

9. 清洁性 通过前面所述工艺加工制备的PEEK纤维具有很高的纯度和清洁性，能够满足医用注射以及食品包装的要求。

10. 可回收性 除了比大多数纤维更经久耐用外，PEEK纤维还可以回收再利用，用100%的PEEK纤维可以回收得到90%的原材料，甚至可以生产出一级聚合物。表2-13列出了PEEK纤维主要的一些性能参数。

表2-13 PEEK纤维的性能参数

项目	指标	项目	指标
密度（g/cm^3）	1.27～1.30	体积比电阻（Ω·cm）	10^{16}
熔点 T_m（℃）	343	吸水率（%）	0.5
玻璃化转变温度 T_g（℃）	143	抗紫外线	良
最高连续使用温度（℃）	260	抗放射性	优
极限氧指数（LOI）（%）	35	线密度（dtex）	4～15
热容［kJ/(kg·K)，750K］	2.358	纤维强度（cN/dtex）	5.0～7.0
导热系数 k［W/(m·K)］	0.25	断裂伸长率（%）	12～30

（二）PEEK纤维的应用

PEEK主要有单丝、复丝和短纤维。由于PEEK纤维具有优良的耐摩擦、耐高温、耐腐蚀等性能，目前已在许多领域得到了应用，如工业、航空、医疗等领域，主要用作高温传送带、耐热滤布、耐热耐腐蚀纺织带、航天部件、医疗器械及能源工业的耐高温材料等。

1. 传送带 PEEK纤维可在高温条件下用于传送带和运输带，造纸、织物热定形、纺织印花、非织造布黏合和食品加工等领域。在造纸工业中，选用直径为0.4～0.5mm的PEEK单丝织成双层结构作为干燥用织物，它带着湿的纸张通过烘箱或一系列大的热压滚筒使水分快速蒸发。虽然PEEK纤维的价格比经常用于该场合的聚酯和PTFE涂层玻璃纤维贵，但使用PEEK可以减少生产过程中更换传送带的次数，从而使生产中断和时间损失降到最少，进而提高生产效率。PEEK纤维由于优良的清洁性还被大量地应用于网眼传送带，在制药及加工各种食品时用于高温烘干。这种传送带不仅耐用，而且非常干净容易除菌，因为传统的金属传送带在使用过程中由于磨损会造成金属污染，这种传送带还有逐步取代金属带的趋势。

2. 过滤织物 由于优良的耐高温和耐磨性，PEEK纤维常用于制作过滤筛和高温气体过滤毡等。用直径0.05～0.3mm的细PEEK纤维或用交替的束丝经过密织制成具有特定要求的精密网孔筛布或过滤布，可用于化学药品生产中过滤热的熔融黏合剂以及造纸工业中帮助粉末浆脱水等。用短纤维附在PEEK纤维增强织物上针刺而制成高温气体过滤毡，可对高温蒸汽中的小颗粒进行分离，常作为高温烟道气滤材或用于航空飞机和汽车的燃料过滤器等。与其他材料制成的气体过滤毡相比，PEEK基过滤网的热稳定性好、抗撕拉能力强、尺寸稳定性好，并可在对耐磨要求高的场合下使用。另外PEEK纤维作为过滤织物也广泛应用于医学领域，在透析、层析仪器或诊疗设备中使用，可保证纯净度。

3. 编织物、绳索和弦 PEEK纤维具有优良耐磨损性、耐弯曲疲劳性和耐剪切性能，经常使用直径0.2～0.3mm之间染成黑色的PEEK单丝编织成衬套，来保护飞机发动机、汽车排气系统或与之相近的电子线路。

还可以使用PEEK复合丝做成缝纫线或绳索，用于过滤织物和带的增强体。

PEEK纤维不仅具有低应变，而且在高速交变应力的作用下还具有很好的弹性回复能力，因此还可以用作体育和乐器用弦，如网球拍弦和吉他、小提琴弦等。

4. 复合材料 PEEK纤维用于复合材料织物是PEEK纤维最重要的应用领域，可用于航空航天、高级轿车、医疗及体育领域，尤其在航空航天领域发展很快。因为宇航工业所要求的结构材料是质轻、具有杰出热性能及力学性能，并且在着火时对乘客及机务人员危害性小的材料，PEEK纤维作为一种高性能纤维完全满足上述要求。这种复合材料织物通常是以PEEK纤维与其他增强纤维，如玻璃纤维、对位芳纶、碳纤维，按一定比例和方式结合起来的复合材料。用PEEK复丝与高强高模的碳纤维进行三维编织制得预制件，预制件加热后在一定压力下固化，这样PEEK纤维就会熔融流动并覆盖碳纤维，从而制得具有优异性能的三维编织碳纤维增强PEEK复合材料。采用三维编织技术与热压方法结合，可以解决因PEEK熔点高、熔体黏度大等特点造成的预浸料的铺敷困难，而且可以保持碳纤维的单向强度，从而制备出具有优异的抗蠕变、耐湿热、耐老化、耐磨损的高性能热塑性树脂基复合材料。另外，用PEEK纤维制成复合材料还可用作增强高压蒸汽管、热水膨胀波纹管、耐热耐压的增强化学药品管等，应用于需要耐高温、耐水解、耐高机械作用和化学应力作用的场合。

5. 医用材料 PEEK纤维最新的一个用途是在医疗技术方面。由于其纯度高、无毒（FDA认可），并且具有非常好的耐消毒性、射线透射性和良好的人体相容性，使得PEEK纤维的医用前景也十分广阔。复合的PEEK材料可用作人造器官、手术器具、手术骨钉和螺丝、骨骼替代材料、导管和气管的代用材料等。好的弹性回复能力和高的能量吸收能力使得PEEK很适合用作韧带材料。另外，特制的PEEK纤维作为缝合线用于移植的器官上，并可长期使用。

三、PTFE纤维

聚四氟乙烯（polytetrafluoroethylene），简称PTFE纤维，是四氟乙烯单体经自由基聚合而得到的全氟直链型热塑性高分子聚合物，有“塑料王”之称。PTFE纤维由美国DuPont公司率先研发并于1953年实现产业化。奥地利Lenzing公司于20世纪70年代研发成功接近乳液纺丝法纤维强度水平的 PTFE 膜裂纤维，该方法生产效率极高，但是生产的纤维线密度不匀。除此之外，俄罗斯在研发多种 PTFE 纤维方面也取得了较大的成效。在美国和日本 PTFE 的商品名为特氟纶（Telfon），俄国则称之为波利芬。

一直以来，国外只有美国、奥地利等少数国家拥有 PTFE 纤维的生产技术和产能，我国只有台湾地区拥有此项技术。2011 年在金由氟公司、上海凌桥环保设备厂和解放军军需装备研究所的共同努力下，成功研发了膜裂法高性能 PTFE 纤维生产技术并拥有千吨级产业化项目的量产，经过美国 ETS 检测认定的国产 PTFE 纤维现已出口到亚洲（日、韩）、美洲、欧洲以及中东等国家和地区。目前我国生产的 PTFE 纤维产量已占全球总量的 50% 以上，且部分性能超过国际同类产品。

由于 PTFE 的全氟化直链结构稳定性高，目前尚无合适的溶解 PTFE 的溶剂，因此溶液纺丝法不能用于制备 PTFE 纤维。由于 PTFE 的分子刚性很大，熔体黏度为 $10^{11} \sim 10^{13}$ Pa·s，因此也不能通过熔体纺丝法制备 PTFE 纤维。基于以上原因，虽然 PTFE 纤维的工业化生产已有 50 多年，但迄今为止仍只有少数几家公司能够量产 PTFE 纤维制品。目前，PTFE 纤维的制备方法主要有膜裂纺丝法、糊料挤出纺丝法和载体纺丝法。

PTFE 纤维根据表观颜色的不同被分为棕色 PTFE 纤维和白色 PTFE 纤维。棕色 PTFE 纤维通常是载体纺丝经烧结除去基质聚合物后得到，纤维手感非常柔软，且自润滑性良好，广泛用于航空航天和国防军事等领域。白色 PTFE 纤维通常是由膜裂法和糊料挤出法制备，用其制成的滤料具有较高的过滤截面，从而可提高过滤效率。

（一）PTFE 的结构与性能

1. PTFE 纤维的结构 PTFE 的分子结构为：

$$\left[\begin{array}{cc} F & F \\ | & | \\ -C- & C- \\ | & | \\ F & F \end{array}\right]_n$$

PTFE 分子链的规整性和对称性极好，大分子链为线性结构，其侧基全部为氟原子，几乎没有支链，容易形成有序的排列，故极容易结晶，结晶度达 57% ~75%，有的结晶度品级高达 93% ~96%。与聚乙烯分子相比，在 PTFE 分子中，氟原子取代了聚乙烯中的氢原子，由于氟原子半径（0.064nm）大于氢原子半径（0.028nm），使得 C—C 链由聚乙烯的平面、充分伸展的曲折构象渐渐扭转到 PTFE 的螺旋构象。该螺旋构象正好形成了一个紧密、完全“氟代”的保护层，包围在 PTFE 易受化学侵袭的碳链骨架外，这使得聚合的主链不受外界任何试剂的侵袭，因此，PTFE 具有其他材料无法比拟的耐溶剂性、化学稳定性以及低的内聚能密度。同时，由于 C—F 键极其牢固，键能达到 460.2kJ/mol，远比 C—H 键（410kJ/mol）和 C—C 键（372kJ/mol）高，这使 PTFE 具有较好的热稳定性和化学惰性，它的熔点为 327℃，分解温度在 415℃以上。

2. PTFE 纤维的性能 由于 PTFE 分子结构特征比较特殊，与普通的塑料相比，PTFE 具有以下众多的优良品质：

（1）化学稳定性。PTFE 分子中的 C—F 键具有极高的键能，除了强氟化介质、熔融碱金属、氟元素和300℃以上的氢氧化钠对其有些影响外，所有强氧化剂和还原剂、强酸和强碱以及各种有机溶剂等对其均无影响，即使在煮沸的王水中也不影响其质量和性能。除了在温度高于300℃时，以约0.1g/100g的比例微溶于全烷烃中外，几乎不溶于所有的溶剂。

（2）耐候性。PTFE不燃、不吸潮，在紫外线及氧的环境中均非常稳定，具有优异的耐候性。

（3）耐温性。PTFE的长时间使用温度范围为－190～260℃，其最高瞬时使用温度可达290℃，即使在－260℃的超低温下依然可保证一定的韧性。

（4）不粘性。PTFE的表面张力很小，仅为0.019N/m，暂未发现可以黏附在其表面的固体材料，只有表面张力低于0.02N/m的液体才能使其表面完全浸润。

（5）绝缘性。PTFE的分子链为非极性分子链，具有很好的介电性和极好的耐电弧性。即使在高压放电时，PTFE也仅会放出少量裂解的不导电气体，却不会炭化而短路。

（6）力学性能。PTFE的非极性分子链使其大分子间的引力很小，且PTFE分子链为无支链的高刚性链，缠结少，使得PTFE的整体力学性能不佳。因此，对PTFE施以长期作用的负荷时，会发生较大的蠕变，且易产生冷流现象，但其耐疲劳性非常优异，故通常不会发生永久性疲劳破坏。

（7）润滑性。由于PTFE的大分子间引力非常小，且其表面对于其他分子的吸引力也非常小，导致其摩擦系数也非常小。PTFE是目前发现的摩擦系数最低的自润滑材料。

（8）耐老化及抗辐射性能。PTFE分子中没有光敏基团，故不仅在高温和低温条件下尺寸稳定，而且在极其苛刻的条件下性能也不会发生变化。在潮湿状态下不会受微生物侵袭，对各种射线的辐射有极高的防护能力。

（9）阻燃性。PTFE的极限氧指数高达95%，在高温中可以有效地控制火焰的蔓延。

PTFE纤维性能指标见表2－14。

表2－14　PTFE纤维性能指标

PTFE产品	长丝	短纤维[1]	基布[2]
线密度（dtex）	220～550	2.8～3.9	490～500
拉伸强度（cN/dtex）	2.9～3.9	≥2.2	纵向强力：830N/5cm 纬向强力：830N/5cm
工作温度（℃）	－210～260	－200～265	－200～260
热收缩率（%）	<2	<4	

1. 短纤维长48～72mm，卷曲度8个/25mm。
2. 基布经纬密度100～300根/10cm，克重100～142g/m²。

（二）PTFE纤维的应用研究现状

近年来，人们对PTFE纤维或纱线的独特性能有了更深的认识，因此以产业用途为中心的需求正在不断扩大。

1. PTFE 纤维在过滤材料方面的应用 目前，PTFE 的主要用途是垃圾焚烧炉和煤锅炉用的排气净化滤材、非金属轴承、减低摩擦用的塑料填料和缝纫丝等，其中，过滤材料是目前 PTFE 最大的应用领域。由 PTFE 纤维制作的高温粉尘滤袋在日本的商品名为“杰法雅”，已作为都市垃圾焚烧炉的滤袋而被广泛使用。作为过滤材料，PTFE 纤维可以纯纺，也可以与其他纤维混用。“杰法雅”毡的制法是将直径约为 6μm 的玻璃超细纤维与 PTFE 纤维混合，加工成针刺毡，这种均一混合的纤维，通过过滤气体的流动，会产生正负相反的电荷，这样一些亚微米级的微小粉尘就可以进行电气（驻极体效果）捕集，因此过滤效率极高。澳大利亚的电厂也大规模应用 PTFE 滤袋，因为 PTFE 滤袋不像间位芳酰胺纤维（Nomex）滤袋在酸的露点温度以下会遭受严重腐蚀。

上海金由氟材料有限公司利用 PTFE 纤维开发出了高效长寿命耐高温的新颖滤料，它由经向纤维线与纬向纤维线编织成滤料布，其特征在于经向纤维线由玻璃纤维并捻为束而成纤维线，纬向纤维线由 PTFE 纤维束和玻璃纤维束并捻成纤维线。经向纤维线的玻璃纤维束，每束玻璃纤维的根数为 60 ~ 600 根，每根纤维直径为 6 ~ 9μm；纬向纤维线的 PTFE 纤维束，每束 PTFE 纤维的根数为 150 ~ 400 根，每根纤维纤度为 10 旦以上。经向纤维线与纬向纤维线编织成的滤料布的经向密度为 12 ~ 22 束/cm，纬向密度为 12 ~ 22 束/cm，经向强力为 1000 ~ 4500N/2.5cm，纬向强力为 1000 ~ 4000N/2.5cm，经向纤维线与纬向纤维线编织成的滤料布表面上覆有 PTFE 微孔薄膜。该过滤毡与传统的滤料相比具有以下功效：耐温性优越，可耐 250℃ 高温；耐酸、耐碱性强，抗氧化性好；表面光滑，易清灰，运行阻力低；具有良好的低摩擦性、难燃性、绝缘性和隔热性；过滤效率高，使用寿命长。

PTFE 短纤维可用于制造过滤用针刺毡；PTFE 机织纱可用于制作针刺毡的基布稀松布，因其使用寿命长，不仅可用作 PTFE 毡的基布，也可用于其他类型高性能纤维制成毡的基布。PTFE 缝纫线可用于各种类型过滤器的制造。

2. PTFE 纤维在医疗卫生方面的应用 膨体 PTFE 材料是纯惰性的，本身没有任何毒性，而且具有非常强的生物适应性，不会引起机体的排斥，对人体无生理副作用。这种材料具有多微孔结构，从而可用于多种康复解决方案，包括用于软组织再生的人造血管和补片以及用于血管、心脏、普通外科和整形外科的手术缝合线，其优良的抗微生物、抗菌性、挠曲寿命长及回潮率为零等优点更使人们不断地开拓着 PTFE 纤维在这一领域的应用。

W. L. Gore&Associates（美国戈尔）公司 2008 年 10 月宣布推出 GORE INFINIT Mesh，这是目前为止第一个也是唯一一个 100% 用单纤维丝制造的外科手术用修补网，完全采用 PTFE 材料。GORE INFINIT Mesh 的大孔结构结合 PTFE 聚合物的化学惰性，为医生和病人提供了优于聚丙烯和聚酯网格的性能。该产品的设计能够尽量减少身体异物反应，最大限度地提高长期患者的舒适度和生活质量。

GORE INFINIT Mesh 完全采用具有化学惰性的医疗聚合物材料——PTFE 制成，有利于提供长期的生物相容性和极小的慢性异物反应。Gore 公司的 PTFE 材料使 GORE INFINIT Mesh 产品具有更软更灵活的特点，而且牢固可靠。事实上，Gore 公司的 PTFE 已经被 2500 多万例移植物证明是可靠的。

GORE INFIFINIT Mesh 的大孔网状针织结构采用了“StableLink”技术，以保证在植入过程中易于操作和网格的稳定性，这种结构表面积减少，有利于组织完整生长。此外，坚实的单丝纤维有助于降低感染的风险，与多层涤纶丝相比减少了潜在的细菌滋生地点。

3. PTFE 纤维在建筑方面的应用　建筑用织物是指用作建筑结构和建筑结构部件的织物，目前已知的 PTFE 建筑用织物主要有两种：一种是涂覆有 PTFE 的玻璃纤维织物，这种材料性能优异，但是柔顺性不好，因此不能有效地用于需要方便移动的场合；另一种是美国戈尔公司生产的商品名为 TENARA 的建筑用织物，该织物由 100% 的 PTFE 机织物为基布，表面复合 PTFE 薄膜制造而成。这种膜结构建筑材料透光性好，可降低照明及空调费用，使用寿命达 20 年以上，可降低涂装清扫费用，对大构架屋顶的建筑工期可缩短 50%，可降低屋顶材料费的 50% 和总建筑费用的 20%，还具有轻量耐震不燃、设计自由度大等优点，因此常被用作室外球场、竞技场、体育馆、滑冰场、游泳池、大型展览会等的屋顶材料。

4. PTFE 纤维在航天航空方面的应用　PTFE 纤维在航空、航天领域也有广阔的应用前景。例如，自润滑关节轴承是航空、航天领域及众多新技术领域中不可缺少的产品，其中，自润滑材料的性能是保证关节轴承具备重载、耐冲击、长寿命的关键因素。PTFE 纤维织物作为一种新型高分子材料，具有韧性好、强度高、摩擦低等优点，是作为飞机等大型机械设备关节轴承润滑层的理想材料。李如琰采用 PTFE 与诺梅克斯（Nomex）、玻璃纤维（或芳纶）等材料，经一定方法纺织，然后经过特殊浸渍处理后制成具有强度高、摩擦系数小等特点的复合织物，将这种纤维织物应用于关节轴承上，使关节轴承既保持了高承载、自动调心的特性，又兼有自润滑、耐冲击、寿命长等特点，这种自润滑关节轴承可广泛应用于航空、航天等高新技术领域中的关键承载部位。

随着新材料技术的不断发展，PTFE 材料在光学、电子、医学、石油化工、输油防渗等多个领域的应用前景将更加广阔。

四、聚酰亚胺（PI）纤维

聚酰亚胺是指主链上含有酰亚胺环（—CO—N—CO—）基团的芳杂环高分子聚合物，英文名为 polyimide，简称 PI 纤维，是迄今为止耐热等级最高的高分子材料，并成为当前高技术纤维中的重要品种之一。随着聚酰亚胺合成技术的提高及纤维纺丝技术的进步，具有耐辐射性、耐高温性、高强度等优异综合性能的聚酰亚胺纤维产业化进程逐渐加快，在航空航天、环保防火等领域中发挥着越来越重要的作用。由于相关技术垄断，聚酰亚胺纤维的市场价格一直居高不下，这也是影响其服用及装饰用产品开发的主要原因。

20 世纪 80 年代，奥地利的 Lenzing 公司采用 PI 溶液进行干法纺丝，实现了产业化，产品名为 P84，主要用于高温滤材领域，但价格昂贵且对我国实行限量销售；随后，法国 Phone - Poulene 公司推出具有优异阻燃性能的 PI 纤维 Kernel 235AGF，应用于安全毯、防护服、消防服等领域；20 世纪 90 年代，俄罗斯科学家在聚合物中引入含氮杂环单元，开发的 PI 纤维断裂强度达到 5. 8GPa，初始模量为 285GPa，这对实现航空航天飞行器轻质高强具有重大意义。

2011 年，长春高琦聚酰亚胺纤维有限公司与中科院长春应化所合作，采用聚酰胺酸溶液为纺丝液，成功建成300t/a湿法纺丝生产线，后扩大到千吨级，并于2013年通过技术鉴定，标志着我国聚酰亚胺纤维实现产业化。2013年，东华大学与江苏奥神集团在对干法成形聚酰亚胺纤维进行工程化研究的基础上，成功建成投产具有自主知识产权的干法纺丝生产线，在国际上属于首创。目前，国产聚酰亚胺纤维已成功应用于水泥行业的耐高温过滤材料、纺织服装、工业用隔热材料等领域。

（一）PI纤维的结构

聚酰亚胺纤维的分子主链中有酰亚胺环、芳香环等，分子链间刚性大，酰亚胺环中的碳和氧双键相连，与芳香环产生共轭效应，导致主链键能和分子间氢键作用力较大，这种结构使聚酰亚胺纤维具有高模量特点。此外，独特的分子结构还赋予纤维耐辐射、耐高温、优异的热稳定性和化学性能等特点，其结构单元如图2－23所示。

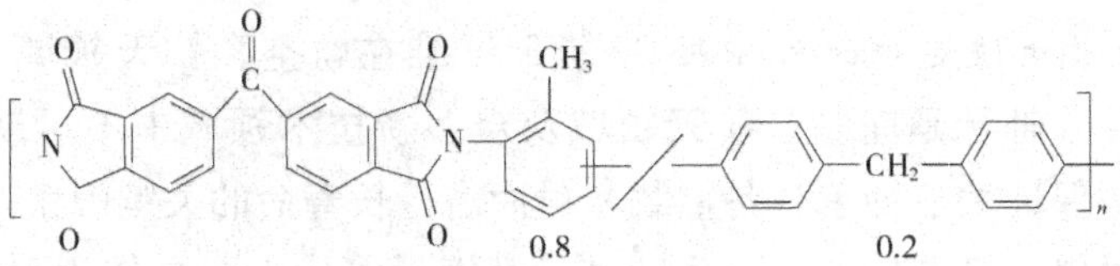

图2－23　P84结构单元示意图

采用不同的工艺技术制备出来的聚酰亚胺纤维，具有不同的纤维形态结构。采用干法纺丝制备的纤维呈圆形，纤维表面光滑无沟槽，内部无空洞，无皮芯现象，结构更为致密均匀。采用湿法纺丝工艺制备的纤维结构密实均匀，截面呈腰圆形。如图2－24所示。

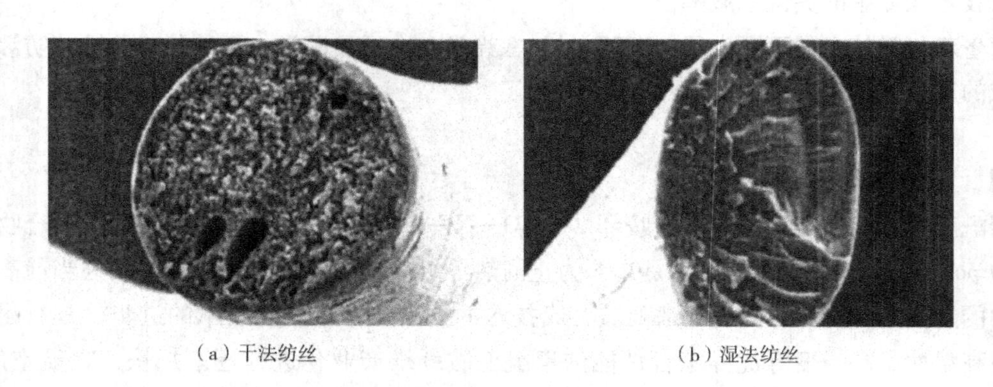

（a）干法纺丝　　（b）湿法纺丝

图2－24　不同纺丝路线制备的聚酰亚胺纤维的断面形态

（二）PI纤维的基本特性

聚酰亚胺高度共轭的分子链结构，赋予聚酰亚胺纤维具有高强高模的特性，表2－15为聚酰亚胺纤维与其他产业化高性能纤维机械性能的比较。从该表可见，联苯结构的聚酰亚胺纤维强度和模量高于Kevlar系列芳香族聚酰胺纤维，而含嘧啶单元结构的聚酰亚胺纤维的强度和模量与PBO纤维相当。聚酰亚胺纤维具有突出的耐热性能，对于全芳香族的聚酰亚胺纤维，其起始分解温度一般都在500℃左右，热氧化稳定性十分优越，其膨胀系数较小（2×

$10^{-5} \sim 3 \times 10^{-5}$℃$^{-1}$）。聚酰亚胺还具有优异耐酸碱腐蚀性和耐辐照性能，经 10^{-8}Gy 电子辐照后其强度保持率仍为90%。极限氧指数高，是一种良好的阻热阻燃材料。普通商品化的聚酰亚胺纤维的相对介电常数大多在3.4～3.6之间，通过改性，引入氟及大的侧基等可得到相对介电常数在2.5～3.0、介电损耗在 10^{-3} 的聚酰亚胺材料。

表2－15　聚酰亚胺纤维与其他高性能纤维机械性能的比较

纤维名称	密度（g/cm^3）	拉伸强力	拉伸模量（GPa）	断裂伸长率（%）	极限氧指数（%）
Cabon fiber T300	1.80	3.5	230	1.5	—
Kevlar 49	1.45	2.9	124	2.8	29
Armos	1.44	4.5～5.5	145	2.8～4.0	42
PBO	1.59	4.8～5.8	211～280	2.5	68

P84是一种芳香型共聚聚酰亚胺，纤维强度3.8cN/dtex。P84纤维可在260℃以下连续使用，瞬时温度可达280℃。该纤维具有不规则的叶片状截面，比一般圆形截面增加了80%的表面积。叶片状的横截面使P84纤维具有两大优点：一是纤维表面积大，因而具有较强的阻尘与捕尘能力，大大提高了过滤效率；二是不规则的纤维截面因其内应力大小不同，分布不均匀，使纤维自然卷曲，导致纤维之间具有较强的抱合力和缠结力。

（三）PI纤维的应用领域

随着环保要求的日益提高，高温滤料在高温烟气治理领域的需求日益增大，PI纤维在耐高温滤料领域的需求随之增大。PI纤维在耐高温滤料领域主要应用于电厂、水泥行业、钢铁行业等的袋式除尘器。PI纤维能够满足钢铁冶炼超高温工作环境（高于200℃）的使用要求，PI纤维用于钢铁行业除尘滤料的年需求量至少为1kt。

在航空航天领域，随着飞行器轻质高强的要求日益提高，特种纤维材料的需求量逐渐增大。俄罗斯已将PI纤维应用于航空航天中的轻质电缆护套、耐高温特种编织电缆等。此外，PI纤维除了可代替碳纤维作为先进复合材料的增强材料，还可用于防弹服织物、高比强绳索、宇航服、消防服、高温滤材等。基于PI纤维的性能优势，以及我国在PI原料生产技术方面的优势，PI纤维在航空航天领域的应用具有广阔的前景。

在国际上被称为“黄金丝”的聚酰亚胺纤维2014年12月已应用于民用服装领域，这标志着我国在世界上首次将这一源自于航天领域的先进材料应用于民生领域，为服装纺织行业创造了一类全新的纤维材料。国内资深户外专业人士穿着由聚酰亚胺纤维制成的轶纶OR95服饰与其他顶级户外品牌服装，在东北零下20℃的户外进行了为期两天的极寒环境体验。体验结果表明，PI纤维制成的服装在徒步、静止状态下的保暖、舒适及轻便性能均高于其他顶级户外品牌服装。

有关专业部门的检测也证明了这一点。在国家红外及工业电热产品质量监督检验中心的红外对比测试中表明，采用聚酰亚胺纤维的保暖服的保暖性能更优秀，使同一试验者的体温高出相同面密度的世界顶级抓绒保暖服装4～6℃。在中国纺织制品质量监督检验中心进行的保暖性能对比测试中，聚酰亚胺纤维制成的120g/m^2轶纶OR95絮片的折算保暖率为70.5%，

同样为 $120g/m^2$ 的世界顶级中空涤纶保暖絮片（样品取自于极地科考服）的折算保暖率为64.9%；$135g/m^2$ 的铁纶 OR95 絮片的折算保暖率为75%，同样为 $265g/m^2$ 的世界顶级中空涤纶保暖絮片的折算保暖率为76.1%。在面密度差近一倍的条件下，聚酰亚胺纤维制成的铁纶OR95 絮片表现出神奇的保暖效果。铁纶还通过了欧洲瑞士纺织测试研究所 oeko－100tex 级生态纺织品认证，成为婴儿用一级产品。在“纺织之光”2013 年度中国纺织工业联合会科技进步奖评选中，被全票评为中国纺织工业科学技术进步一等奖。

参考文献

[1] 李晔. 对位芳纶的发展现状、技术分析及展望[J]. 合成纤维,2009,38(9):1－5,10.
[2] 耿成奇,张菡英. 超高相对分子量聚乙烯(UHMWPE)纤维的制造、性能和应用[J]. 玻璃钢,1998(1):13－20.
[3] 王桦. 超高相对分子量聚乙烯纤维[J]. 四川纺织科技,2004(4):74－88.
[4] 张野. 芳香族聚酰胺纤维的制备及应用[J]. 化工科技市场,2010,33(7):34－37.
[5] 鲁超风. 含氯对位芳香族聚酰胺的合成及聚合物结构与性能研究[D]. 上海:东华大学,2014.
[6] 任意. 超高相对分子量聚乙烯纤维性能及应用概述[J]. 广州化工,2010,38(8):87－88.
[7] 黄鑫. 超高相对分子量聚乙烯纤维的原料比较及抗蠕变性能研究[D]. 北京:北京服装学院,2010.
[8] 武红艳. 超高相对分子量聚乙烯纤维的生产技术和市场分析[J]. 合成纤维工业,2012,35(6):38－42.
[9] 陈成泗. 超高相对分子量聚乙烯纤维及其复合材料的现状和发展[J]. 国外塑,2008(2):56－60.
[10] 钱伯章. 芳纶的发展现状与市场[J]. 新材料产业,2009(1):40－44.
[11] 金军. 超声下液态氧化法对超高相对分子量聚乙烯纤维的表面改性研究[D]. 上海:东华大学,2010.
[12] 刘家蓬. 芳纶纤维布加固钢筋混凝土大偏心受压柱的试验研究与理论分析[D]. 西安:西安理工大学,2009.
[13] 孙伟社,杨明成,刘小娟. 浅谈芳纶纤维布在结构加固工程中的应用[J]. 科技信息(学术研究),2007(26):254,257.
[14] 谢美菊. 超高相对分子量聚乙烯的加工性能改进和结构与性能的研究[D]. 成都:四川大学,2006.
[15] 严冬东. 对位芳纶热处理及纤维的结构与性能研究[D]. 上海:东华大学,2014.
[16] 彭刚. 高浓度冻胶纺 UHMWPE 纤维的制备与表征[D]. 上海:东华大学,2011.
[17] 甄万清. 熔体纺丝法制备超高相对分子量聚乙烯纤维[D]. 青岛:山东科技大学,2011.
[18] 张艳. 超高相对分子量聚乙烯纤维在防弹和防刺材料方面的应用[J]. 产业用纺织品,2010,28(10):32－39,49.
[19] 宋坤阳. 聚丙烯腈纺丝溶液的粘弹性研究[D]. 上海:东华大学,2010.
[20] 李美莹. 高性能聚乙烯纤维的生产技术和市场研究[J]. 当代石油石化,2007(11):35－36,41,50.

第三章　导电纤维

第一节　导电纤维概述

一、导电纤维的定义和分类

普通化学纤维的比电阻一般大于 $10^{14}\Omega \cdot cm$，因此在化纤纺织品使用过程中，易发生静电电荷的积聚，引起灰尘附着，服装纠缠肢体，产生黏附不适感等。

导电纤维尚无明确定义，通常将比电阻小于 $10^{7}\Omega \cdot cm$ 的纤维定义为导电纤维。用于纺织品的导电纤维应有适当的细度、长度、强度和柔曲性，能与其他普通纤维良好抱合，易于混纺或交织，具有良好的耐摩擦、耐屈曲、耐氧化及耐腐蚀能力，能耐受纺织加工和使用中的物理机械作用，不影响织物的手感和外观，且耐久性好。

导电纤维的现有品种有：金属纤维（不锈钢纤维、铜纤维、铝纤维等）、碳纤维和有机导电纤维。

有机导电纤维又包括：导电聚合物制成的有机导电纤维，普通合成纤维涂覆导电物质（碳、金属）制成的有机导电纤维，石墨、金属或金属氧化物等导电物质与普通高聚物共混或复合纺丝制成的导电纤维。这些导电纤维从结构上可以分为导电成分均一型、导电成分被覆型、导电成分复合型三类。

二、导电纤维抗静电及其电磁屏蔽作用机理

（一）导电纤维抗静电作用机理

导电纤维的导电性能好，织物产生的静电能更快地泄漏和分散，有效地防止了静电的局部蓄集。同时，导电纤维还具有电晕放电能力，能起到向大气放掉静电的效果。这种电晕放电是一种极微弱的放电现象，已经确认它不可能成为可燃气体的着火源。因此，导电纤维在不接地的情况下，也可用电晕放电的方法消除静电。若导电纤维制品接触大地，则在电晕放电的同时，静电也通过导电方式泄漏入大地，其带电量就更小了。

电晕放电受导电纤维形状的影响。导电纤维的线密度越细，表面越粗糙或有突起处，越容易电晕放电。当然，外界电压越高，电晕放电也越容易。

接地导电纤维的消除静电机理：人体穿着含导电纤维织物接触大地时，其消除静电的机理是在电晕放电的同时，诱导电荷聚积在导电纤维周围，进而泄漏入大地。具体过程是当导电纤维与带电体接近时，在带电体与导电纤维间形成了电场，特别是在导电纤维的周边收敛

了电力线，形成了局部的离子活化领域。图 3－1 为带正电的带电体与接地的导电纤维接近时的状况，在导电纤维周围的空气中，由于绝缘被击穿，电晕放电生成了正、负离子，其中负离子向带电体移动而中和，正离子通过导电纤维向大地泄漏掉。起晕电压与相对湿度密切相关，根据 GB 12014—2009 要求，防静电工作服电荷面密度 A 级不大于 0.2μC/m²，B 级不大于 0.6μC/m²

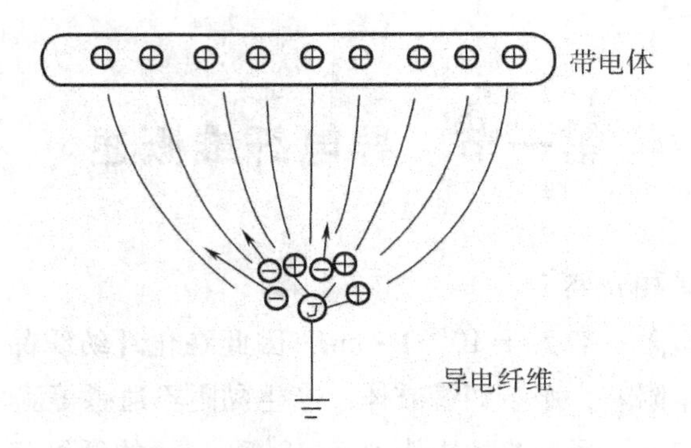

图 3－1 带电体与导电纤维电荷分布

人体电位衰减曲线如图 3－2 所示。图中曲线①和曲线②分别为人体穿着含有铜络合导电纤维和不锈钢纤维工作服时人体电位的衰减曲线。从图中可以看出，两种情况下的人体电位均较高，且衰减缓慢。其中曲线①峰值电位为 20.8kV，100s 以后为 18.8kV，曲线②最高电位为 11.8kV，30s 以后为 11.2kV。由此可以说明，人体在对地绝缘良好的条件下，即使穿着含有导电纤维的防静电工作服，仅仅通过电晕放电不能达到较好的消电效果。而在人体接地时，测试结果表明人体电位及服装表面电位均较低，其中人体电位低于 100V。由此可见，在人体接地情况下，人体及服装表面不易积聚静电荷，且防静电工作服优于一般服装。

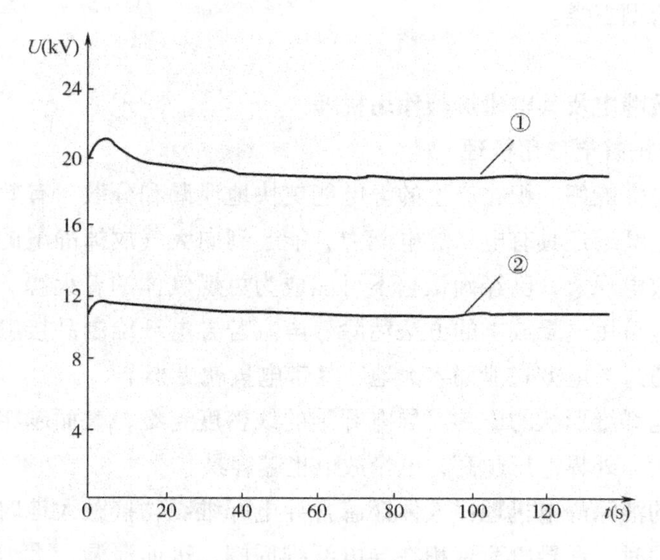

图 3－2 人体电位衰减曲线

表征纤维或织物抗静电性能的指标有以下几项：

（1）比电阻。织物比电阻越小，静电泄露越多、越快，静电影响相对越小。

（2）带电量。单位量（件）或单位质量的材料所带的电荷量。

（3）面电荷密度。单位面积上材料所带电荷量。

（4）半衰期。指材料的静电位从初始值衰减到初始值一半所需要的时间。

（5）静电电压。表示材料感应静电压的大小。

（二）导电纤维电磁屏蔽作用机理

1. 导电纤维的电磁屏蔽机理和电磁屏蔽指标 导电纤维的抗电磁屏蔽机理是利用导电纤维构成的网络回路产生感应电流，由感应电流产生的反向电磁场对辐射电磁波进行屏蔽。

防辐射纺织品检验可以采用美国材料试验协会标准 ASTM D4935—1999C《测量平面材料电磁屏蔽效率的试验方法》。

电磁屏蔽效能是评价导电纤维织物对电磁屏蔽效果的指标，它是指真空中某点的电磁强度 E_1 和有介质存在时该点的电场强度 E_2 的比值，或磁场强度 H_1 和磁场强度 H_2 的比值，是表征其介质材料对入射电磁波的衰减与吸收程度的物理量，可用 *SE* 表示，单位为分贝。

2. 影响织物电磁屏蔽效能的因素

（1）电导率与屏蔽效能 *SE* 的关系。电导率与屏蔽效能密切相关，电导率大，屏蔽效能好，当电导率充分大时，继续提高电导率并不能明显增强 *SE*。电磁屏蔽效能 *SE* 与电导率关系如图 3－3 所示。

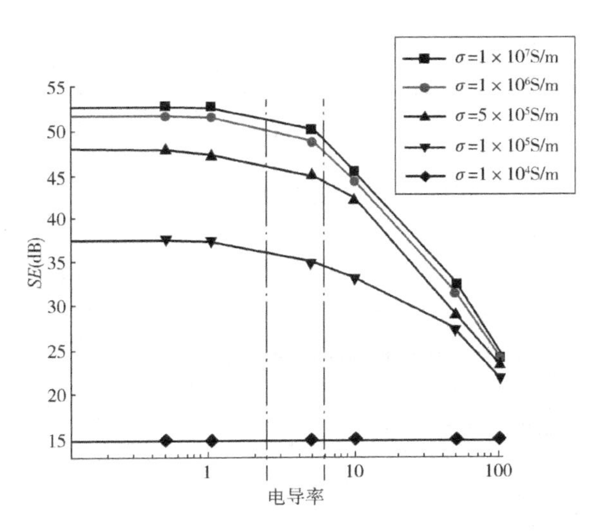

图 3－3 *SE* 随电导率的变化

（2）网格线直径（导电纱线直径）与 *SE* 的关系。直径越大，电磁屏蔽效能 *SE* 越好。织物周期单元如图 3－4 所示，网格线直径（导电纱线直径）与 *SE* 的关系如图 3－5 所示。

（3）经纬密度对电磁屏蔽效能的关系。当纱线直径不变时，*L* 大，经纬密度小，*L* 小，经纬密度大。电导率和直径不变，改变 *L*，即改变织物的经纬密，对屏蔽效能有显著影响。织物经纬密度与屏蔽效能 *SE* 的关系如图 3－6 所示。

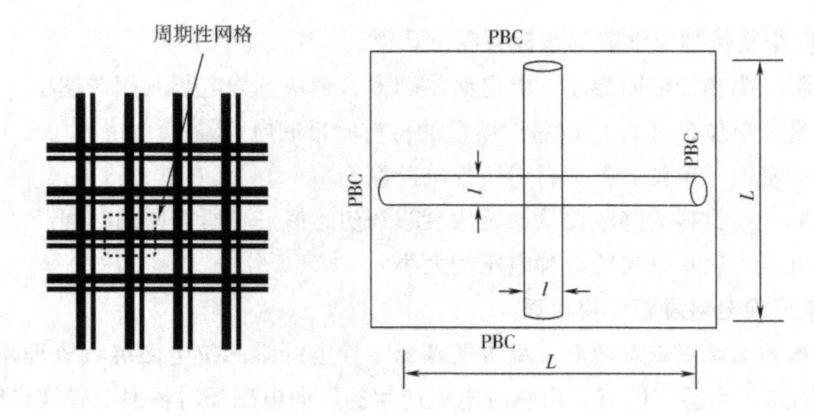

图 3-4　织物周期单元

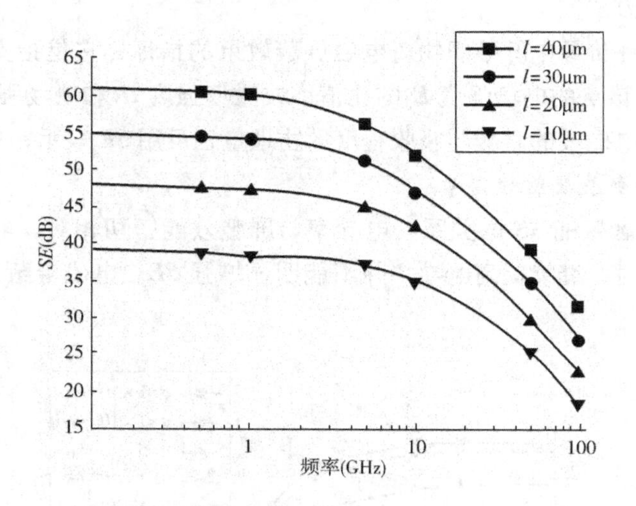

图 3-5　网格线直径与 *SE* 的关系

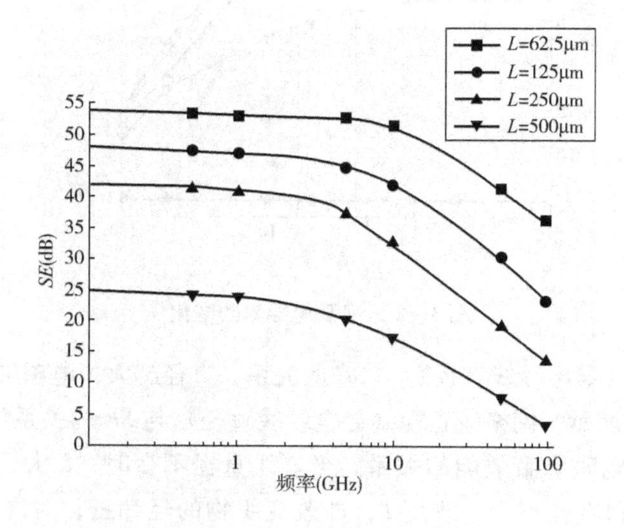

图 3-6　SE 随织物经纬密度的变化

三、导电纤维的用途

导电纤维中的导电成分有金属、金属化合物、炭黑等，使用最多的是炭黑。这里的导电性能主要是基于自由电子的移动，而不依靠吸湿及离子的转移。所以导电纤维不依赖于环境的相对湿度，它在 RH 为 30% 或更低的相对湿度下，仍能显示优良的导电或抗静电性能。

随着工业和科学技术的现代化，对材料的抗静电水平的要求越来越高。特别是电子、医药、精密仪器等工业的飞速发展，为了使仪器精确动作和保证操作的安全，都要求纤维和织物有较高的抗静电或导电水平。导电纤维具有优秀的、远高于抗静电纤维的消除和防止静电性能的能力，其比电阻小于 $10^8\Omega \cdot cm$，优良者在 $10^2 \sim 10^5\Omega \cdot cm$ 甚至更低的比电阻范围内。因此，为了保证仪器的精度和操作的安全性，产业用工作服等多采用导电纤维。比电阻达到 $10 \sim 10^{-3}\Omega \cdot cm$ 的导电纤维可以取得对电磁干扰的屏蔽。导电纤维的主要用途和效果如表 3－1 所示。

表 3－1　导电纤维的用途和效果

比电阻	纤维制品	应用领域	主要效果
高	衣无尘无菌	精密仪器，机械零件，电子工业，照相，食品，医药，医院，计算机房，化妆品，塑料，纸，合成纤维，合成皮革，橡胶制品等的制造和加工	防尘，防止仪器损坏，防止干扰计测，消除杂音
高	抗静电手套	医院，旅馆，车辆，船舶，极寒地区等	防止电击
高	抗静电毛毯（化纤毛毯）	防止衣物缠绕身体，防止穿脱衣服时不愉快的声音，旅馆，游艺场，机关会客室等一般建筑物内	防止电击和引火爆炸
高	抗静电地毯		
高	抗静电缝纫线	一般的外衣（裙子，连衣裙，制服），内衣	防污，防电击
高	抗静电过滤网	纺织，食品，化学，医药	防干扰，防尘
中	防爆型工作服	工业中有干燥粉末的场合	防止引火爆炸
中	消电装置（内部放电式）	石油精制，油罐，油船，加油站，涂装，石油化工，煤炭工业，纤维，塑料，胶片，纸，印刷，橡胶，食品等的制造和加工	消除静电，从而排除故障
中	导电工作服	供电公司，电力工程公司	防止因静电而导致的事故
低	电磁波屏蔽材料	广播，电视台，电子仪器，精密机器等	防止电磁波干扰
低	建筑，交通道路用平面	屋顶加热器，马路加热器	由于发热而保温，防止冻结，融雪而无触电危险

从表 3－1 中可以看出，以下产品需要导电纤维材料，它们是化纤地毯、防爆工作服、无尘衣或无尘无菌衣；作为工业生产资料用途的带、管、滤布、刷子等，以及一般制服、礼服、内衣、衬衣等。另外，在消电装置、电磁波屏蔽材料、防止杂音干扰用电线的包线和平面发热器中均开始利用导电纤维。总之，目前国内外导电纤维的使用量还很小，但是从各方面的

需要和导电纤维的研究开发趋势来看，其前途是非常广阔的。

1974 年，美国 Dupont 公司开发了以含炭黑的聚乙烯为芯，锦纶 66 为鞘的导电复合纤维——锦纶 BCF。1977 年，美国宾夕法尼亚大学 Mae Diarmid 教授等发现了导电聚乙炔，从而开创了结构型导电聚合物发展的新局面。1989 年，美国 R. V. Gregory 以锦纶或涤纶为基质，采用“现场”吸附聚合法，使苯胺在基质纤维表面发生氧化聚合反应，聚苯胺均匀地沉积在基质纤维表面，并能有效渗入纤维内部，使纤维导电性能持久良好。“现场”聚合法制备导电纤维可赋予纤维耐久的导电性。

国内对导电纤维的研究与开发比较晚。20 世纪 80 年代开始生产金属纤维和碳纤维，但产量很小。不锈钢丝等金属纤维在油田工作服、抗静电工作服等特种防护服面料中有较广的应用。近年来，国内各高校及科研单位也开发成功了多种有机导电纤维。例如表面镀 Cu 或 Nt 的金属化 PET 导电纤维、CuI 导电的腈纶导电纤维、CuI/PET 共混纺丝制成的导电纤维、炭黑复合导电纤维等。以上导电纤维已有商品化产品，但产量低，质量不稳定，价格高于国外同类产品。目前，国内外生产的有机导电纤维以 PET 基、PA 基为多，但由于 PET 基有机导电纤维价格较贵，故实际使用时仍以 PA 基为主。

有机导电纤维的基本物理机械性能类似于普通纺织纤维，耐化学试剂性能和染色性能良好，而其导电性能持久优良。在毛织物及其他各种纺织品中添加有机导电纤维后并不影响产品的手感和光泽。全军装备的 99 式新一代衬衣（包括毛涤将军衬衣）即采用了有机导电纤维作为抗静电材料，实践证明使用效果良好。

有机导电纤维在织物中的含量为百分之几到百分之几十即可达到不同等级的抗静电效果。因此，导电纤维一般不会纯纺使用，必须与其他普通纤维实现合理的混合，使导电纤维均匀地分布于基础织物。纺织品的最终用途不同，其抗静电性能和外观要求也不同。有的纺织品需要将导电纤维严密隐蔽，不得外露，使产品具有抗静电能力而不显现导电纤维，如一般服用织物面料和时装面料；有的纺织品则要求突显和夸张导电纤维的使用，在具备抗静电性能的同时标榜其抗静电功能的存在，起到标志作用，如抗静电工作服面料。针对不同需求，应采取相应的混合方法。

短纤维织物添加有机导电纤维时，采用混纺的方式有良好的设备适应性。导电短纤维混纺可以做成高比例纱线嵌织于基础织物和低比例混纺均匀分布两种形式，高比例纱线作为嵌织用导电纱使用时同嵌织导电长丝一样；另外，以低比例均匀混纺方式进行纺织生产时可消除纺织生产过程中的静电干扰现象。短纤维也可采用赛络纺、包芯纺、空心锭纺纱、并捻、空气变形网络丝等设备与导电丝进行复合加工。

长丝织物中添加导电丝最简便的方法是在化纤纺丝时直接复合导电丝。在纺织厂可采用并捻等方式复合导电丝。复合后的专用纱线可根据抗静电性能要求，按适当的比例和均匀的间距分布于经纱或纬纱。

对嵌织导电纤维织物来讲，可利用其组织结构中的可遮盖组织点，将含导电纤维的专用纱线嵌入，并隐藏于织物背面，以解决导电纤维与基础织物的色差问题。对于短纤混纺织物，可以利用并条工序的混和均匀来解决织物的色差问题。

第二节　导电纤维分类

一、金属纤维

（一）金属纤维的特点

最早的金属纤维是由美国 Bekaert 公司在 20 世纪 60 年代生产并且商品化的不锈钢纤维“Bekinox”，使用最多的金属材料为不锈钢、铜、铝、镍等。金属纤维及其制品是新型工业材料和高新技术、高附加值产品，它既具有化纤、合成纤维及其制品的柔软性，又具有金属本身优良的导热、导电、耐蚀、耐高温等特性。金属纤维的最主要特点是导电性能好（10^{-5} ~ $10^{-4}\Omega \cdot cm$）。金属纤维独特的优越性能，使其产生七大主要功能：防电磁波，防静电，导电，耐高温，耐切割和摩擦，可过滤、吸隔声。

金属纤维的主要不足是弹性差、伸长小、粗硬挺直、表面粗糙，造成抱合力小，可纺性能差。制成高细度纤维时价格昂贵，成品色泽受限制。

（二）金属纤维的制造方法

金属纤维的制造方法归纳起来有三种：熔抽法、拉拔法和切削法。

1. 熔抽法　熔抽法的基本原理是将金属加热到熔融状态，再通过一定的装置将熔液喷出或甩出而形成金属纤维。熔抽法既可制取短纤维也可制取长纤维，纤维当量直径最小可达 25μm。

熔抽法加工的钢纤维与基体有较好的结合强度，常用于增强混凝土等，但工艺和技术要求高，加工设备较复杂，抗拉强度低，一般只有 380MPa。

2. 拉拔法　拉拔法分单根拉拔和集束拉拔两种。单根拉拔法得到的金属纤维尺寸精确，但成本高，主要用于某些特殊领域，高精度筛网等。集束拉拔是把上万根金属线包在外包材料里，经过多级拉丝模进行连续拉拔，根据需要中间可设置热处理等工艺。

集束拉拔法制备工艺复杂，拉拔、热处理过程中的任何参数变化都会对纤维质量产生影响，使其性能发生变化，目前主要用于不锈钢纤维的生产，最小当量直径可达 4μm。拉拔法生产的不锈钢纤维抗拉强度很高，可达 2000MPa，但延伸率低，拉拔法不适于脆性材料如铸铁等的加工。

现在世界上大规模生产高强、超细金属纤维高端产品的生产厂商大多采用集束拉拔法，目前世界上只有美国、比利时、日本、中国等少数国家可以生产，规模化、产业化最快的是比利时。国内的金属纤维生产也出现了一些技术实力雄厚、设备先进、生产工艺完善的行业龙头企业，如湖南的惠同新材料股份有限公司等就是其中之一。

3. 切削法　切削法是目前使用最广泛的金属纤维制造方法，制造的金属纤维产品种类齐全，适用面广。切削法既可制取短纤维也可制作长纤维，设备简单，成本低廉，适用于不同材质的金属，如低碳钢、不锈钢、铸铁、铜、铝及其合金等的纤维加工。切削法按切削方式不同又可分为铣削法、刮削法、约束成型剪切法、车削法。铣削法是用螺旋齿圆柱铣刀铣削低碳钢钢板，刮削法利用具有一定形状的刮刀刮削钢丝形成连续的金属纤维，剪切法是利用动剪刀片和静剪刀片剪切薄钢板而得到异型钢纤维。车削法包括卷材车削法、旋转切削法、振动切削法等，其中以振动切削法为代表。振动切削法是利用弹性刀具在切削过程中产生自激振动进行切削，激振频率一般在500～5000Hz之间，刀具每一个振动周期形成一根纤维，纤维直径在20～150μm之间，长度为刀具的有效宽度。振动切削法是制取金属短纤维最有效、最成熟的方法，适用于各种材质。不锈钢和铁、铬、铝纤维是金属纤维的重要分支，全球市场占有率达90%以上。

（三）金属纤维的应用

1. 纺织制品 制品分为纯金属纤维织物和掺有金属纤维的混纺织物两种，主要用于防静电、导电及屏蔽、隐形、吸尘织物等方面。

金属纤维比其他纤维具有优异的高强和耐热性能，可制成枕式密封袋，用于焦化厂干法熄焦塔高温气体粉尘密封；制成除尘袋，用于高温烟气干法净化袋或除尘系统；还可制成热工件传送带、隔热帘、耐热缓冲垫等，可用于汽车挡风玻璃、电视屏幕、厨房用品等的生产中。对于某些特种合金纤维来说，其纯织物可耐1100℃的高温。

由于金属纤维柔软，具有可纺性，可与棉、毛、涤等混纺。金属纤维含量为0.5%～5%的混纺织物可制成防静电工作服，用于易燃易爆场所或易产生粉尘的特定工作场所，还可用于防静电地毯、防静电吸尘器、电磁波（微波）防护服及防护罩、医疗手术服。含5%～20%金属纤维的混纺织物可制成防静电地毯、防静电吸尘器、电磁波（微波）防护服及防护罩、医疗手术服等。含25%金属纤维的混纺织品制作成的超高压屏蔽服，可用于不高于500kV交、直流作业。此外，它还可以用作雷达敏感织物，在军事工业上制作假目标和雷达靶子，起迷惑和训练的作用。

2. 过滤材料 金属纤维过滤材料即金属纤维毡的制备方法主要有三种：湿法成网、气流成网和机械成网。金属纤维毡与传统粉末过滤材料相比具有高强度、高容尘量、耐腐蚀、使用寿命长等特点，尤其适合于高温、高黏度、有腐蚀介质等恶劣条件下的过滤，被广泛用于化纤、聚酯薄膜、石油和液压等领域。金属纤维毡的另一主要应用是用作汽车安全气囊的过滤元件。汽车在受到撞击后引起气囊中的叠氮化钠发生爆炸，产生的气体充实气囊，达到保护目的。金属纤维毡所具有的高强、耐高温和均匀多孔性使得它在这个过程中起了三个作用：控制气体膨胀速度，过滤高温气体中的颗粒物和冷却高温气体，从而使安全气囊起到保护人体的作用。金属纤维非织造布与有机纤维织物复合而成的织物，即以某种机织物为骨架材料，与金属纤维网片以非织造方法复合的复合织物，可用作抗静电类过滤材料。

3. 纤维增强复合材料 金属纤维作为增强元素主要用于陶瓷材料等的强化和纸钢的研制和生产。金属纤维增强的耐火材料具有较好的耐高温性和抗震性，使用这种耐火材料可使锻造炉的寿命提高1倍。上钢三厂锻造车间出钢槽由原来的高铝砖铺设改为金属纤维增强耐火材料，其寿命由原来的三个月提高到一年以上。金属纤维增强的混凝土是一种新颖的建筑结构材料，金属纤维加到混凝土中不仅提高了混凝土的载荷能力，而且还起到抑制裂纹的作用，从而提高混凝土的抗拉强度、弯曲强度、冲击强度和抗剥落性，这种材料主要用于建筑隧道及飞机跑道。

纸钢是用极细的金属纤维混在纸浆中用造纸法制成。薄的纸钢仅零点几毫米，和纸一样薄；厚的可由几层薄纸钢片用合成树脂黏合而成，厚度达2～3cm，强度和钢材相当。纸钢集合了纸的轻薄和钢的强度，可制成板材及槽型、波型等各种异形材，广泛用于工业、建筑业、国防和军工以及日常生活等领域。国外已用纸钢制造汽车、火车的车厢及飞机机身的内壁材料。薄的纸钢像纱布、塑料布一样轻盈柔软，可以用作台布、窗帘等日用品。金属短纤维大量用于制造摩擦材料、如刹车片等。金属纤维也可与铝合金压铸，可作汽车发动机连杆材料，这种复合材料与传统材料相比，在保持同样强度和刚度的同时，可减轻重量30%。

4. 防伪材料　每一种金属纤维都有它自己特有的微波信号，这一特性已被用于防伪识别、防伪标志等。利用金属纤维制成的条形码比用金属粉末制成的条形码具有更强的识别功能，将金属纤维与纸浆混合制备的特殊纸张已被用于银行的账单、票据、有价证券、单位信函用纸，各种用于个人身份证明的身份证、护照、信用卡等方面的防伪识别。

5. 吸音材料　金属纤维毡可用于一些特殊环境和条件下的隔离材料，在高分贝条件下，金属纤维毡吸音效果很好，这是由于它的多孔性和空隙曲折相连性，由于黏滞流动而使声音能量损失，改变了声音传播的路径，降低了传播中的声音能量，达到了降噪目的。20世纪60年代中期波音公司用8～100μm的不锈钢纤维制成消音材料用于发动机辅助机组的进排气处理。

将扁平的铝纤维压成块，不经过烧结强度也比将扁平的铝纤维压成块，不经过烧结强度也比较高，这种铝块内部表面积很大的多根纤维，在普通环境中工作时在气流的压力作用下彼此之间能相对地移动一段很短的距离，这种移动造成内耗，使铝块制品有惊人的声音阻尼能力，成为理想的防噪声材料。

6. 电池电极材料　目前国内外用发泡镍制作镍氢（Ni—H）电池阳极骨架材料已形成产业，Ni—H电池中主要是采用发泡镍作为阳极支撑材料。由于发泡镍是采用电化学方法制备的，比表面积小、电池容量不高、强度低、充放电次数少，严重影响镍氢电池的发展。而用镍纤维制作成的金属纤维毡制备的阳极材料可以大大提高电池的充放电次数，抗大电流冲击，具有稳定性好、电容量大、活性物质填充量大、内阻低、极板强度高的优点，特别适用于大电流工作环境。因此用镍纤维毡取代发泡镍已成为Ni—H电池的一个发展方向。以日本东芝公司为代表的一些日本厂家已用镍纤维毡替代发泡镍生产M—H电池。用铅纤维毡代替铅板在蓄电池上使用也取得了成功。用铅纤维毡制成的板栅组装的样品电池，储备容量达118min。这种材料应用于铅酸蓄电池，在车辆动力电池领域内有广阔的应用前景。

7. 导电塑料　随着人们生活水平的提高、家用电器的普及，越来越多的人认识到，日常生活中电子工具和设备产生的电磁波对人体健康有一定损害，并与某些疾病息息相关。因此，屏蔽电子工具和设备以防电磁波辐射也越来越重要了。目前电子设备如电视、计算机、微波炉、手机外壳均是用塑料制成的。

若将少量金属纤维掺到塑料中制成导电塑料则可形成一个屏蔽层，它既可阻碍电磁波辐射，又能防止其他电磁波干扰，达到保护人类健康的目的

8. 其他方面 金属纤维在我们日常生活和工业中还有很多其他用途，如用 FeCr 合金纤维毡的燃烧器，能获得最有效的表面积，以有利于燃气燃烧。它与传统陶瓷或金属燃烧器相比，具有寿命长、燃烧充分、成型性好等优点。此外，金属纤维在以下领域中可以得到很好的应用：催化剂及其载体、热交换器、气液分离、高温密封等。

二、碳素导电纤维

黏胶基、PAN 基、沥青基碳纤维均为良好的导电纤维（$10^{-4} \sim 10^{-3}\Omega \cdot cm$），且高强、耐热、耐化学药品性能优良。但纤维模量高、缺乏韧性、不耐弯折、易断、无热收缩能力，不适合纺织品使用，碳短纤维可填加在地毯中，制造抗静电地毯。这部分在第一章的第一节高性能碳纤维中对碳纤维的导电性能已经详细叙述了，这里不再赘述。

三、有机导电纤维

（一）导电聚合物制成的有机导电纤维

自 1977 年美国科学家 A. F. Heeger 发现聚乙烯炔经掺杂后有明显的导电能力以来，聚乙炔、聚苯胺等导电聚合物迅速发展，目前加碘聚乙炔的导电能力已达到室温下金属铜的水平（$10^{-4}\Omega \cdot cm$）。但导电聚合物目前尚难应用于纺织品，主要体现在：主链中的共轭结构使分子链僵直，不溶解、不熔融，难以纺丝加工；某些导电聚合物中的氧原子对水极不稳定；某些导电聚合物的单体有毒且怀疑是致癌物质，某些掺杂剂多有毒性；复杂的制成工艺使其制造成本昂贵。只有聚苯胺可用二甲基丙烯脲（DMPU）、浓硫酸等溶剂，采用湿法纺丝或干法纺丝直接加工成导电纤维，但价格昂贵，浓硫酸对设备的耐腐蚀性提出了苛刻的要求。聚苯胺在导电态是不能熔融的，目前正在研究聚苯胺塑化后熔融纺丝的方法。

（二）普通合成纤维涂覆导电物质制成的有机导电纤维

20 世纪 60 年代末期，有机导电纤维开始生产。日本帝人公司、德国 BASF 公司率先开发了表面涂覆炭黑的有机导电纤维。此后以普通合成纤维为基体，通过物理、机械、化学等途径，在纤维表面涂覆和固着金属、碳、导电高分子物等导电物质的方法接连出现。此类导电纤维可获得较低的电阻率，导电成分都分布在纤维表面，抗静电效果好，但在摩擦和反复洗涤后皮层导电物质容易脱落。目前应用较广的炭黑涂覆型有机导电纤维的电阻率通常在 $10^3\Omega \cdot cm$ 左右。

（三）复合型有机导电纤维

为寻求导电性能及其耐久性更好的导电纤维，1974 年美国 DuPont 公司率先开发了以含炭黑 PE 为芯、PA66 为鞘的皮芯复合型导电纤维；1978 年日本东丽公司生产了以含炭黑的聚合物为岛、PAN 为海的海岛型导电纤维“SA－7”。此后世界各大化纤公司纷纷开始含炭黑复合型导电纤维的研究与开发，到了 20 世纪 80 年代末期，日本炭黑复合型导电纤维的年产量达到 200t。1987 年日本武田敏之研制了“芯－中间层－鞘”结构的复合导电纤维，其中芯层和鞘层含聚乙二醇、间苯二甲磺酸钠等亲水性物质，中间层为含 35% 炭黑的 PA 纤维。炭黑复合型有机导电纤维的电阻率通常在 $10^2 \sim 10^5\Omega \cdot cm$。

由于炭黑复合型导电纤维通常呈灰黑色，不适合于浅色纺织品，故其应用范围受到很大的限制。有人曾对炭黑复合导电纤维采用增加含消光剂皮层的方法来屏蔽炭黑的黑色，但效果有限。

20世纪80年代开始了导电纤维的白色化研究，以粒径约1μm的铜、银、镍、镉等金属的硫化物或其碘化物、氧化物为导电物质，通过复合纺丝法制得适合各种染色要求的白色导电纤维。如钟纺公司制成ZnO_2导电的Belltron632、Belltron638；尤尼吉卡公司开发了Megana；Rhone-poulence公司利用化学反应制成CuS导电层的Rhodiastat导电纤维；帝人公司制成表面含有CuI的导电纤维T-25。1989年日本押田正博以含CuI的PE为芯、PET为皮制的导电涤纶，其电阻率随CuI的粒度减小而减小。当CuI的粒度从1.5μm下降到0.9μm时，纤维表面电阻率从$5.4\times10^{10}\Omega\cdot cm$降至$4.2\times10^{8}\Omega\cdot cm$。金属化合物导电纤维的抗静电效果比炭黑复合型导电纤维差。

复合型有机导电纤维中的导电组分沿纤维轴向连续，易于电荷散逸。各种成纤高聚物均可作为复合型导电纤维的基体。导电组分由导电物质、高聚物和分散剂等组成。导电物质的含量视聚合物基体的种类、导电物质类型和分布方式而异，一般在20%~65%。提高导电物质的含量和粒度有利于纤维的导电性能，但导电物质难以在聚合物基体中均匀分散，且纺丝液流动性差，纺丝困难，纤维力学性能恶化。制造复合导电纤维的技术关键在于提高导电物质在基体中的均匀分散性。复合结构有芯鞘结构、三层同心圆结构、三明治式夹心结构、海岛型、镶嵌放射型、多芯型、共混结构等。炭黑或金属化合物在复合结构中受到保护，故有良好的耐久性。其中，炭黑复合型导电纤维有较低的电阻率，金属化合物复合型导电纤维在纺丝时有较好的品种适应性。

选用日本钟纺纤维公司生产的有机导电介质炭粒子与熔融状的锦纶基体材料充分混和后，经特殊的喷丝孔与基体材料复合成纤，形成了双组分的导电纤维。其产品特性表现为不会因为摩擦、洗涤而致使炭粒子脱落，该纤维是复合纺丝型有机导电纤维，具有良好的耐洗、抗弯曲、耐磨损等性能，具有永久性抗静电功能。纤维呈浅灰色，手感粗硬，断裂伸长率大，质量比电阻小。

第三节　不锈钢纤维和镀银纤维

一、不锈钢纤维

（一）不锈钢纤维的特性

不锈钢是金属纤维的重要分支，全球市场占有率达90%以上。不锈钢纤维由不锈钢丝以集束拉拔工艺制成，直径细至1~40μm。它具有不锈钢的金属色泽，表面光亮。由于不锈钢丝直径达到微米级，在保持原有的金属性能之外产生新的特性，既保持了不锈钢所具有的导电、导热、耐腐蚀耐、高温等性质，又具有类似于化纤的柔软性及高比表面积等特性。

不锈钢纤维束每束根数一般在5000～200000根之间，可按需要确定。不锈钢纤维束经过牵切工艺可以制成不同纤维长度的短纤维条。不锈钢纤维的规格一般以纤维的直径确定，一般情况下纤维的直径在4～30mm之间，通常通用的为6～12mm。不锈钢纤维的各种形态如图3－7～图3－10所示。

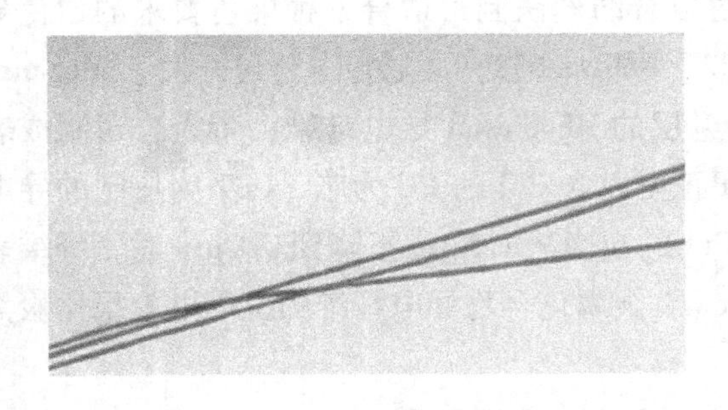

图3－7　不锈钢纤维纵向形态

图3－8　不锈钢短纤维束

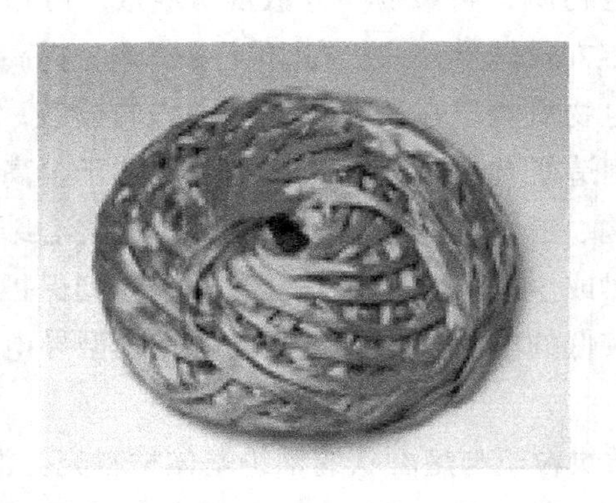

图3－9　不锈钢短纤维条

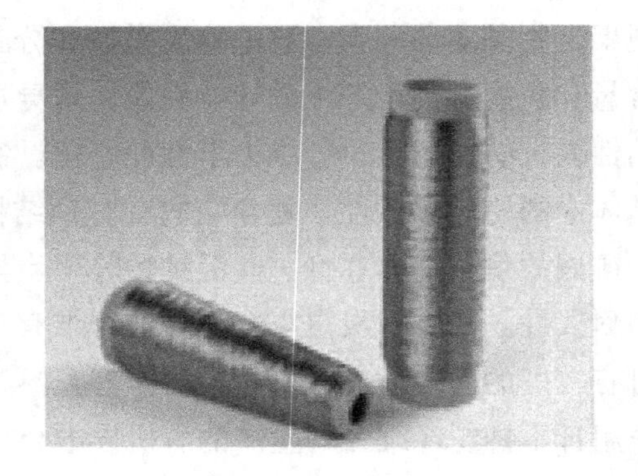

图3－10　不锈钢连续纤维

不锈钢纤维的密度为7.96～8.02g/cm^3，室温条件下断裂强度为686～980N/mm^2，直径偏差率不大于2.5%，断裂伸长率在0.8%～1.8%之间，每米丝束重量不匀率不大于3%。不锈钢丝的耐腐蚀性较好，完全耐硝酸、磷酸、碱和有机化学溶剂的腐蚀，但在硫酸、盐酸等还原性溶液以及含卤基的溶液中耐腐蚀性稍差。

在氧化氛围中，温度高达600℃条件下可连续使用，是很好的耐高温材料，同时也是传热的良导体。

国内外316L不锈钢纤维性能对比见表3－2。

表3－2　国内外316L不锈钢纤维性能对比

直径（μm）	西北有色金属研究院			Bekeart公司		
	强力（N）	断裂伸长率（%）	变异系数（%）	强力（N）	断裂伸长率（%）	变异系数（%）
6	0.018522	0.8	<13	0.0294	1.0	<10
8	0.058800	1.0	<13	0.0784	1.0	<10

续表

直径（μm）	西北有色金属研究院			Bekeart 公司		
	强力（N）	断裂伸长率（%）	变异系数（%）	强力（N）	断裂伸长率（%）	变异系数（%）
12	0. 147000	1. 2	<10	0. 1470	1. 5	<10
20	0. 441000	1. 9	<8	0. 4900	2. 0	<7
25	0. 813400	2. 7	<8	0. 8330	3. 0	<7

（二）不锈钢纤维制品

1. 不锈钢短纤维混纺纱　不锈钢纤维混纺纱包括各种比例的混纺纱（棉/金属纤维纱、化纤/金属纤维纱、毛/金属纤维纱）。不锈钢纤维与棉纤维混纺纱如图 3－11 所示。

图 3－11　不锈钢纤维与棉纤维混纺纱

2. 不锈钢纤维织物　不锈钢织物有纯不锈钢织物和不锈钢纤维混纺织物，混纺的材料有化学纤维、棉及黏胶纤维。用于人体及设备的电磁屏蔽。屏蔽效率 20～70dB，相当于能量衰减 1 万～10 万倍，即透射量仅为入射量的百分之一至十万分之一，由 0. 5%～5% 的不锈钢纤维与各种棉及黏胶纤维混纺而成的不锈钢织物，用于易燃、易爆环境下人体、设备的静电防护。各种不锈钢纤维织物如图 3－12～图 3－14 所示。

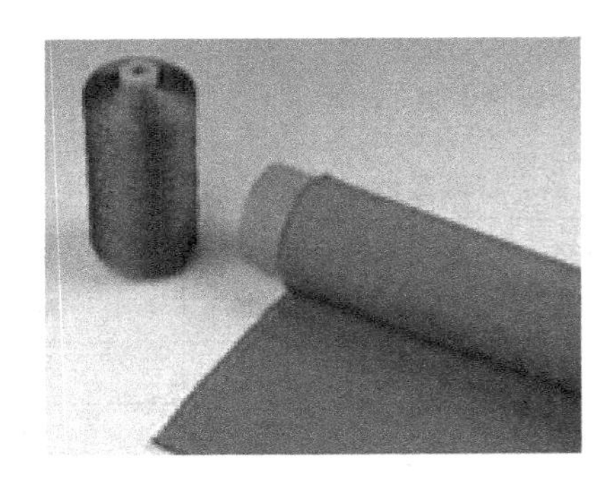

图 3－12　纯金属抗静电纤维

图 3－13　金属纤维混纺抗静电面料

图3－14　抗静电服装

根据防静电工作服 GB 12014—2009 的要求，该织物制成的防静电工作服电荷面密度不大于 $7\mu C/m^2$，防静电性能长期有效，不受工作环境的影响，即使在低温（干燥）条件下，同样具有优良的防静电性能。对洗涤条件无特殊要求，可按普通服装进行洗涤，经长期反复洗涤，仍保持良好的防静电性能。色泽齐全，质地坚牢，耐汗蚀性能好，穿着舒适，服用性能好。随着不锈钢纤维的比例增加，金属纤维混纺织物电阻降低，屏蔽效能增加。图3－15为金属纤维混纺织物电阻与金属纤维混纺比例的关系，表3－3为金属纤维混纺织物屏蔽效能与金属纤维混纺比例的关系。

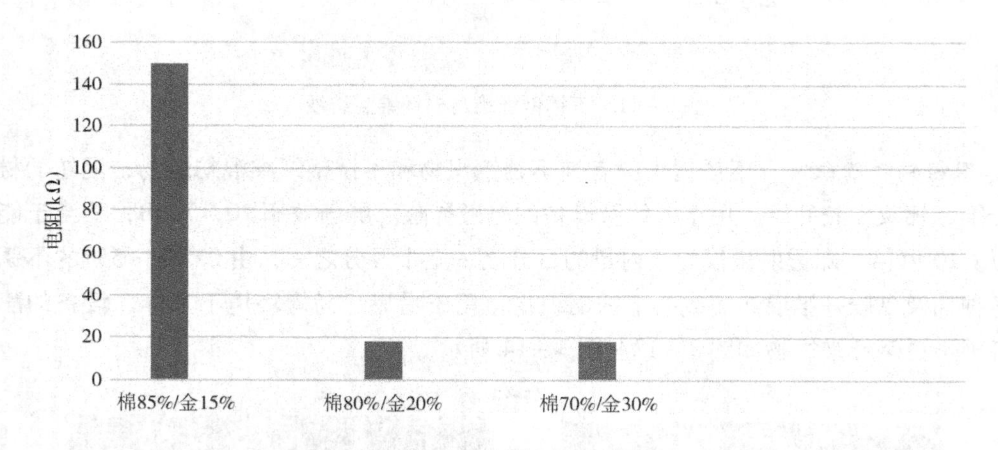

图3－15　金属纤维混纺织物电阻

表3－3　金属纤维混纺比例与屏蔽效能

频率（MHz）	30%金属纤维混纺织物屏蔽效能（dB）	10%金属纤维混纺织物屏蔽效能（dB）	频率（MHz）	30%金属纤维混纺织物屏蔽效能（dB）	10%金属纤维混纺织物屏蔽效能（dB）
10	33.4	12	300	33.0	11
30	33.4	12	1000	32.1	10
100	33.2	11	3000	30.1	9

3. 不锈钢纤维毡　不锈钢纤维毡（图3－16）是由非常细的不锈钢纤维蓬松毡铺在一起，经烧结，碾压而成，由于烧结过程采用的金属纤维丝有很高的*L/D*（长度/直径）比，因此可以使纤维的无数个接触点焊在一起，所以，该材料无介质迁移。为增加使用效果及寿命，也可采用把几种不同直径的金属纤维毡合在一起压实烧结的方法，形成立体多层次深度型过滤材料，该材料具有非常高的孔隙率（最高可达90%）和非常好的透气性。用该材料做成的过滤器具有很小的流量阻力。由于该材料具有独特的立体深度过滤结构，对污染物的容纳量相当高，可以大大提高使用效果和延长过滤器的使用寿命。由于该材料的基础原料为不锈钢纤维丝，因此在高温下也具有非常好的机械强度和韧性，可以在550℃的高温和高腐蚀环境下工作。

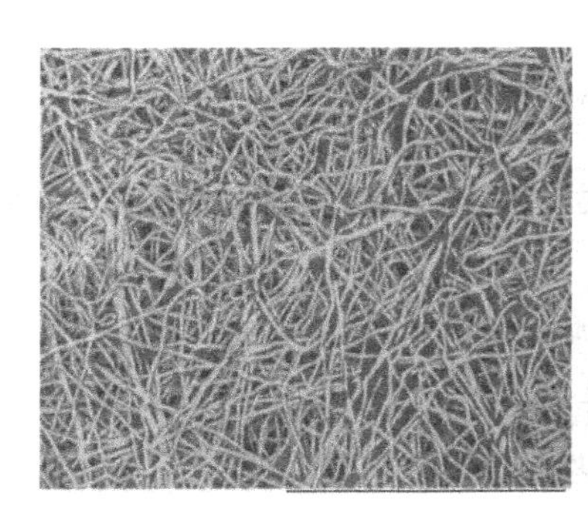

图3－16　不锈钢纤维毡

该材料最大的特点是，对不易过滤的聚酯凝结物及易变形的胶质物具有极好的过滤作用，在化工、化纤等行业已广泛使用。

二、镀银纤维

（一）镀银纤维概述

早在20世纪，德国、以色列、美国就率先展开了在纤维上镀铜、镍、银等金属的研究并开发出了相关产品，此后日本、俄罗斯、中国也相继开始了这方面的研发，现已有许多相关专利。世界上最大的镀银纤维品牌是美国NobeliFberTec－hnologies诺贝尔纤维科技公司）的X－Statie。日本三菱材料公司于2001年开发制造出镀银聚酯纤维AGposs，纤维直径为15～25μm，银的厚度为0.1μm（图3－17）。

我国济南丽丝特纤维有限公司自行研制的镀银纤维，采用多靶磁控溅射柔性镀膜技术和复合电镀技术在涤纶或锦纶上镀银，于2004年申请了发明专利。它是基于化学纤维基材不导电的性质，先采用真空镀的方式，在纤维表面溅镀一层银膜，再采用电镀的方法镀银。这种工艺具有镀膜均匀、附着力强、耐洗等优点。

杨庆等研究了聚酯纤维在镀银前后结构和性能的变化，发现镀银后纤维强度略有下降，纤维结构基本上没有改变，但熔点提高。镀银前聚酯纤维表面较为光滑、平整，镀银后纤维表面覆盖了一层银鞘，银粒子粗糙导致纤维表面呈现出凹凸的形态，且纤维外观上呈现泛金

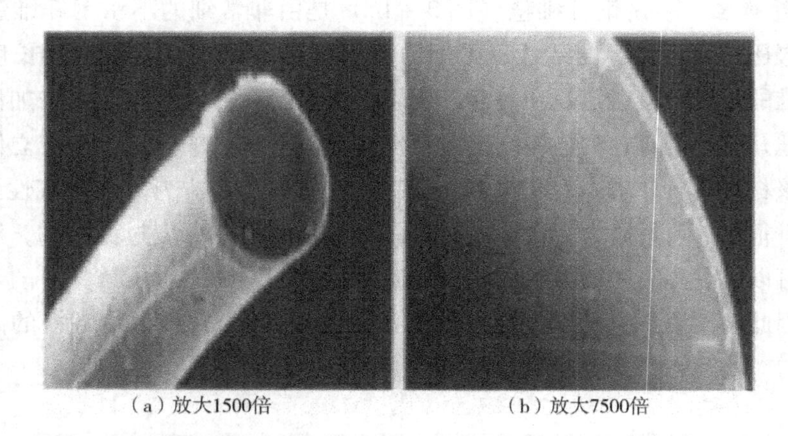

图 3 - 17　AGposs 的 SEM 图

属光泽的银黄色。镀银后纤维表面所覆盖的银层较为紧密，无断开的裂痕，纤维的导电性能优良。

张浴晖等测试了聚酰胺 - 6 纤维镀银前后的物理性能。结果发现，聚酰胺 - 6 纤维在镀银前后的强度和伸长率变化不大。具体测试数结果如下。

（1）力学性能。断裂拉伸率为 60%，强度为 5g/旦。

（2）化学性质。耐酸性（氧化性酸除外）：可经受 150mL/L 的盐酸溶液；耐氧化性：可经受 5% 的 30% 双氧水；耐碱性：优良；耐还原剂：优（石炭酸除外）。

（3）结合力。水洗 100 次后电阻率≤50Ω · cm。

（二）镀银纤维功能

1. 抗菌除臭　镀银纤维抗菌原理有两点：一是银及溶出的银离子与细菌蛋白质、核酸接触，并与蛋白质、核酸分子中的巯基（—SH）、氨基（—NH）等含硫、氮的官能团发生反应，以达到抗菌目的；二是光催化反应，在光的作用下，银离子能起到催化活性中心的作用，激活水和空气中的氧，产生羟基自由基（HO · ）和活性氧离子（O^{2-}），活性氧离子具有很强的氧化能力，能在短时间内破坏细菌的繁殖能力而使细胞死亡，从而达到抗菌的目的。

据报道，混纺纱线中含 3% AGposs 银纤维（Mitsufujie Textile 生产）时，能在 1h 内除掉 99. 9% 的葡萄球菌，并且在很长时间保持稳定的抗菌性。X - Satitc 银纤维经测试也能于 1h 内抵制 99. 9% 暴露于表面的金黄色葡萄球菌、大肠杆菌、白癣菌等几百种细菌。因此镀银纤维是一种广谱、高效、安全、持久的抗菌除臭纤维。

2. 热效应　镀银纤维能很好地反射太阳和人体发射的远红外线。在炎热气候，外界温度高于人体温度，将银纤维用作外层服装材料，它通过反射太阳辐射的红外线阻止热量到达人体。又由于银是导热最快的元素，故银纤维还能迅速将皮肤上的热量传导散发，以降低体温。在寒冷气候，将银纤维用作内层服装材料，能反射人体辐射能而起到极佳保暖效果，称为“银保温瓶效应”。因此，将银纤维用在服装材料上能起到调节体温、冬暖夏凉的效果。

3. 抗静电、电磁屏蔽效应　银在所有金属中导电性最好，这一特征使镀银纤维具有很好的抗静电、电磁屏蔽功能。据报道，AGposs 镀银纤维的电阻小于 10Ω/m，而常规纱线的电阻为 $10^6 \sim 10^9$ Ω/m。AGposs 镀银纤维与其他纤维混纺时，使用不到 0.5% AGposs 便可大大提高混纺纤维导电性。通过采用 KEC 电磁干扰效力方法测试 AGposs 镀银纤维的电磁屏蔽性能，可得出银纤维含量和组织结构对织物电磁屏蔽性能都有影响。

（三）镀银纤维的应用

1. 服饰及保健袜　前面提到镀银纤维既能抗菌除臭又能调节体温，因此，如将银纤维与棉、毛、麻、Lyocell、Modal 等混纺，将十分适用于内衣、睡衣、T 恤等。此外镀银纤维也十分适用于保健袜，脚底走动摩擦会产生许多静电，当这些静电流通过高导电的银纤维时，银纤维会将其转化为磁场，磁场的作用可加强人体血液循环，具有助睡眠、解除疲劳的特殊功效。磁力会推动受地心引力作用集中于足部的血液，因此穿着银纤维袜子能防止脚部浮肿，缓解疲劳。据报道，美伊战争中美国大兵就是穿着银纤维做成的袜子。阿迪达斯旗下的著名户外品牌 Salomon 采用混纺比 67% （CoolMax），15.6% （SPandex），14.4% （Nylon），3% ［银纤维（X - static）］作为探险竞技袜面料。美国俄亥俄州 uJzo 公司开发了一种压力长筒袜，是用含 23% X - Static 的纱线织成的（图 3 - 18）。

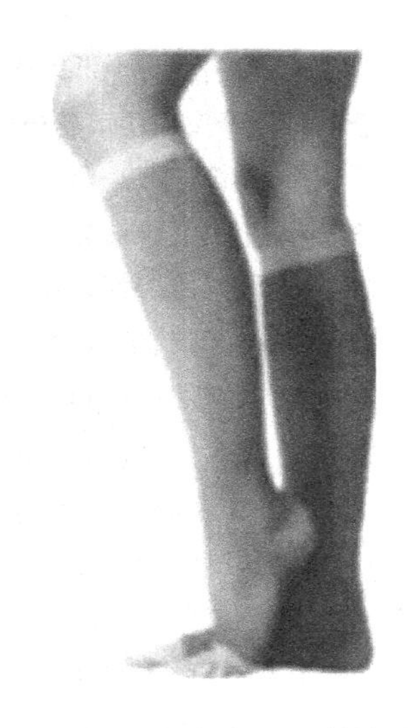

图 3 - 18　银纤维长筒袜

2. 家纺　镀银纤维优良的功能也很适用于家纺产品，特别是与人体接触频繁的床上用品，如寝具（床单、床罩、被套）、沙发布、窗帘、睡袋等。济南丽丝特纤维有限公司将其开发的镀银纤维与棉混纺生产银纤维床单，与人体皮肤亲密接触时具有极佳的保健功能。

3. 电磁屏蔽材料　镀银纤维可作为电磁屏蔽纺织材料主要应用在电子、通信、军工等功能性纺织品，有替代镀镍、镀铜纤维及织物的趋势。目前国内已有将纳米银纤维用在防辐射孕妇服装上。可以预见，未来将镀银纤维用在防辐射服装上会有广阔的市场前景。

4. 医疗卫生用品　镀银纤维还可以用于制备医疗用品，如手术服、护士服、医院消毒敷料、绷带、口罩等。在高致病环境，其广谱、高效、安全、持久的抗菌功能有助于抵御病菌对人体的侵害。

5. 部队装备及户外运动　此纤维开发的野外作业服具有抗菌除臭、防辐射、抗静电、抗污染等功能，在缺水、无条件洗涤的野外恶劣环境中可延长穿用期，保护人体健康。据了解，美国军方已经将银纤维和 CoolMax 混纺面料用于部队军服。

美国 MALDENMILLS 公司将 X - Staite 用于 Polartee PowerDry 织物，开发出一种内含镀银纤维的防静电快干排汗面料，十分适合用作户外运动服面料。

若单独使用镀银纤维，在织造、整理时需要小张力，否则容易产生断头。目前市场上的镀银纤维都呈银灰色，设计时要注意色彩的搭配。此外，银易氧化，镀银纤维织物在染整加工中应采用温和的工艺。建议洗涤后的熨烫温度应在 80℃以下，且不宜蒸汽熨烫，保存时需注意防潮、密封和避免阳光照射。

参考文献

[1] 刘海洋,刘慧英,王伟霞,等.金属纤维的发展现状及前景展望[J].产业用纺织品,2005(10):4-7.
[2] 马洪才.含有机导电纤维织物的研制与性能分析[D].天津:天津工业大学,2003.
[3] 金属纤维开发应用市场扫描[J].技术与市场,2006(9):5-6
[4] 奚正平,周廉,李建,等.金属纤维的发展现状和应用前景[J].稀有金属材料与工程,1998(6):317-321.
[5] 李金巧.金属纤维切削加工方法研究[D].昆明:昆明理工大学,2007.
[6] 郭萍.金属纤维表面改性技术的研究[D].西安:西安建筑科技大学硕士论文,2004.
[7] 万珍平,叶邦彦,汤勇,等.金属纤维制造技术的进展[J].机械设计与制造,2002(6):108-109.
[8] 刘小波.炭黑/聚氨酯共混导电纤维的研究[D].天津:天津工业大学,2006.
[9] 施楣梧,刘俊卿,南燕.有机导电纤维的应用方法研究[J].毛纺科技,2001(2):9-12.
[10] 刘爱平,赵书林.导电纤维的发展与应用[J].广西纺织科技,2008(4):36-38.
[11] 代栋梁.功能性纤维织物的结构与性能研究[D].北京:北京服装学院,2008.
[12] 张建华,张丽.导电纤维复合纺抗静电织物的发展前景[J].济南纺织化纤科技,2002(2):1-2.
[13] 支浩,汤慧萍,朱纪磊,等.金属纤维制品的应用研究现状[J].热加工工艺,2011,40(18):63-66.
[14] 周伟,汤勇,潘敏强,等.多孔金属纤维烧结板制造技术及应用研究进展[N].材料导报,2010,24(1):5-8.
[15] 周伟.多孔金属纤维烧结板制造及在制氢微反应器中的作用机理[D].广州:华南理工大学,2010.
[16] 于燕华.汽车内饰针织产品开发及抗静电性能研究[D].无锡:江南大学,2006.
[17] 李磊.聚乙烯醇导电纤维的结构性能研究[D].成都:四川大学,2007.
[18] 金属纤维及纤维毡重点应用领域[N].中国高新技术产业导报,2002-09-17.
[19] 庞飞.新型 PET 导电纤维的研究[D].北京:北京服装学院,2008.
[20] 汪大峰.吸附聚合法制备导电真丝及其性能研究[D].苏州:苏州大学,2010.
[21] 汪多仁.纳米聚苯胺纤维的开发与应用进展[J].纺织科技进展,2008(3):32-35.
[22] 李雯,庄勤亮.导电纤维及其智能纺织品的发展现状[J].产业用纺织品,2003(8):1-3.
[23] 施楣梧.有机导电纤维应用前景广阔[J].纺织信息周刊,2001(35):15-16.

第四章　新型彩色发光纤维、相变纤维、发热纤维

第一节　新型彩色发光纤维

发光纤维一般是指在黑暗中能自动发光的高科技功能纤维。发光纤维可分为自发光型和蓄光型两种，自发光型的基本成分为放射性材料，不需从外部吸收能量，黑夜或白天都可持续发光，因含有放射性物质，在使用时受到较大的限制。蓄光型不仅具有发光功能，而且无毒、无害、无辐射，符合环保等相关使用要求，广泛应用于安全、装饰服饰和防伪领域，稀土发光纤维就属于蓄光型发光纤维。

一、稀土发光纤维发光机理

当物体在基态时受到光、热或化学作用的激发，会将物体中的电子刺激到激发态，达到高能阶状态。当其回复时，须将吸收的能量释放，多余的能量以光的形式辐射出没有热量的光，称为发光。发光有两种方式：一种是当电子受激发到单重态时，物体会立即放光，称之为光感发光，光源移去后，立即停止放光；另一种是当单重态电子经内部系统转换成三重态时，电子轨道会跃迁呈不规则状态，这时它的光环会慢慢释放，这种光称之为蓄光发光，即使光源移去，物体还是会在一定时间持续放光。

稀土元素具有未充满的4f层电子构型，4f层电子被外层5s2、5p6电子有效屏蔽，很难受外部干扰。稀土元素的4f层电子可在7个4f轨道之间分布，从而形成丰富的电子能级，可以产生多种能级的跃迁。

稀土元素受可见光照射时，电子从基态或下能级跃迁至上能级，吸收光能储存于纤维中。没有可见光时，电子从激发态上能级跃迁至下能级或基态，将储存于纤维之中的能量放出而发光。原子的基态和激发态之间有一称为陷阱能级的中间级，在陷阱能级和其他能级之间电子不能发生跃迁，一个电子一旦从受激能级落到了陷阱能级，电子就停留在那里，直到它能进一步受到激发返回基态为止。电子处于陷阱能级中的时间就决定了发光材料能够持续发光的时间长短。同时由于在可见光区有类似线性的吸收光谱、发射光谱以及复杂的谱线，稀土离子跃迁能级间的能量差也不同，因此会发出不同颜色的光。稀土元素发光机理见图4－1。

在有可见光的照射条件下，稀土发光纤维可以呈现彩色，其原理是：利用光色合成原理，将三元色光进行一定方式的组合，形成色泽丰富的纤维。

二、稀土发光纤维的制造方法

1. 熔融纺丝法 直接将稀土发光材料与聚合物进行共混熔融纺丝，或把稀土发光材料分散在能和纺丝高聚物混熔的树脂载体中制成母粒，然后再混入聚酯、尼龙、聚丙烯等聚合物中进行熔融纺丝。要求稀土发光材料要耐氧化、耐高温等。

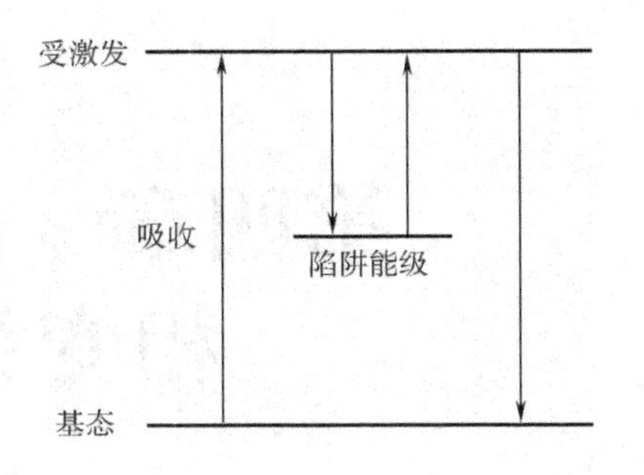

图 4-1 稀土铝酸盐发光机理

2. 溶液纺丝法 将稀土发光材料和防止转移助剂直接添加到纺丝液中溶解，然后进行纺丝。与熔融纺丝相比，纺丝温度较低，不会出现氧化或热分解的问题。但是要求稀土发光材料可以溶解在纺丝液中，因此选择兼容性好的稀土发光材料是该法的关键。

3. 后整理法 将稀土发光材料溶解于适当的溶剂中，然后与树脂液等黏合剂混合制成发光色浆，将纤维或织品在这种浆液中进行涂层处理，得到具有光感性质的发光纤维。此法操作简单，但由于稀土发光材料吸附于纤维或织品的表面，故其耐洗性、耐溶剂性、耐酸碱性都不是很理想。

4. 皮芯复合纺丝法 以稀土发光材料为芯，以一般纤维为鞘，共熔纺丝得到皮芯复合的发光纤维。

5. 高速气流冲击法 采用高速气流冲击装置，将稀土发光材料与短纤维放入该装置进行高速冲击处理，使纤维表面吸附一层稀土发光材料。

6. 键合法 将稀土发光化合物以单体形式参与聚合或缩合而得到的聚合物，或将稀土发光化合物配位在聚合物侧链上，纺丝得到发光纤维。

三、稀土发光纤维的性能

（一）光学性能

稀土发光纤维不需要任何包膜处理，其发光体可长期经受日光曝晒。在高温和低温等恶劣环境或强紫外线照射下，不发黑、不变质，可与聚酯、聚丙烯、尼龙、聚乙烯等许多聚合物一起生产。对于波长在450μm以下的可见光具有很强的吸收能力，在可见光下照射10min左右后，便能将光能蓄于纤维之中，在夜晚或黑暗处可持续发光并释放出各种颜色（红、绿、黄、蓝色等）余辉10h以上，且可以无限次循环使用，其发光的亮度也有多种，并随时间递减。

1. 光谱特性 图4-2所示为夜光纤维和涤纶的激发和发射光谱。其中：曲线 b_1、b_2 分别为夜光纤维的激发和发射光谱；曲线c为涤纶的激发光谱。

从曲线 b_1 可看出，夜光纤维激发光谱的主激发峰在325～375nm之间，最高激发峰为349nm，由连续波长组成的宽带谱，激发波长范围较宽，从紫外线到可见光。这是由于夜光纤维中的发光材料 $SrAl_2O_4:Eu^{2+}$，Dy^{3+} 存在着多种能级，当基质被光激发后，这些能级带上的电子吸收相应波长的能量实施跃迁，从而产生了多个吸收带，形成连续谱图。曲线 b_1 在390nm处出现了1个小型峰位，经对比曲线 c（涤纶的激发光谱），得知该峰为夜光纤维中涤纶材料的特征峰。

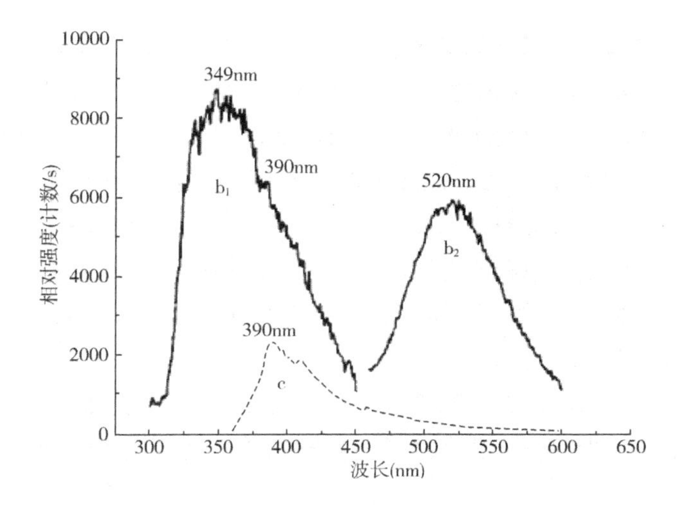

图 4-2 夜光纤维和涤纶的激发与发射光谱

从夜光纤维和涤纶的发射光谱来看，涤纶在 450～600nm 之间几乎没有荧光发射，而夜光纤维却在 520nm 处出现 1 个发射峰，显然，该发射峰应该是来自发光材料 $SrAl_2O_4$：Eu^{2+}，Dy^{3+}。

根据上述分析，发光材料的光谱特性在夜光纤维的激发和发射光谱中得到很好体现，夜光纤维中的涤纶材料没有影响到发光材料的光谱特性。

2. 初始发光照度和激发照度、激发时间的关系 图 4-3 所示为不同激发照度和激发时间与夜光纤维初始发光照度（以下称初始照度）的关系，其中曲线 B、C、D、E、F、G 的激发照度分别为 500lx、1500lx、2500lx、3500lx、4500lx、5500lx。

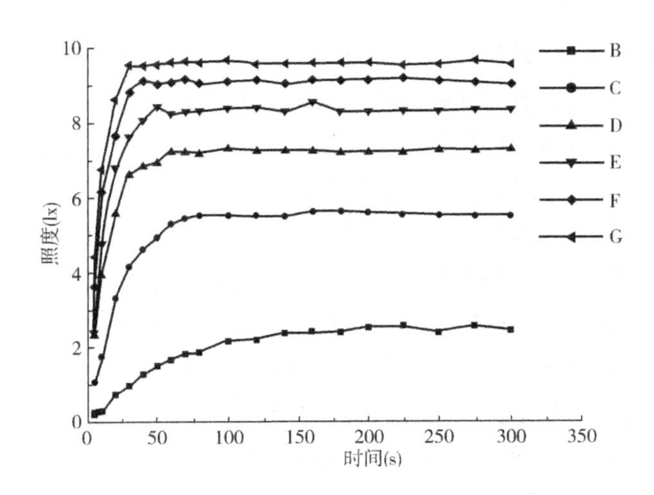

图 4-3 不同激发照度和激发时间下夜光纤维的初始照度

由图 4-3 可以看出，夜光纤维发光的初始照度与激发照度和激发时间有关，激发照度越高初始照度越大。在初始阶段，随着激发时间的增加初始照度迅速增加，到达一定时间后增加照度时间，初始照度不再改变。

3. 初始照度饱和值与激发照度的关系 从图4－3可看出，夜光纤维经不同照度激发一段时间后，都呈现出初始照度饱和的规律，即在同一激发照度下，夜光纤维的初始照度先随激发时间的延长而提高，随后便趋向于一个定值。如曲线c所示，在1500lx激发照度下，激发时间小于100s时，夜光纤维的初始照度随激发时间的延长而迅速提高，当激发时间大于100s后，再延长激发时间，夜光纤维的初始照度几乎不变。由图4－3还可看出，采用的激发照度不同，夜光纤维初始照度饱和值也不同，且呈现初始照度饱和值随激发照度的提高而增大的规律，当激发照度为500lx时，夜光纤维初始照度饱和值为2.4lx，而激发照度为2500lx时，初始照度饱和值为7.4lx。

为阐明夜光纤维初始照度的饱和现象，了解初始照度饱和值随激发照度提高而增大的规律，首先对夜光纤维的发光源——发光材料的蓄发光过程进行简要的分析。当发光材料接受光照时，材料的晶格温度升高，并开始活跃，Eu^{2+}离子4f壳层中存在的多种能级带中的电子纷纷吸收能量，并向较高能级跃迁。跃迁到高能级的电子，部分因能量不平衡又跃迁回基态，释放吸收的能量，产生即时发光，而另一部分则通过弛豫作用，把能量储存到材料特有的陷阱能级（实际晶体不具有完整的点阵结构，而往往具有各式各样的缺陷。如$SrAl_2O_4$∶Eu^{2+}，Dy^{3+}晶格中O^{2-}位置空缺，势必对晶体场中的电子有库仑力作用，当受到光或某种能量激发时，O^{2-}空位就能有效俘获被激发的电子。这种缺陷能级有一定的深度，如果深度较浅，被俘获的电子就容易逸出，并迅速跃迁回基态，造成材料发光时间短暂；如果深度较深，电子很难逃逸，导致材料发光照度低或不发光）。由于稀土发光材料$SrAl_2O_4$∶Eu^{2+}，Dy^{3+}具有大量合适深度的缺陷能级，当材料离开激发光源后，在晶格振动而产生的热扰动下，被缺陷能级俘获的电子缓慢释放出来，形成了材料的长余辉特性。

根据上述分析，发光材料中的缺陷能级对材料的持续发光起到了决定性作用。然而图4－3表明，在夜光纤维受长时间光照时，并不能有效利用材料中的这些缺陷，特别是采用低照度激发时，夜光纤维初始照度饱和值低，说明材料中有相当一部分缺陷能级没有或很少俘获被激发的电子。可以认为，材料在接受光照时，晶格内部被激发状态遵守一定的热力学平衡条件，一定激发照度下，发光材料所能达到的能量储备也一定，当材料受光激发，电子跃迁到高能级时，处于激发态的电子由于能量不平衡，存在着返回基态的倾向，这就需要一部分光能来维持这种激发状态。如果此时还有多余的光能，才会有更多的电子被激发，进而储存到缺陷能级中，形成有利于材料发光的能量储备。当电子激发以及能量储存到一定程度，所有的光能只够维持现有的激发状态，材料的能量储备就达到了饱和，也就是说，激发光的密集程度即激发照度决定了发光材料能量储备的饱和点，同时也决定了夜光纤维最终的饱和照度。这就是激发照度为500lx时夜光纤维初始照度饱和值为2.4lx，而激发照度为2500lx时其初始照度饱和值为7.4lx的原因。

4. 初始照度饱和时间与激发照度的关系 从图4－3还可看出，夜光纤维初始照度达到饱和的时间呈现随激发照度的提高而缩短的规律。当激发照度为500lx时，夜光纤维初始照度达到饱和的时间约为120s，而当激发照度为5500lx时，达到饱和的时间约为30s。分析其原因认为，当激发照度为500lx时，由于激发照度较小，激发光源所能提供的光能相对较少，被激发的电子很难维持其激发状态，在基态和激发态之间来回往返，导致被激发电子储存到缺陷能级中的速度缓慢且效率低下，而当激发照度为5500lx时，被激发的电子相对比较稳定，能非常有效快捷地储存到缺陷能级中去。

5. 余辉衰减过程　图4-4所示为在1500lx激发照度下，改变激发时间得到的夜光纤维的余辉衰减曲线，其中曲线B的激发时间为30s，曲线C、D、E、F的激发时间分别为2min、5min、10min、20min。从图4-4可以看出，夜光纤维的余辉衰减包括开始的快衰减过程（约10min）和后来的慢衰减过程。从快衰减过程来看，当激发时间为30s时，夜光纤维的发光照度明显偏小，当激发时间为2min时，其发光照度有了一定提高，而当激发时间分别为5min、10min和20min时，夜光纤维的发光照度已经没有改善；从慢衰减过程来看，在不同的激发时间下，夜光纤维的发光照度完全一致。

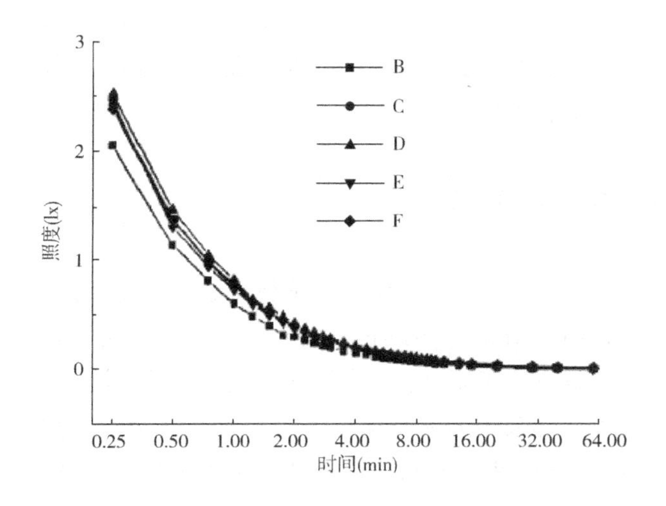

图4-4　不同激发时间下夜光纤维的余辉衰减曲线

上述现象，可以认为是由材料内不同深度的缺陷能级所致，当夜光纤维受光激发，较深的缺陷能级具有优先捕获激发态电子的趋势，直到材料中较深的缺陷能级被填满，较浅的缺陷能级才可以捕获电子。夜光纤维受光激发30s时，较深的缺陷能级已经几乎被激发态电子填满，但较浅的缺陷能级还没有来得及捕获足够的电子；当激发时间达到2min时，夜光纤维中较浅和较深的缺陷能级所能捕获的电子数都已达到饱和，延长激发时间也不能使更多的电子被激发。由于较浅的缺陷能级对应着夜光纤维的快衰减过程，而较深的缺陷能级对应其慢衰减过程，夜光纤维经不同时间激发后，就呈现出如图4-4所示规律。

由图4-4还可看出，夜光纤维发光照度受光激发2min时已经达到饱和，由此看来，夜光纤维的发光照度达到饱和的时间与其初始照度达到饱和的时间一致。综上所述，认为在其他激发照度下，夜光纤维的余辉衰减规律应与此相似，而发光照度达到饱和的时间也应该如图4-3所示。

（二）服用性能

稀土发光纤维制纺织品在白天与普通纤维具有完全一样的使用性能，不会使人感到有任何特异之处。它的发光成分不同于放射性硫化锌发光粉，不含磷、铅、铬、钾和其他有害重金属元素；也不同于各种反光材料，不需要涂覆于纺织品外表。通过整理将发光材料分散于纤维分子中形成稳定的结构。经水洗后的发光织物仍然具有一定的发光性，但是其发光效果有所降低，将整理后的织物放入洗衣机中洗 50 次，每次 6min，对洗好的织物进行发光性能测试。测试条件：使用 TES21330A 型照度计，环境温度为（22 ±3）℃，相对湿度（RH） < 70%。照度值 1000lx，照射时间 10min。经 50 次洗涤后能保持发光亮度的 60%。其原因是经整理后，一部分夜光材料已经渗透进织物的纤维中形成稳定的结构，水洗后这些夜光材料不会脱落，从而使织物仍然保持了一定的发光性。而另一部分与纤维结合不牢的夜光材料经水洗后脱落，使发光亮度降低，说明该织物的水洗性能还需进一步提高。

（三）环保性

蓄光型多色夜光纤维不仅色光绚丽多彩，且无毒无害，放射性不超标，达到人体安全标准。最终产品无须染色，不仅避免了染料对纤维发光性能的影响，同时也避免了染整工序产生的废水对环境的严重污染。

四、发光纤维在纺织领域的应用

（一）服装与家纺

发光纤维可用于纺织、针织、针钩、编织、刺绣等领域。主要产品如工业缝纫线、绣花线、服装面料、服饰及装饰性织物（如织布、内衣、窗帘、门帘、台布、鞋带、手机挂带、绣花、毛绒面料、地毯面料、挂毯面料、沙发面料、刺绣产品等）。

刺绣是针织 T 恤二次设计采用的一个重要手法，俗称“绣花”。是中国著名的传统民族工艺。夜光纤维具有特殊的外观和美学效果，用于传统民族工艺刺绣中，不仅是一种产品的创新，而且可提高其艺术、商业、观赏及收藏价值。针织 T 恤刺绣过程中可以部分或全部采用夜光纤维纱线作为绣线，按照不同的色彩搭配和针织面料配置关系，配以合适的图案，可以使针织 T 恤更加美观，更具有个性。在贴布（拼布）绣中还可以使用夜光织物作贴花布。锁边线可以采用夜光线或者普通线，合理配置，效果更佳。夜光纤维在 T 恤衫设计中的刺绣效果如图 4 -5 所示。

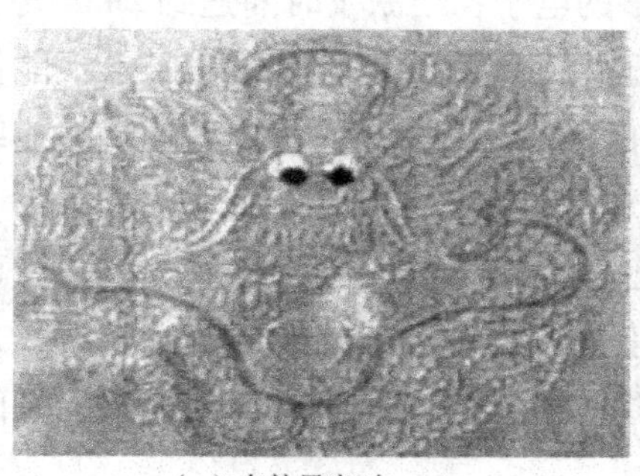

（a）有外界光时

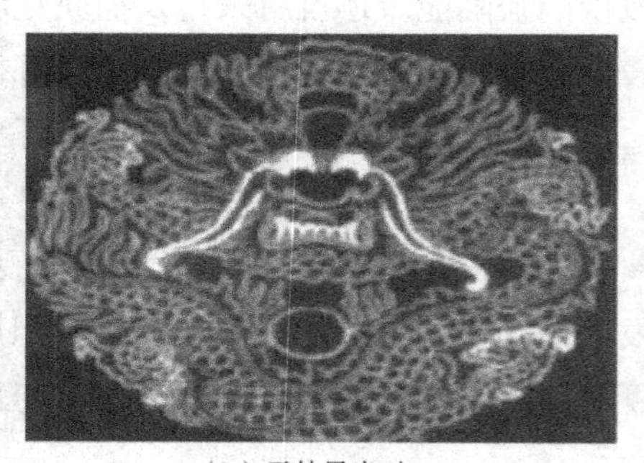

（b）无外界光时

图 4 -5 稀土夜光纤维在 T 恤衫上的刺绣效果

（二）其他领域

稀土发光纤维可广泛应用于建筑装潢、交通运输、航空航海、夜间作业、消防应急。国际海事局作出规定，远洋轮上工作人员的服装必须要有夜光标记。在降落伞上使用发光织物，可以提高夜间军事训练人员的安全性。在制造消防设施、器材时，添加一定面积的发光纤维，即使火灾时浓烟滚滚或比较黑暗，人们也可以马上看到消防人员和消防器材，迅速作出反应，达到自救和被救的目的。

发光纤维的应用举例如图 4－6～图 4－10 所示。

图 4－6　光照下的彩色纱线

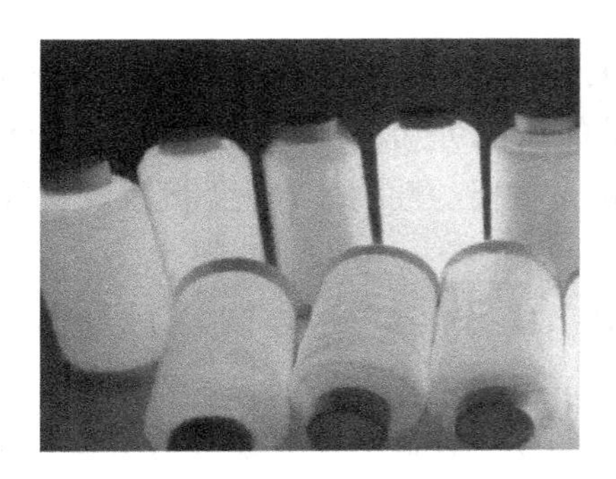

图 4－7　无光条件下的发光纱线

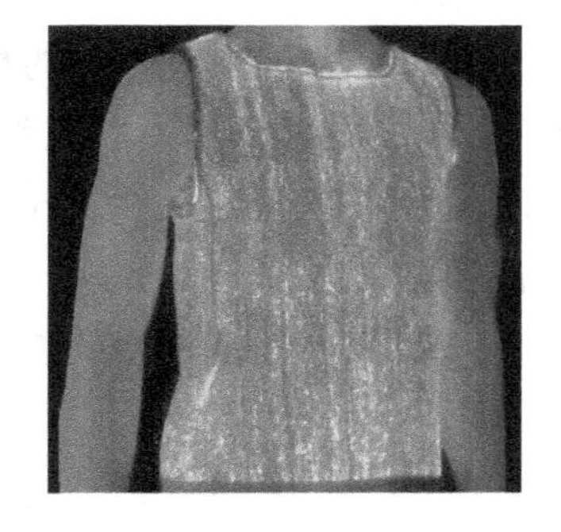

图 4－8　夜间发光服装

图 4－9　发光挂毯

图 4－10　影院的发光地毯

第二节 相变调温纤维

纺织纤维可以利用纤维内填充的固—液相变或固—固相变来完成对热量的吸收和释放循环，以此控制纤维周围的温度，达到通常所说的吸热制冷和放热保温的作用。填充的材料称为相变材料（phase change material，简称 PCM），对应的纤维称为相变纤维。

一、相变纤维调温机理和性能

（一）相变纤维调温机理

相变是指某些物质在一定条件下，其自身温度基本不变而相态发生变化的过程。相变纤维是利用物质相变过程中释放或吸收潜热，保持温度不变的新型纤维。其相变主要表现为液态与固态间的转变，或固体中的晶—晶、晶—液及其分子聚集态结构相的变化，并利用此转变的吸、放热能保持温度。

相变纤维织物与传统纤维织物的区别在于保温机理的不同。传统的保温衣物主要是通过绝热方法来避免皮肤温度降低过多，而相变纤维是提供热调节，而不是热隔绝。含有相变材料的纺织品不论外界环境温度升高还是降低时，它在人体与外界环境之间构筑了一个调节器与缓冲环境，使温度的振荡减小。

（二）相变纤维的性能

相变纤维必须具有与相变材料相同的相变特性，同时要满足纺织加工和人体穿着的要求。

1. 热相变点与相变总能量 由相变纤维的功能可知，相变发生点温度和相变终止点温度，以及整个相变过程的总能量是相变纤维的最主要的性质，起止温度反映材料的可使用性，总能量反映其温度调节能力。

相变调温纤维的最重要性能就是其温度调节能力，这是决定该类纤维价值和使用的重要方面。

通常采用热分析法、ASTM 方法、温度变化法、保暖仪法、暖体假人法、微气候仪法等进行测试。差示扫描量热法（DSC）用于测量相变材料吸热和放热的热转变点、熔点、结晶点和温度变化的范围，并可提供热转变中的能量损耗。

2. 热传导性 因为相变纤维需要灵敏地感应温度而激发相变，提供或吸收热能；同时又要低热阻地传导热量，所以它的热传导系数应该偏小。

3. 其他性能 由于相变材料在高温下会分解，复合纺丝存在困难，中空纤维填充法，因存在泄漏问题，所以染织后相变材料损失较多。因此相变织物在染色过程中的稳定性影响相变材料的可重复使用性，因此要求相变材料有较好的稳定性和可重复使用性。相变的循环性表示相变纤维的反复可使用性和有效性。

二、相变纤维制备方法

相变材料包括结晶水合盐类、熔融盐类、金属类等无机物相变材料，以及高级脂肪烃、脂肪酸及其酯类；醇类、芳香烃类及高分子聚合物等有机物相变材料。按相变温度范围可分高、中、低温三类，按材料组成分有机和无机类，按相变方式主要分固—液、固—固两种。

相变纤维的制造方法就是采用合适的工艺将相变材料负载到纤维上去，主要方法是：

1. 浸渍法　早期的相变纤维制作一般通过两个步骤：先制成中空纤维，然后将其浸渍于PCM（如无机盐）溶液中，经干燥再利用特殊技术将纤维两端封闭。现一般将相对分子质量为500~8000的聚乙二醇（PEG）和二羟甲基二羟基乙二脲（DMDHEU）等交联剂及催化剂一起加入传统的后整理工艺中，使PEG与纤维发生交联而不溶于水，使纤维的蓄热性更持久。

2. 复合纺丝法　将聚合物和相变材料熔体或溶液按一定比例，采用复合纺丝技术直接纺制成皮芯型相变纤维。但是由于相变材料的可纺性一般较差，同时相变材料在加工过程中的化学稳定性对该工艺路线的实施也有影响，一般通过添加第三组分的方法提高相变材料的可纺性。

3. 微胶囊法　微胶囊法是指通过将相变材料包封在一载体系统（直径为1.0~10.0μm的微胶囊）中，对织物进行涂层或将微胶囊混入纺丝液中进行纺丝。该方法制成的相变纤维具有材料分散均匀，调温性能显著，穿着、洗涤、熨烫等过程中不会外逸等特点。

4. 共聚法　主要指一些高分子交联树脂，如交联聚烯烃类、交联聚缩醛类；一些接枝共聚物，如纤维素共聚物、聚酯类接枝共聚物、聚苯乙烯接枝共聚物、硅烷接枝共聚物等。嵌段共聚与接枝共聚改性机理不同，分别得到的是主链型和侧链型的固态相变材料。

三、Outlast调温纤维的调温性能

Outlast纤维是美国Outlast公司开发的一种具有温度调节功能的新型智能纤维，目前主要有Outlast腈纶和Outlast黏胶纤维两个品种。

Outlast纤维中含有微胶囊热敏相变材料碳氢化蜡，这种材料在相转变过程中可从周围环境吸收或释放大量的热量，从而保持自身温度相对恒定。Outlast腈纶和Outlast黏胶纤维的截面形态照片如图4-11和图4-12所示。

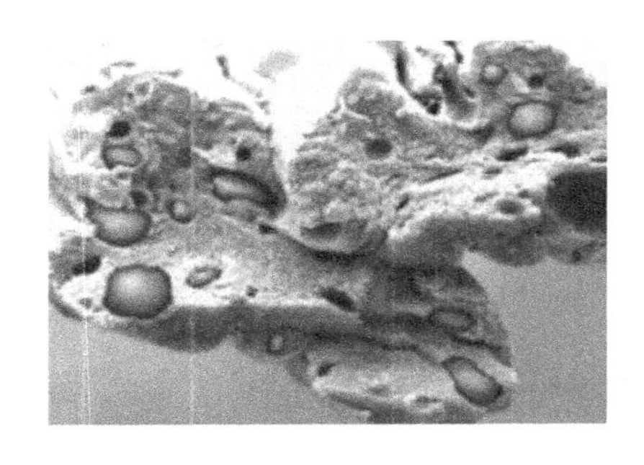

图4-11　Outlast腈纶的截面形态照片

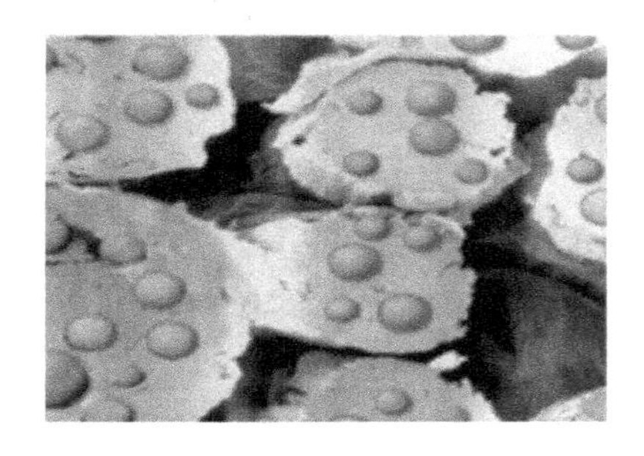

图4-12　Outlast黏胶纤维的截面形态照片

用差热分析（DSC 发）测试 Outlast 腈纶和 Outlast 黏胶纤维的相变特性，用步冷法测试降温速度，比较 Outlast 腈纶与普通腈纶纤维的降温速度和 Outlast 黏胶纤维与普通黏胶纤维的降温速度。Outlast 腈纶的规格为 1. 9dtex ×38mm，胶囊质量分量为 7%；对比试样选用规格为 1. 5dtex ×36mm 的国产普通腈纶。Outlast 黏胶纤维的规格为 1. 7dtex ×40mm，胶囊质量分数为 7%，对比试样选用同规格国产普通黏胶纤维。

（一）Outlast 纤维的相变特性

采用 DSC 法测试 Outlast 腈纶可以得到，Outlast 腈纶熔融峰和结晶峰均为单峰。第一次升温过程中随着温度的升高，纤维在 26. 31℃时出现吸热峰值，热焓值为 4. 0311J/g；降温过程中随着温度的降低，纤维在 22. 12℃时出现放热峰值，热焓值为 5. 4154J/g；第二次升温过程中随着温度的升高，纤维在 26. 17℃时出现吸热峰值，热焓值为 4. 6J/g。两次升温过程中得到的相变峰值和热焓值略有差异，第二次升温过程中的相变数据更准确些。

采用 DSC 法测试 Outlast 黏胶纤维可以得到，Outlast 黏胶纤维熔融峰和结晶峰均为双峰，第一次升温过程中随着温度的升高，纤维在 25. 97℃和 30. 32℃时分别出现两个吸热峰值，这两个熔融吸热峰的热焓值分别为 6. 4523J/g、4. 3859J/g，25. 97℃时的吸热峰更显著；降温过程中随着温度的降低，纤维在 18. 34℃和 12. 90℃时分别出现两个放热峰值，这两个结晶放热峰的热焓值分别为 7. 7891J/g、3. 5199J/g，18. 34℃时的放热峰更显著。第二次升温过程中随着温度的升高，纤维在 25. 92℃和 30. 10℃时分别出现两个吸热峰值，这两个熔融吸热峰的热焓值分别为 6. 644J/g、4. 3458J/g，25. 92℃时的吸热峰更显著。两次升温过程中得到的相变峰值和热焓值略有差异，第二次升温过程中的相变数据更准确。

由此可看出，Outlast 腈纶和 Outlast 黏胶纤维都具有适当的相变温度范围和较高的相变焓值，在外界温度变化时具有较好的温度调节能力。

（二）降温速度

温度变化法是将相变调温试样与对比试样在相同条件下同时降温，按一定时间间隔测定试样表面温度，绘制温度—时间曲线，对试验数据进行曲线拟合，得到两种纤维在降温过程中降温速度（℃/min）对时间 t（min）的回归曲线，如图 4 – 13 和图 4 – 14 所示。

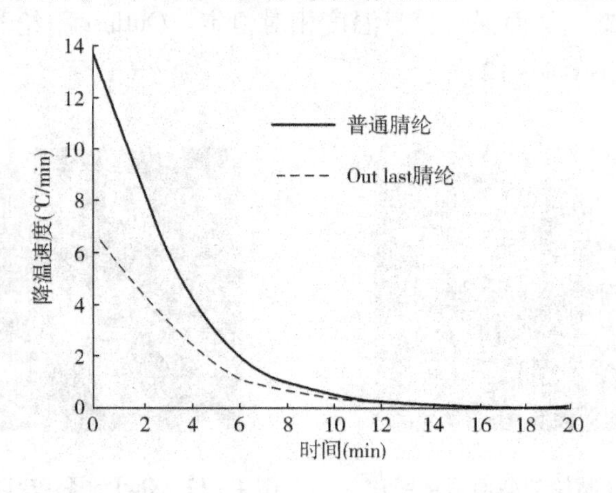

图 4 – 13　Outlast 腈纶和普通腈纶降温速率曲线

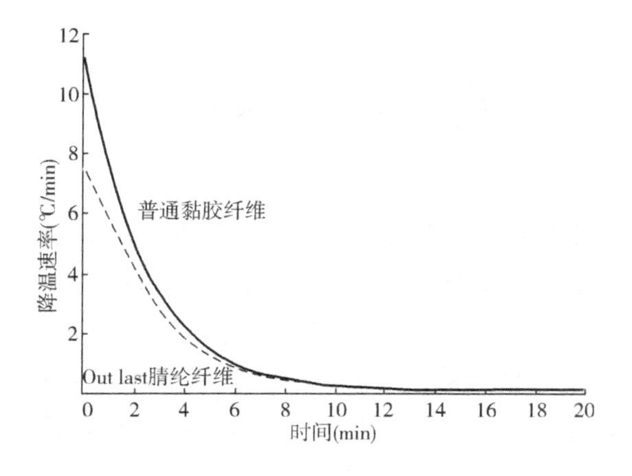

图 4－14　Outlast 黏胶纤维和普通黏胶纤维降温速率曲线

比较图 4－13 和图 4－14 两种纤维的降温速率回归曲线可知，Outlast 腈纶、Outlast 黏胶纤维的降温速率低于普通腈纶和普通黏胶纤维，尤其是在降温的初期，说明 Outlast 纤维具有较好的温度调节能力。

四、相变纤维的用途

相变调温纤维材料可主动地、智能地控制周围的温度，故又称为智能纤维。20 世纪 30 年代以来，相变储热的基本原理和应用技术研究在美国、德国、日本、加拿大等发达国家迅速崛起并不断发展。我国自 20 世纪 90 年代开始对蓄热保温纺织品进行研究，取得较大的成绩。

相变纤维除可做太空服外（图 4－15），还应用于运动性服装上，制成滑雪服、滑雪靴、手套、袜类。在医疗上，制成多种温度段和适合人体部位形态的热敷袋、被褥、服装等。相变材料可以根据环境及人体温度的变化，吸收存储和重新释放热量，对病人的病情起到良好的辅助治疗作用。相变纤维还用于对温度变化要求高的仪器、调温设备等。

图 4－15　相变纤维太空服

第三节　发热纤维

传统的冬服如棉絮、羽绒、裘皮和各类化纤絮片等保暖材料制成的服装，多通过阻止热量散发来达到保暖效果，其缺点是厚重、臃肿。随着人们审美和舒适要求的提高，能发热并持久保温的轻薄型面料日益受到青睐，从而促进了发热纤维的研发。

发热纤维是能自行产生热量的保暖新型纤维。其不仅能像传统纤维那样阻止热量散发，更能吸收、储存外界热量并向人体传递。日本在发热纤维方面的研发比较成熟，欧美等国家和地区紧随其后，我国起步相对较晚，主要集中在发热纤维纺纱工艺和针织面料的开发等方面。

一、发热纤维种类

发热纤维就其发热机理来看，主要有光能发热、电能发热、相变发热、化学放热和吸湿发热等。相变纤维在本章第二节已经介绍。

（一）光能发热纤维

光能发热纤维主要是吸收太阳能辐射中的远红外线、可见光和近红外线，并将其转化成热能，以达到主动升温和保温的功能，其在运动衣、建筑节能保温及花卉种植等方面有很好的应用前景。

1. 利用远红外光线　后加工过程中将远红外线吸收物质均匀地渗透到纤维分子的内部结构（无定形区）中，以提高对阳光等外界红外线的吸收，起到储热保温效果。

一般选用涤纶、丙纶为载体将陶瓷粉通过湿纺或熔纺分散到纤维中。陶瓷粉多是金属氧化物，如氧化铝、氧化镁、氧化锆，有时也选用二氧化钛和二氧化硅。

这类产品主要有钟纺合纤公司开发的储热保温聚酯材料 Ceramino 纤维。钟纺合纤公司已将该纤维应用于内衣、袜子、运动服、泳衣和外衣中。日本小松精练公司将红外线吸收剂和玻璃微珠添加到聚合物中，制成了保温纤维 DynaLive。该纤维制成的服装，其内部温度比一般织物高 3 ~ 7℃。其他还有富士纺公司的 Inserared 纤维和可乐丽公司的 Lonwave 纤维等。

2. 利用可见光和近红外线　日本德桑特公司和尤尼吉可公司合作开发的复合纤维 Solar - α，采用含有吸光蓄热性能的碳化锆类化合物微粒为芯组分，聚酯或聚酰胺为皮组分，通过皮芯复合纺丝方法制成。这种纤维具有杰出的吸收可见光和近红外线的功能。

制成服装晴天穿着时，服装内的温度比普通服装高 2 ~ 8℃，阴天时也可高 2℃左右，保温效果明显提高。

尤尼吉可公司又推出一款储热保温纤维材料 Thermotron。该纤维可以吸收阳光（可见光），并把吸收的光能转换成热能，同时还具有反射人体发出的远红外线的功能。每根 Thermotron 单纤维的芯部均溶有碳化锆的微小粒子，在太阳光热能的作用下发出热量并反射出波长较长的远红外线，使服装内部变暖。该纤维材料刚问世时主要用于滑雪服，目前作为针织产品的内里选材受到关注。

无色的光热转换聚丙烯腈纤维 Thermocatch，是由三菱人造丝公司应用皮芯复合纺丝技术开发并工业化生产的。这种新型的聚丙烯腈纤维的芯层含有能吸收近红外线的微细半导体粒子（氧化锡与氧化锑的复合物微粉），其作用是作为将光能转化成热能的变换器。当有光照射时，Thermocatch 纤维含量在 10% 以上的混纺纱就可以将光能转化成热能，并提高温度 2～10℃。由于该纤维无色且线密度在 3. 3dtex 左右，所以可以很好地用于服装及内衣等纺织品上。

（二）电能发热纤维

电能发热纤维是含有电热材料组分的复合纤维，其原理是通过导电纤维通电发热，达到保暖效果。目前，应用比较广泛的导电纤维是碳纤维。碳纤维材料除了升温迅速、电热转化率高，还具有发热时产生远红外线的功能，因此，利用碳纤维发热材料可开发出兼具保健功能的发热保暖服装。目前，碳纤维发热材料已广泛应用于保健坐垫、床垫、保暖衣、褥子和保健服等产品中。例如，日本东丽公司以导电的碳纤维为原料，推出了发热纤维“东丽热”。采用该纤维制成的服装，外形似一件薄单衣，其实为一件电热衣，能源来自随身携带的可充电电池。在寒冷的冬季里，其源源不断的热量，足以抵御严寒。另外，德国 WarmX 公司也于 2004 年利用极微细的银纤维与可以供电的小型充电电池，开发出内衣系列产品，在外界温度很低时也能达到较好的保温效果。

（三）化学反应发热纤维

该类纤维是一种较为传统的发热纤维，系将化学物质加入纤维中，利用放热化学反应，将化学能转化成热能，从而达到保暖效果。例如，将铁粉混入聚合物中纺丝，利用铁粉被空气中的氧气氧化放热，达到保暖目的。但该类产品最大的问题是发热效果不理想，耐久性也较差。暖贴是该类纤维的一种应用，其通过非织造布的微孔透氧技术，将其中的还原铁粉氧化而发热，但是铁粉氧化不可逆，所以暖贴只是一次性用品。化学发热纤维在保暖鞋和家纺产品中也有较为广泛的应用。

（四）吸湿发热纤维

吸湿发热纤维是目前开发研究比较多的一类发热纤维。天然纤维都具有一定的吸湿发热性能，其中尤以羊毛纤维更为明显。

1. 提高纤维吸湿发热性能的途径　一般来说，吸湿发热纤维的发热性能与其回潮率有关，回潮率高，则其吸湿发热性能优良；反之，则差。受此启发，人们研发了提高纤维吸湿发热性能的几种途径：

（1）对纤维进行高亲水化处理，得到强吸湿性能的纤维。

（2）增加纤维的比表面积，通过表面能效应吸附水分子。

（3）将纤维素纤维与超细抗起球合成纤维相复合。

纤维吸湿发热的机理，一般认为是纤维吸收水分时，纤维分子和水分子相互吸引而结合，水分子的动能降低而被转化为热（能）量释放出来。也有为了强化发热效果，在纤维内部添加或者在纤维表面涂敷某种物质，当纤维吸收水分后，触发这种物质发生化学反应释放出更多的热量来。

2. 吸湿发热纤维的种类 目前发展比较成熟的吸湿发热纤维主要有以下几种。

（1）Softwarm 纤维。Softwarm 纤维是日本东丽公司开发的吸湿发热纤维，集特殊人造木浆纤维和东丽公司超细旦抗起球腈纶的优点于一身，能及时把人体释放的湿气转化为热能，既干爽、保暖，又具有柔软的触感。超细抗起球发热腈纶与扁平黏胶断面之间存在双层间隙，可以阻止热量流失，达到优异的保温效果。可用于制作贴身内衣和毛衣等。

（2）Eks 纤维。Eks 纤维是东洋纺开发的“亚丙烯酸盐系纤维”，是一种弱酸性发热纤维。它通过将氨基、羧基等亲水性基团引入聚丙烯酸分子，并进行交联处理而得到。该纤维特有的蜂窝状内部结构具有极高的吸湿能力，可以迅速吸收人体皮肤释放出的水蒸气，并转化为热量，达到保暖的效果。在温度为20℃、相对湿度为65%的条件下，Eks 纤维的吸湿能力是棉的3.5倍，纤维吸放热量约为羊毛的2倍。除具有优异的吸湿发热性能外，Eks 纤维还具有使内衣 pH 稳定在弱酸性状态，以及呵护肌肤的功效，适合用于女士贴身内衣。

（3）N38 纤维。N38 纤维是东洋纺开发的具有自重41%（20℃、65%相对湿度条件下）吸湿能力的特种纤维。它是以聚丙烯酸纤维为原料，用聚合物改性技术进行分子超亲水化并高度交联而制得，属于“高度交联聚丙烯酸酯纤维”。它不仅能使衣物内的温度升高约3℃，还具有高吸湿、高放湿能力，同时兼具消臭、抗菌和防霉性能，在运动面料、滑雪服絮片和高尔夫保暖内衣等方面都已有应用。

（4）Thermogear 纤维。Thermogear 纤维由日本旭化成株式会社开发，由铜氨纤维 Cuprobemberg 和超细抗起球腈纶 Cashmilonff 复合而成。Thermogear 纤维将铜氨纤维的优越吸湿性发挥到极致，且其所含的超细抗起球腈纶 Cashmiloff 可令纱线之间空气量增加，并能够持久保持温暖。Thermogear 纤维具有优秀的调湿功能，可以驱除多余的湿气，并迅速将汗水扩散，使面料干爽温暖。

（5）Renaiss 纤维。Renaiss 纤维是日本三菱公司开发的具有复合功能的吸湿发热纤维，是由具有疏水性的腈纶和经过特殊化学加工处理过的亲水性的醋酸纤维组成的海岛结构，湿气可以通过这种细孔被经过特殊化学加工过的具有亲水性能的醋酸纤维吸收而放出热量；腈纶则可以将生成的热量保持较长的时间；同时，水滴不能通过纤维的微孔而被挤压返回，所以穿着时不会感到闷热潮湿。该纤维适合制作运动衫、毛衣和袜子。

（6）Warmsensor 纤维。Warmsensor 纤维是日本东丽公司开发的吸湿发热纤维，系通过将一种被称为“热量感应”的特殊有机化合物涂敷在化学纤维基布表面而制成。该纤维制成的布料可以吸收人体自然排放的水汽，并将之转换为热能。与一般材料相比，其体感温度可以提高3～5℃，主要用于运动服面料。

（7）Thermostock 纤维。Thermostock 纤维由敷纺公司研发，其利用皮肤呼吸产生的水蒸气与棉纤维亲水基结合，产生放热反应。通过吸收更多的水蒸气，可以提高发热量。

二、发热纤维在应用中存在的问题

1. 发热机理有待验证 目前的研究大多集中在产品的开发等实用性能方面，其发热机理还需进一步研究论证，这对以后的新型纤维材料和新产品的研发都具有重要的意义。

2. 热评价体系有待完善　目前，国内仅有吸湿发热针织内衣的行业测试标准，国际上也仅日本有类似的行业测试标准，但这两个标准都具有一定的局限性。此外，也缺乏关于发热保暖纤维的热测试方法和评价系统，因而无法准确、客观地评价其发热性能。

3. 保暖持久性有待研究　对于通过添加某些添加剂或聚合物来达到保暖效果的发热纤维，在穿着和洗涤过程中，添加的物质脱落会造成保暖效果逐步下降。如何使纤维保暖效果良好，又持久耐用，也是需要进一步研究的方向。

三、发热纤维的发展趋势

发热保暖纤维的开发应用，已成为新型服装纤维发展的一个潮流。未来，发热保暖纤维将向更加保暖、经济和多功能化的方向发展。发热纤维的成本太高，会影响其规模化和市场化。因此，未来会在降低纤维成本上加大研究投入。此外，开发具有抗菌防螨、抗紫外线和吸湿透汗等功能的发热纤维，可以适应不同的需要。例如，Rhodia 公司巴西研发实验室推出一种以聚酰胺 66 为原料的新型“智能”纱，品牌为 Emana。这种纱应用了一种专利添加剂，可以改善血液微循环，提高皮肤弹性，且耐多次洗涤，适合用于运动服装、女士贴身内衣等。

参考文献

[1] 王万秀. 绿色荧光蚕丝[J]. 山东纺织科技,2000(3):45.

[2] 张裕,申晓萍. 稀土发光纤维的特性与应用[J]. 中国纤检,2005(05):45 -46.

[3] 秦鹏,崔世忠,郑天勇. 稀土发光纤维[J]. 中国纤检,2008(11):70 -72.

[4] 赵菊梅,等. 稀土铝酸锶夜光纤维的发光性质[J]. 纺织学报,2009,29(11):1 -5.

[5] 张技术. 针织 T 恤衫二次设计中稀土夜光材料的应用[J]. 针织工业,2010(10):51 -53.

[6] Qiang Su,Hongbin Liang,Chengyu Li,et al. Luminescent materials and spectroscopic properties of Dy^{3+} ion[J]. Journal of Luminescence,2006,122.

[7] Hongbin Liang,Ou Zeng,ZifengTian,et al. Intense Emission of $Ca_5(PO_4)_3F:Tb^{3+}$ under VUVExcitation and Its Potential Application in PDPs[J]. Electrochem. Soc. ,2007,154(6):177 -180.

[8] Bing Han,Hongbin Liang,Haiyong Ni,et al. Intense red l ight emission of Eu^{3+} -dopedLiGd$(PO_3)_4$ for mercury - free lamps and plasma di splay panels application[J]. Optics Express,2009,17(9):7138 -7144.

[9]苏锵,吴昊,潘跃晓,等. 稀土发光材料在固体白光 LED 照明中的应用[J]. 中国稀土学报,2005,23(5):513 -517.

[10] Jing Wang,Zongmiao Liu,Weijia Ding,et al. Luminescent properties of $(Cal-xSrx)_3SiO_4(Cll-yFy)_2:Eu^{2+}$ phosphors and their application for white LED[R]. Int. J. Appl. Ceram. Techn01. ,6(4)9 第二届中国包头·稀土产业论坛专家报告集. 2009:447 -452.

[11]Qiuhong Zhang, Jing Wang,Gongguo Zhang,et al. UV photon harvesting and enhanced near—‘infrared emission in novel quantum cutting Ca2803CI:Ce^{3+},Tb^{3+},Yb^{3+} phosphor[J]. Mater. Chem. 2009,19:7088 -7092.

[12] 苏锵,等. 稀土发光材料的进展与新兴技术产业[R]. 2011 第二届中国包头·稀土产业论坛专家报告集,2009.

[13] 花建兵,邹黎明,倪建华,等. CPCM PE 蓄热调温 X 纤维的制备及其结构与性能研究[J]. 合成纤维工业,2016,39(06):11 – 15.
[14] 张海霞,张喜昌,许瑞超. Outlast 腈纶纤维调温性能研究[J]. 棉纺织技术,2012,40(03):31 – 33.
[15] 赵连英,董卫东,杜维强,等. Outlast 空调纤维开发智能调温内衣的实践[J]. 上海纺织科技,2010,38(09):41 – 42,46.
[16] 张海霞,张喜昌,许瑞超. Outlast 黏胶纤维的结构与调温性能[J]. 纺织学报,2012,33(02):6 – 9,15.
[17] 吴超,邹黎明,张绳凯,等. PA6/CPCM 储能调温纤维的制备及表征[J]. 合成纤维工业,2015,38(02):15 – 18.
[18] 张鸿,杨淑瑞,王晓磊. PP/IPN 相变纤维的结构与性能[J]. 上海纺织科技,2012,40(04):54 – 56.
[19] 刘晓霞,张刚,何文元. SL 相变调温纤维混纺织物调温性能研究[J]. 棉纺织科技,2013,41(02):20 – 22.
[20] 李丽莉. 发热纤维的开发与应用[J]. 印染,2015,41(21):49 – 51.
[21] B. Hagstrom Swerea IVF. 含大量相变物质的调温纺织纤维[J]. 国际纺织导报,2011,39(11):8,10 – 11.
[22] 马君志,李昌,姜明亮. 黏胶基储能调温纤维的开发及应用[J]. 针织工业,2012(12):22 – 23.
[23] 范瑛. 调温纤维和调温非织造布的热性能研究[J]. 产业用纺织品,2010,28(05):12 – 16.
[24] 阎若思,王瑞,刘星. 变相材料微胶囊在蓄热调温智能纺织品中的应用[J]. 纺织学报,2014,35(9):155 – 164.
[25] 武松梅,田丽. 相变材料在纺织上的应用与研究[J]. 轻纺工业与技术,2012,41(02):68 – 69.
[26] 周杰,赵磊. 相变调温纤维和吸湿排汗纤维的开发与应用[J]. 轻纺工业与技术,2013,42(02):30 – 31.
[27] 周祥,何文元. 相变调温针织物的强力及调温性能[J]. 上海纺织科技,2013,41(12):17 – 19.
[28] 乔文静,裴广玲. 相变调温织物的制备及其性能[J]. 印染,2012,38(04):10 – 13.
[29] 王玮玲,于卫东. 相变纤维的特征与作用[D]. 上海:东华大学,2003.
[30] H. Faerevik,D. Gersching,B. Hagstrom. 新型温度可调纤维和服装[J]. 国际纺织导报,2013,41(11):11 – 12,14.
[31] 许颖琦,戈婉婷. 黏胶相变调温纤维的性能研究[J]. 印染助剂,2015,32(08):52 – 55.
[32] 苏德保. 智能调温纤维的研究新进展[J]. 国际纺织导报,2013,41(08):10 – 12,14.
[33] 兰红艳,方磊. 智能调温纤维及其制品调温能力评价方法的探讨[J]. 上海毛麻科技,2013(02):39 – 43.
[34] 严岩,王芳,王伟. 智能调温纤维技术及应用[J]. 合成技术及应用,2015,30(03):39 – 43.
[35] 张希莹,方东根,沈雷,等. 智能纤维及智能纺织品的研究与开发[J]. 纺织导报,2015(06):103 – 106.
[36] 曹可,唐国翌,缪春燕,等. 发光 Lyocell 纤维的制备[J]. 合成纤维,2008(06):13 – 15,19.
[37] 储德清,王立敏,尹航,等. 纳米稀土发光纤维的研究与展望[C]. 第六届功能纺织品及纳米技术研讨会论文集,2006(5):145 – 147.
[38] 任慧娟. 稀土发光配合物的合成、性能研究在功能纺织品中的应用[D]. 上海:东华大学,2005.

第五章　超细纤维和纳米纤维

第一节　超细纤维

迄今为止，国际上及我国并没有对超细纤维的公认定义，美国 PET 委员会将单纤维线密度为 0.3～1.0dtex 的纤维定义为超细纤维，日本则将单纤维线密度为 0.55dtex 以下的纤维定义为超细纤维，荷兰 AKZO 公司则认为超细纤维的上限应为 0.3dtex。但大多数人接受的概念是单纤维线密度为 0.1～1.0dtex 的纤维属于超细纤维；而单纤维线密度小于 0.1dtex 的纤维被称为超极细纤维。从纤维细度出发，目前对纤维的称谓有粗旦纤维、细旦纤维、微细旦纤维、超细纤维以及超极细纤维之分。

一、超细纤维的制备方法

（一）常规纺丝改良

常规纺丝改良法超细纤维制造是通过选择适宜相对分子质量的原料、优化纺丝工艺条件及进行必要的关键设备改造，对传统纺丝方法加以改进实现的。目前，由常规纺丝改良法得到的最细纤维是日本旭化成公司报道的单纤维线密度为 0.10dtex 的超细纤维。与双组分复合纺丝法相比，常规纺丝改良法最大的优点是纺丝设备简单，后加工工艺过程简单，它无需对纤维进行化学的或物理的处理，便可直接获得单组分的超细纤维，并可直接用于纺织加工。此外，它的生产成本低、产品质量稳定，适于做高密度织物；还可与不耐有机溶剂或碱的其他纤维（如羊毛、夹丝等）复合使用，这一点通常是聚酯类双组分复合纤维无法相比的。因此，作为超细纤维的生产方法之一，常规纺丝改良法应当继续保持和发展。例如，在某些场合下，为了改善羊毛织物或丝织物的抗皱性能，又不损失织物的柔软风格，同时降低成本，便可以使用该种超细纤维与羊毛或蚕丝类蛋白质系列天然纤维复合使用，而无须顾及溶解或水解剥离法在剥离过程中需要使用稀碱溶液而导致羊毛及蚕丝受损的问题。当然，如果要考虑超细纤维的易染问题，还可以使用常规纺丝改良法生产的 PA6 超细纤维，它可与羊毛或蚕丝采用酸性染料同浴染色；也可使用分散染料常压可染聚酯（EDDP）超细纤维，或阳离子染料常压可染聚酯（ECDP）超细纤维与羊毛或蚕丝复合使用，可以在常压沸染条件下进行染色，避免高温条件下的染色过程对羊毛或蚕丝纤维造成破坏。

但是，常规纺丝改良法对原料切片的特性黏度及清洁度要求很高，对纺丝组件及纺丝、冷却等工艺条件要求也较高，否则纤维生产过程中易产生断头和毛丝。此外，由于纤维纤细，绝对强力较低，会给纺织加工过程带来较大的难度。我国常规纺丝改良法超细纤维设备的年生产能力大约为10万吨，但由于各种原因（包括特殊原料的生产与供应、纺丝生产工艺技术的掌握以及纺织、染整等后续厂家的接受能力等）实际产量不多，生产能力远未能发挥。目前，有些厂家采用常规纺丝改良法已能生产0.4dtex的超细纤维，应当设法使现有设备充分发挥效益，避免资源浪费，也可为纺织新产品的开发提供更多的基础原料。制备超细纤维的方法如表5－1所示。

表5－1　制备超细纤维的方法

制造方法	纤维形态	纤维截面图示		超细纤维线密度（dtex）
		剥离前	剥离后	
常规纺丝改良法	—	—	—	0.10～0.50
复合纺丝—物理（或化学）剥离法	橘瓣型	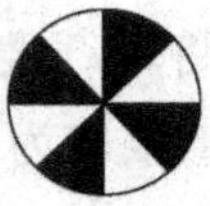	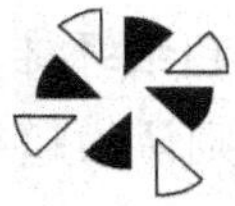	0.10～0.20
	中空橘瓣型			0.10～0.20
	多层并列型		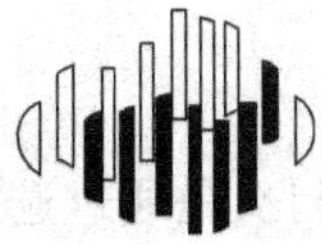	0.10～0.20
	齿轮型		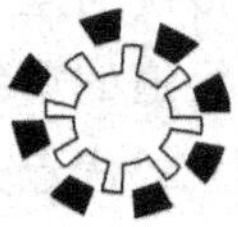	0.10～0.20
复合纺丝—溶解（或水解）剥离法	齿轮型			0.03～0.06
	海岛型	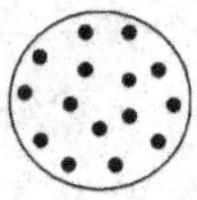	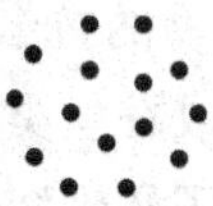	0.03～0.06
		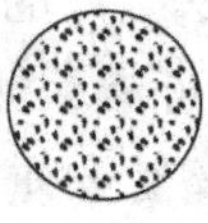		0.0003～0.0008
其他方法（熔喷、静电纺丝）		—		0.0002～0.4

（二）复合纺丝法

1. 复合纺丝—物理（或化学）剥离法　复合纺丝—物理（或化学）剥离法，是将两种相容性略有差异的聚合物（如 PA6 和 PET）用两个螺杆分别熔融，然后使熔融后的熔体经过位于纺丝箱体内的各自熔体管路，分别经过两个熔体计量泵计量后送入较为复杂的复合纺丝组件，两种聚合物熔体进入喷丝孔前会合，熔体丝条喷出后即形成各种不同类型的复合纤维。通过复合纺丝法可制成如表 5－1 所示的橘瓣型、中空橘瓣型、多层并列型、米字型或齿轮型等多种形式的复合纤维，所得复合纤维的单纤维线密度在 2.0～2.5dtex。将这种复合纤维加工成织物后再通过化学或物理方法实施剥离，依据复合纤维的不同类型，最终可制得 0.10～0.20dtex 的超细纤维织物。

与常规纺丝改良法相比，复合纺丝法的设备一次性投资较大，纺丝加工工程也有较大难度；但该类超细纤维的获得，是先以较粗的 2.0～2.5dtex 复合纤维进行纺织加工成织物后再行剥离成超细纤维织物，因此不会出现像采用常规纺丝改良法那样，使用 0.1～0.3dtex 的超细纤维进行纺织加工所出现的困难。当然，如果复合纤维的剥离发生在织造前或织造过程中，也会影响纺织加工。另外，由于两种聚合物材料的共存，若剥离不够完全，便会影响染色加工效果，如染色时容易染花、出现条档等。

与复合纺丝—溶解（或水解）剥离法相比，复合纺丝—物理（或化学）剥离法所用两种聚合物均以有效成分制成纤维并被全部利用，效率高；该法不需要溶解或水解剥离，也不需要考虑溶解或水解产物的回收及再利用；剥离后的超细纤维通常具有非圆形的尖角，是用作高级擦拭布的上好材料，还适用于作高密防水、透气纺织材料。

2. 复合纺丝—溶解（或水解）剥离法　复合纺丝—溶解（或水解）剥离法是选用对某种溶剂有不同溶解能力的两种聚合物，如 PA6/PE、PET/PE、PA6/PS（聚苯乙烯）、PET/PS 等，采用复合纺丝法纺制成以 PA6（或 PET）为岛相、以 PE 或 PS 为海相的“海岛”型复合纤维。此法所得复合纤维的线密度一般在 2.0～2.5dtex，将这种复合纤维加工成织物后，再用苯、甲苯或二甲苯等有机溶剂处理，即可溶解掉海组分，得到线密度为 0.05dtex 左右的超细纤维织物。

与复合纺丝—物理（或化学）剥离法相比，该法得到的复合纤维经剥离后可得到线密度更小的单纤维，因而产品更能体现出超细纤维的特点。该法也是在剥离前先以较粗的复合纤维进行纺织加工，因此与复合纺丝—物理（或化学）剥离法相同，不存在纺织加工中因纤维太细而出现的加工困难。由该法生产的纤维常用作桃皮绒、麂皮绒及仿丝绸类织物。由于织物中仅存在岛组分一种材料，也避免了染色不匀的缺点。

该法的不足之处是使用了有毒、易燃、易爆的有机溶剂，故在生产过程中必须采用密闭的设备，同时还需要解决 PE、PS 和有机溶剂的回收及再利用问题。这些在现有的生产装置上都已经得到了完满的解决。

复合纺丝—水解剥离法是对复合纺丝—溶解剥离法的改进。该法是以热碱液或热水水解的组分，例如易水解聚酯（EHDPET，也称水溶性聚酯、碱溶性聚酯或 COPET），也有采用水溶性的其他高聚物材料（如 PVA 等）替代复合纺丝—溶解剥离法中的海组分 PE 或 PS。纺制成复合纤维后，进行纺织加工，然后通过水解（或水溶解）法将织物中易水解（或易溶解）的海组分溶除，从而获得线密度为0.05dtex左右的超细纤维织物。采用水解（或水溶解）剥离法，避免了使用有机溶剂，减少了环境污染，并且由于水解（或水溶解）剥离可在印染厂的碱减量（或退浆）等过程中完成，因而无须专门的剥离处理设备，从而简化了操作过程，这是水解（或水溶解）剥离法最显著的优点。但该法仍然存在着水解（或水溶解）产物的回收及再利用问题。

无论是复合纺丝—溶解剥离法或复合纺丝—水解（或水溶解）剥离法，都要将占20%～30%的海组分去除，这样会导致织物的组织结构变得疏松。为此，应将海岛型复合纤维与一种潜在性高收缩纤维（HSF）预先并股后再行织造，这样当超细织物进行热定形时，由于HSF的收缩就会使织物结构变得密实，还可使织物中的超细纤维浮出织物表面，经起绒整理得到具有高档上乘视觉与手感的桃皮绒、麂皮绒类织物。

目前，复合纺丝—溶解剥离法已接近淘汰，而复合纺丝—水解剥离法还在盛行之中。无论是复合纺丝—溶解剥离法或是复合纺丝—水解（或水溶解）剥离法，当前的主要产品都是长丝及其织物。从该类纤维的特性以及扩大它们的应用范围角度考虑，今后有必要更多地发展复合短纤维及其相应制品，使复合纤维产品结构更加合理。生产出的短纤维可先制成针刺或水刺非织造布，然后经浸胶、固化、剥离、起绒等一系列处理过程，制得具有更高附加价值的人造麂皮类制品，更好、更充分地发挥出超细纤维的特长。

（三）静电纺丝

静电纺丝（electrospinning）是一种不同于常规方法的纺丝技术，它是基于高压静电场下导电流体产生高速喷射的原理发展而来的。其基本过程是，聚合物溶液或熔体在几千至几万伏的高压静电场下克服表面张力而产生带电喷射流，溶液或熔体在喷射过程中干燥、固化，最终落在接收装置上形成纤维毡或其他形状的纤维集合体。静电纺丝技术制得的纤维直径一般在数十纳米到数百纳米，且具有连续性的结构。这种特征决定了此种纳米纤维在纳米组装、纳米加工等方面具有明显的优势。

（四）常规纤维碱减量法

其基本原理是聚酯类高聚物在碱性条件下发生水解而溶除，即将聚酯纤维用稀碱液进行处理，会使纤维表面被刻蚀，从而达到纤维细化的目的。由图5-1可知，采用这种刻蚀的工艺会使纤维表面形成许多沟槽，再进一步细化就会降低纤维的力学性能，因此纤维细化的程度是有限的，一般最细只能达到1.0dtex左右。纤维表面沟槽的形成使得光线照射后发生漫反射，会提高纤维染色后的显色性。

二、纤维结构、性能与纤维线密度的关系

（一）纤维柔性与纤维线密度的关系

纤维柔性的描述是一个很复杂的问题，定量表示纤维的柔性更加困难。可以采用工程力学中的弯曲刚度 EI 来简单地表征纤维的柔性，弯曲刚度 EI 表示材料抵抗变形的能力，其值越大，材料越难弯曲变形，亦即材料抵抗弯曲变形的能力越大。EI 中的 E 为材料的弹性模

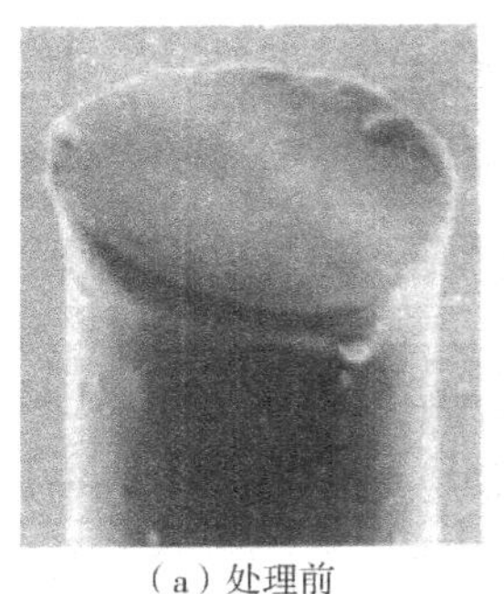

（a）处理前

（b）处理后

图 5－1　碱减量处理前后聚酯纤维的表面形态结构

量，反映材料变形的难易程度。显然，E 值越大材料越难变形，E 值越小材料越易变形；而且，材料相同的纤维具有相同的 E 值，材料不同的纤维具有不同的 E 值。而 EI 中的 I 为材料横截面的一种几何性质，称为轴惯性矩，它反映的是材料形状（包括尺寸大小）对材料弯曲变形的抵抗能力，显然，I 值越大材料越难变形，I 值越小材料越易变形。

对于同一种材料的纤维，因弹性模量 E 为固定值，所以弯曲刚度 EI 就只取决于截面轴惯性矩 I 值的大小。由工程力学可知，圆形截面的轴惯性矩 $I=\pi D^4/64$，即圆形截面纤维的轴惯性矩与纤维直径（D）的 4 次方成正比。这说明纤维直径的微小变化将引起轴惯性矩的急剧变化，从而引起纤维弯曲刚度 EI 的急剧变化。因此，纤维直径变小，会表现出纤维柔性的极大提高。

若将长 L 的圆形纤维一端 A 固定（图 5－2，例如一块起绒布料的绒毛），于另一端 B 处施加力 F 使其弯曲（如同用手去抚摸布料的绒毛），假设纤维弯曲的曲率半径为 ρ，则根据工程力学中悬臂式梁受力弯曲变形的力学分析，知此时所施加的力 F 为：

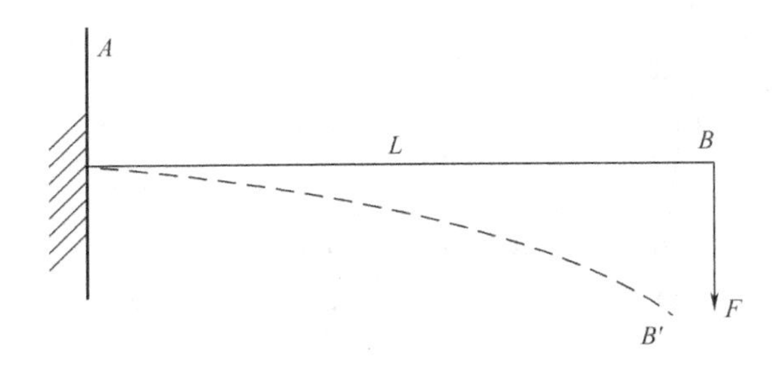

图 5－2　悬臂式纤维受力弯曲变形图

$$F = EI/(\rho L) = \pi ED^4/(64\rho L) \tag{5-1}$$

亦即，使纤维弯曲变形时所需要的力 F 与其直径的 4 次方成正比，与纤维长度成反比。所以，纤维直径越细越易变形，纤维越长也越易变形。故降低纤维的线密度可有效地提高纤维的柔性。

若将 1 根直径为 D 的单纤维（试样 1）与 1 束单纤维直径为 d 的 n 根纤维组成的复丝

（试样 2）作弯曲试验比较，假设两试样的总截面积相同，即：

$$\pi D^2/4 = n\pi d^2/4$$

即

$$D^2 = nd^2$$

试样 2 弯曲需要的力

$$\begin{aligned} F_1 &= n \cdot E \cdot \pi d^4/(64\rho L) \\ &= n \cdot E \cdot \pi D^4/(n^2 \cdot 64\rho L) \\ F/F_1 &= n \end{aligned} \tag{5-2}$$

由以上结果可知，试样 1 的弯曲刚度是试样 2 弯曲刚度的 n 倍，这表明线密度相同的复丝中单纤维的根数越多（或说单纤维的线密度越小），纤维的柔性越大。人造麂皮的所谓“书写效应”就是因其表面绒毛纤细而柔软，当手指抚摸时绒毛沿着抚摸的受力方向倒伏而显现出来的。因此，超细纤维制品会给人以手感舒适、滑爽、产品上乘的良好印象。

（二）纤维的比表面积与单纤维直径的关系

$$S = \frac{4}{d\rho} \tag{5-3}$$

式中：S——比表面积，cm^2/g；

ρ——纤维密度，g/cm^3。

三种纤维的线密度、直径、比表面积之间的关系如表 5－2 所示。

表 5－2 纤维线密度、直径、比表面积之间的关系

线密度 (dtex)	$L_m \times 10^{-4}$ (cm/g)	直径 D（μm）			比表面积（cm^2/g）		
		PET 纤维	PA6 纤维	PP 纤维	PET 纤维	PA6 纤维	PP 纤维
4.4	22.5	20.21	22.27	24.90	1420	1560	1752
2.2	45.0	14.30	15.75	17.63	2008	2214	2478
1.1	90.0	10.10	11.14	12.46	2840	3130	3504
6.6×10^{-1}	150	7.82	8.63	9.65	3667	4041	4523
1.1×10^{-1}	900	3.20	3.52	3.94	8981	9899	11080
1.1×10^{-2}	9000	0.96	1.05	1.18	28401	31304	35038
1.1×10^{-3}	90000	0.32	0.35	0.39	89813	98995	110801
1.1×10^{-4}	900000	0.10	0.11	0.12	284014	313049	350384

由公式（5－3）、表 5－2 可以看到，随着纤维线密度变小，直径下降，纤维的比表面积增大；尤其在纤维线密度小于 1.1dtex 时，纤维直径及比表面积变化的幅度加剧。纤维直径及比表面积的变化将使纤维性能发生很大变化，纤维的比表面积越大，吸附性增强，去污力提高，过滤性能好，毛细效应强。

（三）取向度、结晶度与单纤维线密度的关系

纤维在纺丝成型（特别是熔体纺丝成型）过程中，单纤维的线密度越小，纤维比表面积

越大，在纺程上纤维与空气间的摩擦阻力也越大，因而纤维的取向度也越高。与线密度和比表面积间的变化关系相似，当单纤维的线密度小于1.1dtex时，取向度急剧增加。纤维取向度的提高又会诱导结晶的发生，引起结晶度的提高以及与此相关的其他性能的变化（图5－3、图5－4）

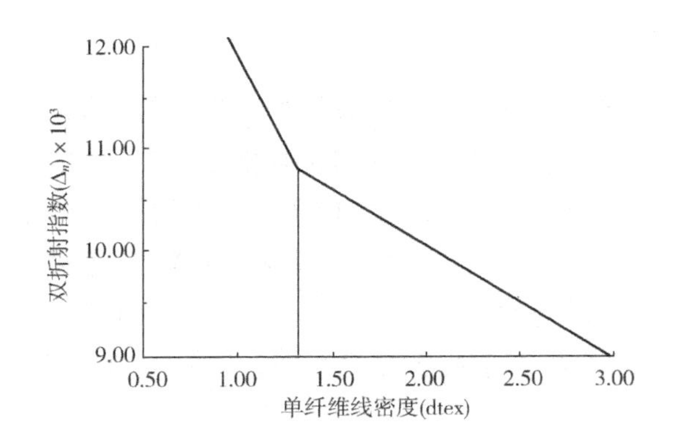

图5－3　取向度与单纤维线密度的关系

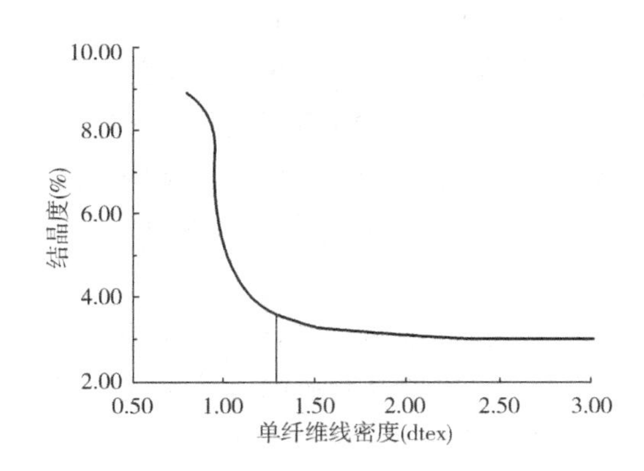

图5－4　结晶度与单纤维线密度的关系

（四）传热系数与单纤维线密度的关系

与线密度和比表面积间的变化关系相似，当单纤维的线密度小于1.1dtex时，纤维的传热系数也迅速提高（图5－5）。这也对超细纤维织物穿着舒适性有所改善。

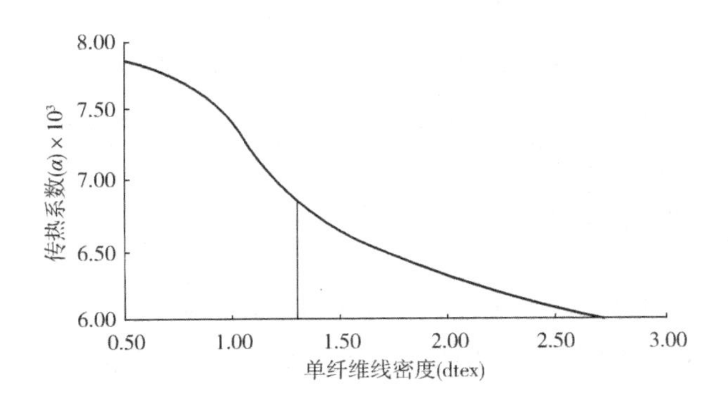

图5－5　传热系数与单纤维线密度的关系

（五）染色性能与单纤维线密度的关系

单纤维的线密度越小，纤维直径越细，比表面积越大，纤维对染料的吸附速度加快，即上染速率加快；但是，由于纤维表面的反射光增强，使纤维的显色性变差，即在同样染料吸附量的情况下，超细纤维或织物给人们的感觉是色浅。因此，要使超细纤维的发色性达到常规纤维的水平，就必须增加染料的用量，如采用常压型阳离子染料可染聚酯（ECDP）纺制超细纤维，可得到满意的染色效果。另外，由于超细纤维的比表面积大，上染速率快，故染色时容易染花，一般采用低温入浴，慢速升温的染色工艺可以改善染色效果。超细纤维织物染色时最易出现的问题是染色不均匀——批内及批间差异，还易出现色斑，色相偏差，特别是色相的重现性差，而且色牢度差。织物染色过程中也易出现运行不良导致色痕及褶皱。超细纤维织物染色时染色设备的选择至关重要，若在张力或压力下加工则手感差，但是在松弛状态下染色又会产生褶皱，因此应当选择合适的染整设备。

三、超细纤维制品的性能特点

（一）保暖性、舒适性及光泽感

服用纤维织物的保暖性与存在于纤维间起绝热作用的空气量有关。当织物中的纤维整齐密实地排列时，织物中纤维的充填率与其线密度无关，织物中空气的含有率也相同。如果使用不同线密度的纤维纺成相同线密度的纱线，并用该纱线织造成等厚度、等克重的织物时，织物中纤维的充填率虽相同，但由于粗纤维不易弯曲，纤维间的空隙就大，织物密度就小。人体接触织物表面时，接触到的只是织物的绒毛或织物的突出部分，即实际的接触面积极小(大约只有表观接触面积的万分之几)。当组成织物的纤维线密度很小时，因有大量绒毛存在，会在织物表面与人体的接触面间形成一个空气层，因而不会使人产生凉感。与此相反，当织物中的纤维线密度较大时，则绒毛较粗，会有一种针刺感。超细纤维的线密度极小，用它制成的内衣穿着时感觉贴身、柔软又温暖，而且大量绒毛的存在，使织物表面不会像镜面一样反射光线，因此还具有朴实、柔和的光泽感。

（二）防水透气性

由超细纤维制成的织物，无须疏水加工也有良好的防水透气效果。例如，意大利开发的高密度织物就是以防水透气为目的的，它的织物密度见表5-3。

表5-3　防水透气高密度织物的组成

纱线	复丝规格	单纤维线密度（dtex）	复丝密度（根/cm）	单丝密度（根/cm）
经纱	90dtex/192f	0.47	58	11136
纬纱	180dtex/384f	0.47	29	11136

表5-3中的织物组成中，织物密度达22272根/cm^2，织物的孔隙小于1μm。通常，雨滴的直径在100~6000μm，自人体散发出的水蒸气直径则为0.0004μm。这样，由于水滴的表面张力作用，雨滴不会透过织物，但水蒸气则可顺利穿透微孔，从而起到防水、透气作用，穿着舒适。这种高密织物可免去聚氨酯或聚四氟乙烯等的疏水处理过程，也会具有防水透气功能。由于织物密实，还能起到挡风的作用。采用这种织物制成的风雨衣，既轻薄柔软又防水透气、挡风、便于携带。

（三）过滤性

使用纤维材料机织物、针织物或非织造布作为过滤材料时，对微小杂质的过滤效果与构成过滤材料的纤维间空隙尺寸有关，也与构成过滤材料的纤维比表面积有关。构成过滤材料的纤维越细，纤维间空隙尺寸越小，杂质粒子与纤维的碰撞概率越大，即被截留的概率越大。当纤维以格子状充填时，纤维间孔洞的面积正比于纤维的线密度，因此超细纤维过滤材料不失为首选材料。然而，纤维越细，构成过滤材料的纤维间间隙越小，虽可以捕捉到更小的杂质微粒，却也带来阻力过大的矛盾。为了提高过滤效率又不增加阻力，可采用三角形或三叶形截面纤维。在织物中，三叶形截面的凹陷处还更易滞留杂质粒子。有时可以利用带静电的永久极化纤维的静电吸引力来完成过滤作用。此时，纤维的比表面积的大小就显得极为重要了，超细纤维自然会起到更加突出的作用。

细旦及超细纤维过滤材料经常被用于气—固、液—液（水状与油状液体）相分离材料。例如，空调机、吸尘器、生产 IC 等电子产品用的气—固相分离过滤；水净化过滤、轧钢厂和化工厂的废水处理、去除发动机内的金属粉末、海水淡化前处理以及咖啡或袋茶等方面的液—固相分离过滤；人工肾脏、血液透析等医用领域方面也有着广泛的应用。

（四）去污、去油性

超细纤维用于擦拭布，由于纤维细、比表面积大，会有更多的纤维尖角与镜片接触，具有极好的擦净功能。又由于纤维细、疏水而具有吸油能力，它还可将细小的灰尘吸入纤维间隙，从而具有很强的去污、去油能力，可用作去油污、吸油材料。使用米字形、中空放射形、齿轮形以及橘瓣形等裂离形复合纤维制成的超细纤维织物有更高的擦拭速度及更好的擦拭效果，这是由于它们的单纤维有着锐利的边缘和棱角，有利于去除灰尘和污物。据报道，这类擦拭布材料很适合用于无尘室内集成电路板、半导体元件、精密仪器、光学玻璃镜片及通信器材等要求高清洁度部位的擦拭除尘。

（五）吸水性

吸水性是指纤维吸收液态水的能力。纤维的吸水作用可以通过三条途径实现，即通过纤维自身的微孔、纤维表面以及纤维之间间隙所形成的毛细管。对于超细纤维织物来说，纤维间间隙小，在纤维之间极易形成毛细管而吸水。当毛细管半径为 1μm 时，吸入高度可达 4.9m。据此可用合成纤维制造的超细纤维与其他吸水量较大的天然纤维复合织造成浴衣或运动衣、内衣等，获得舒适的感觉。近年来，也有用于多效蒸发法海水淡化吸液材料方面的研究报道。

四、超细纤维的应用

由于超细纤维有许多不同于常规纤维的特殊性能，在许多领域有着广泛的应用。

（一）超高密度织物

线密度在 0.5～0.1dtex 的超细纤维，可用于纺丝绸、高密织物，产品有外套、运动衣、休闲服等。将 0.5～0.1dtex 超细纤维制成超高密织物，纤维间的空隙介于水滴直径和水蒸气微滴直径之间，所以具有防水透气效果。因为在此种织物中纤维与纤维间的间隙只有 0.2～10μm。而固定水的最小粒度在 100μm 以上，因而前者窄得足以挡住最小的雨滴，人体散发的蒸汽又宽得足以使它逸散出去。日本帝人公司参照荷叶对水的排斥效应，采用 0.1dtex 纤维制成的高密度织物，能让落在织物上的雨水形成闪动的水球在其表面滚动而不让它润湿。这是因为织物中微卷的超细纤维将空气围在纱线内，而空气对水的排斥性很强，因而织物内储空气会使水珠滚落。

此外，超细纤维织物比微细纤维织物档次更高，因为其织物表面非常平整而空气阻力极小。在滑雪跳跃时，运动员的速度可达100km/h，东丽公司特意为滑雪者跳跃比赛开发了表面极光滑的面料。又如超高密织物不仅是通过织造的密度达到，而且关键是通过复合纤维两种组分对溶剂的溶胀收缩性能不同达到超高密，例如钟纺公司的Belima超细纤维织物通过溶剂处理，聚酰胺组分溶胀并高度收缩，而聚酯组分收缩甚少，从而获得超高密度；钟纺的SavinaDP纤维织物也是采用这种工艺，它的结构细密，无膜，无涂层，有优良的美感性质和柔软的手感，也有较大的蓬松性与透气性，较高的悬垂性，较柔和的光泽和较轻的重量，抗水压性能更比一般微细纤维的高密织物更胜一筹，可用于制作各种高档运动服、外套、羽绒夹克、罩衫、滑雪衫、高尔夫球服、风雪服和钓鱼服。

（二）高性能洁净布

线密度在0.1～0.05dtex的超细纤维，可用于高性能洁净布；产品有卫生用品、擦拭与研磨布料等。将0.1～0.05dtex超细纤维制成高性能洁净布，具有较高的比表面积和无数的微细毛孔，因而具有很强的清洁能力，除污快而彻底，在精密机械、光学仪器、微电子及家庭等方面具有广阔的用途，如用于制作鼠标垫，可以让鼠标很容易滑动，使鼠标球很长时间保持清洁。其他如抛光布用作硬质台面层；声学上的隔音材料；高性能吸音板及音乐厅内坐席罩布等。

超细纤维的特殊性质加上现代加工技术的保障使其产品有很大的发展潜力，应用范围更会逐步扩大。东丽公司制造的超细纤维拭镜布是日本与欧美的热门商品之一。去年东丽公司又推出了带香味的超细纤维拭镜布，其纤维的线密度不到普通纤维10%，以三元结构制成的高性能洁净布料是日本的独家产品，这种0.05dtex的PP超细纤维织物结构密实，过滤性能优良，可过滤空气及液体；而且能结合较高的电压，使织物有永久性的极化，会吸引、吸收带电的灰尘颗粒。不久前，东洋公司已制出世界最细纤维拭镜布，此类布料有很强的清洁能力，奥秘是单位面积的纤维根数较多，具有很高的比表面积和孔隙率，能吸收较多的油污、液体或灰尘。纤维柔软，不会对擦拭表面造成损伤，因而具有很强的清洁能力，并可重复使用。在精密机械、光学仪器、微电子、无尘室及家庭等方面都具有广泛用途。

（三）仿麂皮及针织布、机织布或非织造布

纤度在0.1～0.005dtex的超细纤维，可用于高性能针织品、功能性非织造布、仿麂皮；产品有麂皮绒、运动系列服装、人造皮革织物等。

将0.1～0.005dtex超细纤维制成仿麂皮及高性能针织布、机织布或功能性非织造布后，经磨绒或拉毛，再浸渍聚氨酯溶液，并经染色和整理，可制作仿麂皮、合成运动革或人造皮革织物；其织物轻薄柔软，有光滑的表面纹理，防水透气，强力好且不变形。

合成运动革及其制品在日本已形成工业化生产，主要是PET、PA或PAN的0.1dtex超细纤维生产的非织造布，采用超细纤维模拟胶原纤维的结构，并以纤维的三维非织造结构模拟皮革中的胶原纤维编织形态，在外观、功能、触感方面模拟天然皮革，使合成革从微观结构、外观质感、物理特性等方面，都达到“仿真”效果。产品可与天然革相媲美，具有表面均匀、尺寸稳定、舒适、色泽牢固及重量轻等优点。

（四）高仿真皮革

纤度在0.01～0.001dtex的超细纤维，可用于高仿真皮革、高档时装面料、生物医用材料，产品有高档服装、鞋、家具、汽车座椅、人造血管等。

将0.01～0.001dtex超细纤维制成新型高档仿真丝织物，既具有真丝织物轻柔舒适、华贵典雅的优点，又克服了真丝织物易皱、粘身、牢度差等缺点，满足了人们对衣料多样化及高档化的要求，可应用于男士大衣、女士夹克衫、裙装、滑雪服、高尔夫球衫、高档鞋与手袋等。例如日本东丽公司的高仿真Snow deer皮革，采用了0.001dtex线密度的海岛型纤维。用它制成新一代仿Snow deer皮织物，其起绒、染整的表面起毛纤维基本设计为0.1dtex。在仿Snow deer皮织物表面必须完全由纤维短绒覆盖，用起毛机起毛后织物表面就成为一层薄薄的绒毛，丰厚柔软。又如日本帝人公司用0.005～0.001dtex的超细纤维与高收缩丝混纤制成的仿真丝绸织物，其表面形成细的绒毛，很像桃子表皮，具有柔软纤细的手感，是天然纤维所不及的。

此外，线密度小于0.01dtex的超细纤维的粗细与生物细胞接近，能够获得生物体的适用性，在细胞分离材料和各种生物体医疗适用材料方面有广阔前景。PET超细纤维可与人的肌体相容，可用于人造血管。新开发的人造血管是用日本东丽公司聚酯细旦长丝和常规聚酯长丝织成的致密而柔韧的管状织物。该织物是采用0.000882～0.0441cN/tex（0.005～0.0001旦）的超极细纤维束为主体，采用针织或机织制成，再进行喷水收缩使线圈之间和纤维之间产生缠结。它对于水有渗透性，血液却不可渗透。在手术后的短时间内，人体内再生的组织会覆盖于人造血管的内壁，避免血液对人造血管的直接接触，从而大大降低了血栓形成的可能性。据报道，这种人造血管已经在日本和美国的医院里进入实用阶段。

超细纤维已经成为全球各个纺织生产企业开发高档纺织品的热点纺织原料，它的使用能有效提高产品的档次和附加值，具有无可替代的巨大市场潜力。据美国《Fiber Organon》的权威统计，2011～2015年间，世界合成纤维（除聚烯烃纤维）产能增加2166.52万吨，年均增长率为8.9%。如果包括聚烯烃纤维的生产能力（681.1万吨）在内，2015年世界合成纤维生产为8174.62万吨，比上年增加1.9%，增加1988.64万吨，年均增长率为7.2%。该统计指出，在年产量增加1988.64万吨中，以超细纤维、差别纤维等特种纤维的增加为主。

第二节　纳米纤维

纳米（nm）是一个长度计量单位，1nm等于10^{-9}m，一个原子约为0.2～0.3nm。目前，把1～100nm尺度空间内制备、研究及工业化的材料，以及利用纳米尺度物质和结构的单元进行交叉学科研究和工业化的综合技术称为纳米技术。

纳米材料是指在任一维上尺寸介于1～100nm之间的固体材料，它属于小于亚微米的体系。

纳米材料根据三维空间中未被纳米尺度约束的自由度，大致可分为零维的纳米材料（颗粒和原子团等）、一维的纳米材料（线、棒、管等）、二维的纳米材料（膜）。

材料的三维空间尺度上有两维处于纳米尺度的线（管）状材料，通常是直径或管径或厚度为纳米尺度而长度较大。目前热门的纳米纤维包括纳米丝、纳米线、纳米棒、纳米碳管、纳米碳（硅）纤维、纳米带等。

对纳米纤维可以作出一个简单定义，令其直径为纳米尺度范围，即直径为 1 ~ 100nm 的极其微细纤维，可定义为狭义的纳米纤维。

另外，更广泛来说，零维或一维纳米材料与三维纳米材料复合而制得的传统纤维，也可以称为纳米复合纤维或广义的纳米纤维。更确切地说，这种复合纤维应称为由纳米微粒或纳米纤维改性的传统纤维。

纳米纤维这种广泛的定义还可以延伸，一些人认为，只要纤维中包含有纳米结构，而且又赋予了新的物性，就可以划入纳米纤维的范畴。

本节讨论的纳米纤维仅限于狭义的纳米纤维。

一、纳米纤维的制备方法

（一）海岛型双组分复合纺丝

海岛型复合纺丝技术是日本东丽公司 20 世纪 70 年代开发的一种生产超细纤维的方法。

该方法将两种不同成分的聚合物通过双螺杆输送到经过特殊设计的分配板和喷丝板，纺丝得到海岛型纤维，其中一种组分为“海”，另一组分为“岛”，“海”和“岛”组分在纤维轴向上是连续密集、均匀分布的。海岛纤维制造以及海岛纤维结构示意如图 5 - 6 所示。

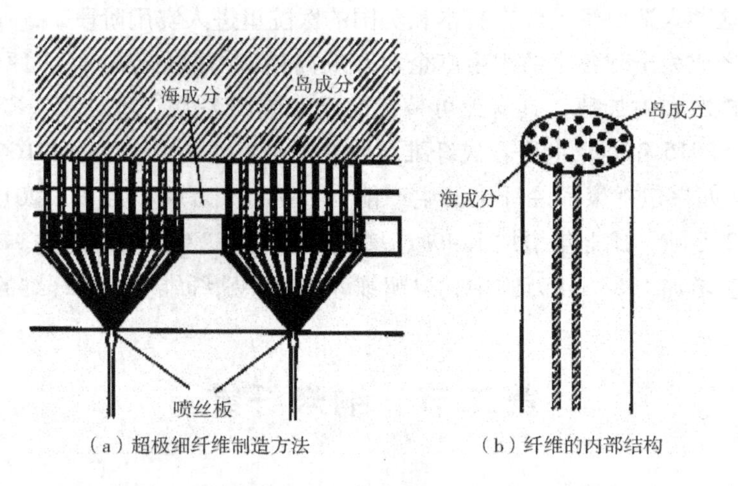

（a）超极细纤维制造方法　　（b）纤维的内部结构

图 5 - 6　海岛纤维制造以及海岛纤维结构示意图

一般超细纤维的线密度在 1000nm 以上。美国 Hills 公司利用新型组件技术所得每根纤维有 900 个“岛”，“岛”基纤维的直径大约为 300nm。

日本东丽公司用海岛型纺丝方法也制得了线密度为 0. 0011dtex（约 100nm）的极细纤维。

（二）静电纺丝法

静电纺丝（electrostatic spinning）是目前得到纳米纤维最重要的基本方法。这一技术的核心，是使带电荷的高分子溶液或熔体在静电场中流动与变形，然后经溶剂蒸发或熔体冷却而固化，于是得到纤维状物质。

首先将溶液或熔体带上几千至上万伏高压静电，带电的聚合物液滴在电场力的作用下在毛细管的泰勒（Taylor）锥顶点被加速（图5－7），电场力足够大时，聚合物液滴可克服表面张力形成喷射细流，细流在喷射过程中溶剂蒸发或固化，最终落在接收装置上，形成类似非织造布状的纤维毡。

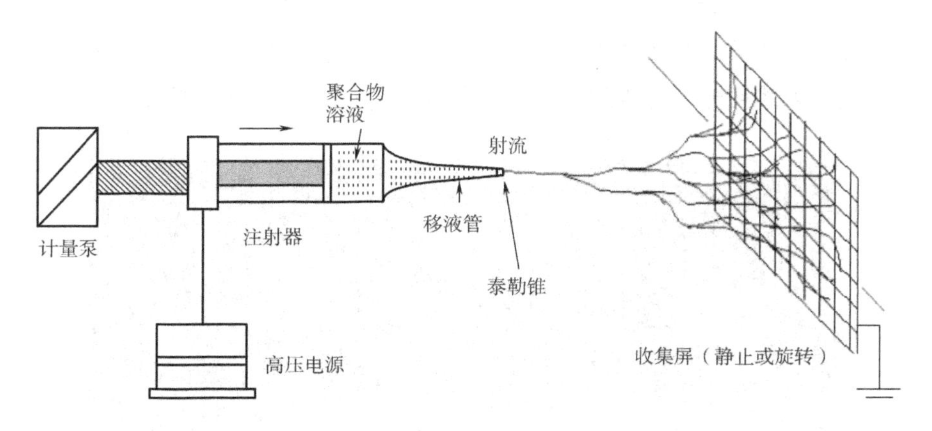

图5－7　静电纺丝装置示意图

用静电纺丝法制得的纤维比传统的纺丝方法细得多，直径一般在数十至上千纳米。

二、静电纺纳米纤维

（一）静电纺丝的特点

静电纺丝法可以得到有机聚合物纤维，也可以得到无机纤维（二氧化钛纤维、氧化铁纤维等）或复合纤维。但是目前电纺纤维总是以在收集板负极上沉积的非织造布的形式制得的，其中单纤维的直径可以随加工条件而变化，典型的数值为40～2000nm，甚至可以跨越10nm～10μm的数量级，即微米、亚微米或纳米材料的范围。当前，静电纺丝已经成为制备纳米纤维的主要方法之一。

静电纺纤维最主要的特点是所得纤维的直径很细，由这些纤维形成的非织造布是一种有纳米微孔的多孔材料，因此有很大的比表面积，应当有多种潜在用途。但是，当前的静电纺技术还有以下的基本问题，因而仅停留在实验室阶段。第一，由于静电纺丝机设计的构型，此法得到的只能是非织造布，而不能得到纳米纤维彼此可分离的长丝或短纤维；第二，目前静电纺丝机的产量很低，其产量典型值为（1mg～1g）/h的范围，不可能大规模应用；第三，由于多数条件下，静电纺丝中的拉伸速度较低，纺丝路程很短，因此在这一过程中高分子取向发展不完善，造成静电纺纳米纤维的强度较低。

静电纺丝是化学纤维传统溶液干法纺丝和熔体纺丝的新发展，是当前纳米纤维制造最主要的基本方法。但是，由上面的讨论可知，要将静电纺丝产业化还有待努力。

（二）静电纺纳米纤维的种类

1. 有机纳米纤维

（1）天然高分子纤维。天然高分子如甲壳素、壳聚糖、明胶等有较好的生物相容性，在生物医学等领域有着广阔的应用前景。利用常规的干法或湿法纺丝只可得到直径为几十至几百微米的常规纤维，为得到直径更细的天然高分子纤维，研究者开始尝试采用静电纺丝技术来制备天然高分子纳米纤维。到目前为止，已用来制备静电纺纳米纤维的天然高分子主要有多糖类生物高分子（纤维素及其衍生物、甲壳素、壳聚糖、透明质酸、葡萄糖等）、蛋白类生物高分子（胶原、明胶、丝素蛋白、弹性蛋白、纤维蛋白原、谷物蛋白等）、核酸类生物高分子等。静电纺天然高分子纤维扫描电镜照片如图5－8～图5－10所示。

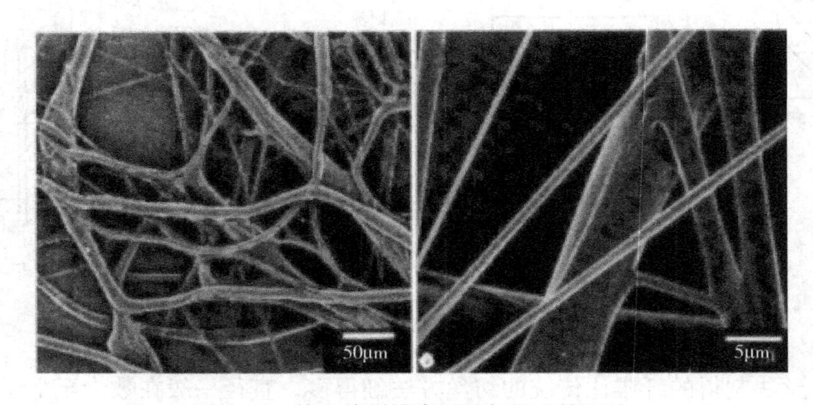

图5－8　静电纺纤维素纤维扫描电镜照片

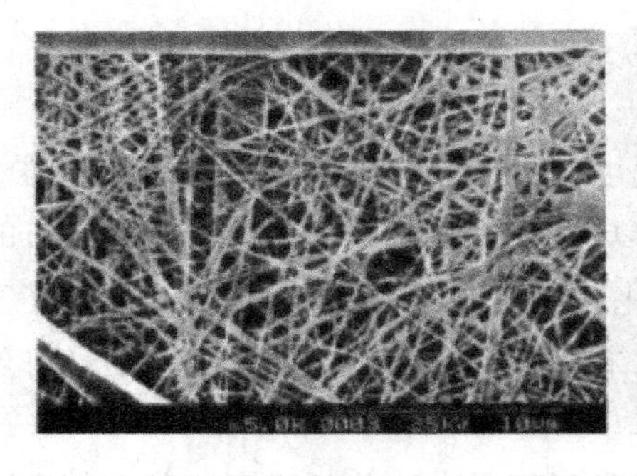

图5－9　静电纺甲壳素纤维及其脱乙酰基后获得的壳聚糖纤维扫描电镜照片

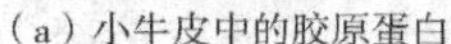

（a）小牛皮中的胶原蛋白　　（b）人体胚胎中的胶原蛋白

图5－10　从小牛皮中提取的胶原蛋白和人体胚胎中提取的胶原蛋白静电纺纤维的扫描电镜照片

纤维直径（6.5～200nm）远小于天然的蚕丝或蜘蛛丝纤维，经过高温退火后却有着与天然的丝素蛋白纤维相似的取向和结晶度。静电纺丝素蛋白纳米纤维的晶体结构与天然丝基本相同，并且具有较好的力学强度，是非常有应用前景的组织工程支架材料。静电纺蜘蛛丝蛋白纤维和蚕丝蛋白纤维扫描电镜照片如图5－11所示。

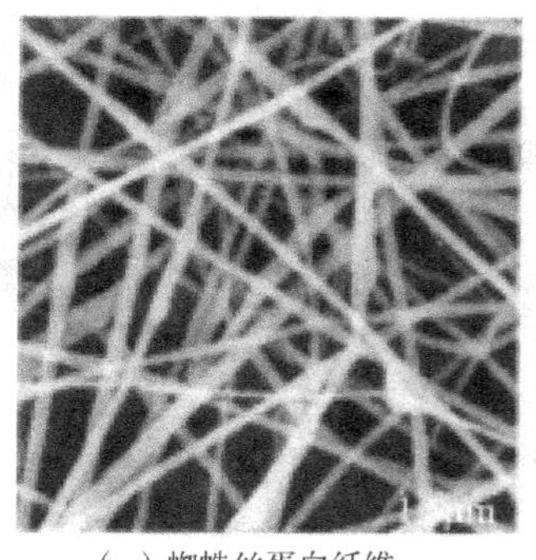

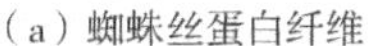

（a）蜘蛛丝蛋白纤维

（b）蚕丝蛋白纤维

图5－11　静电纺蜘蛛丝蛋白纤维和蚕丝蛋白纤维扫描电镜照片

（2）合成聚合物纤维。除了天然高分子材料以外，合成聚合物也能用来静电纺制备纳米纤维。由于其优异的性能而逐渐受到关注。近年来，几十种不同的合成聚合物已经通过静电纺丝技术制备成了纳米纤维，这其中包括水溶性的高分子，如聚氧化乙烯（PEO）、聚乙烯醇（PVA）、聚丙烯酸（PAA）、聚乙烯吡咯烷酮（PVP）、羟丙基纤维素等；又包括可生物降解的高分子，如聚乳酸、聚谷氨酸、聚己内酯（PCL）、聚羟丁酸酯、聚酯型聚氨酯等；还有可溶于有机溶剂的高分子，如聚苯乙烯（PS）、聚丙烯腈（PAN）、聚醋酸乙烯酯（PVAc）、聚碳酸酯（PC）、聚酰亚胺（PI）、聚苯并咪唑（PBI）、聚对苯二甲酸乙二酯（PET）、聚对苯二甲酸丙二酯、聚氨酯（PU）、乙烯—醋酸乙烯共聚物、聚氯乙烯、聚甲基丙烯酸甲酯（PMMA）、聚偏氟乙烯（PVDF）、聚酰胺（PA）等。

此外，聚乙烯（PE）、聚丙烯、聚对苯二甲酸乙二酯、聚酰胺12、聚己内酯、聚氨酯等聚合物在高温条件下还能够进行熔融静电纺丝。和聚合物溶液纺丝装置不同，在聚合物熔融纺丝装置中，储液管、带电荷的熔体喷丝通道和接收装置都必须密闭，且处于真空状态。熔融静电纺丝在提高纤维制造产率方面潜力巨大，但是制备的纤维直径大都在400nm以上，且纤维直径差异比较大，因此还需要进一步深入研究。

利用静电纺丝法不仅可获得单一组分的聚合物纳米纤维，而且还可制备出多组分聚合物复合纳米纤维材料，并且可以实现不同聚合物功能的复合。以材料在生物医用的应用为例，复合后的聚合物纳米纤维材料可弥补单一聚合物在化学或结构上与天然组织不相容的不足，并可通过调节各组分之间的比例，来调控纤维的力学性能、生物活性和降解行为，以满足不同生物材料的需求。

目前，制备多组分纤维的方法主要有共混静电纺丝、多喷头静电纺丝、多层和混合静电纺丝、同轴静电纺丝等，如图5－12～图5－15所示。

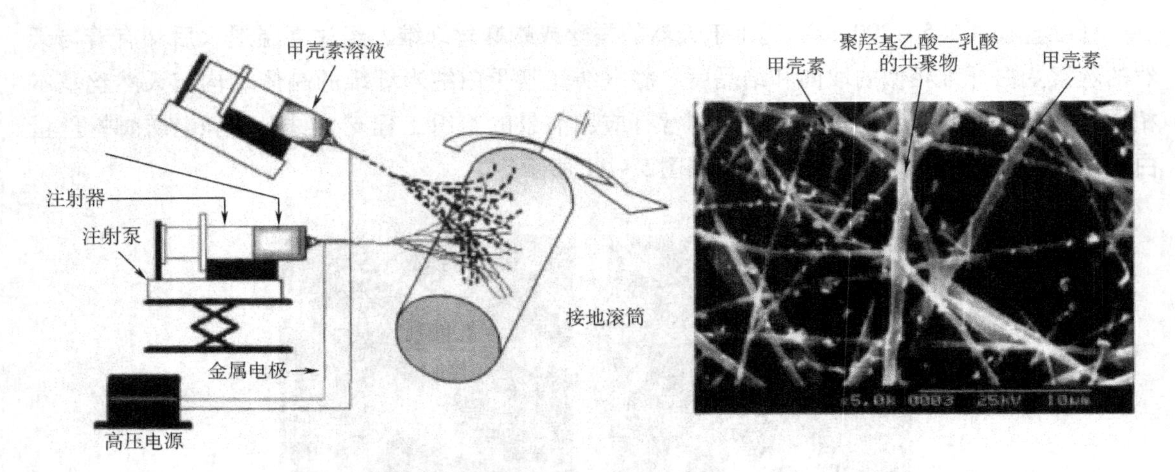

图5-12　两喷头制备聚羟基乙酸—乳酸的共聚物/甲壳素复合纳米纤维装置和纤维扫描电镜照片

（a）3:1　　（b）1:3

图5-13　聚乙烯醇/醋酸纤维素不同喷头数量比（3:1和1:3）的复合纳米纤维膜扫描电镜照片

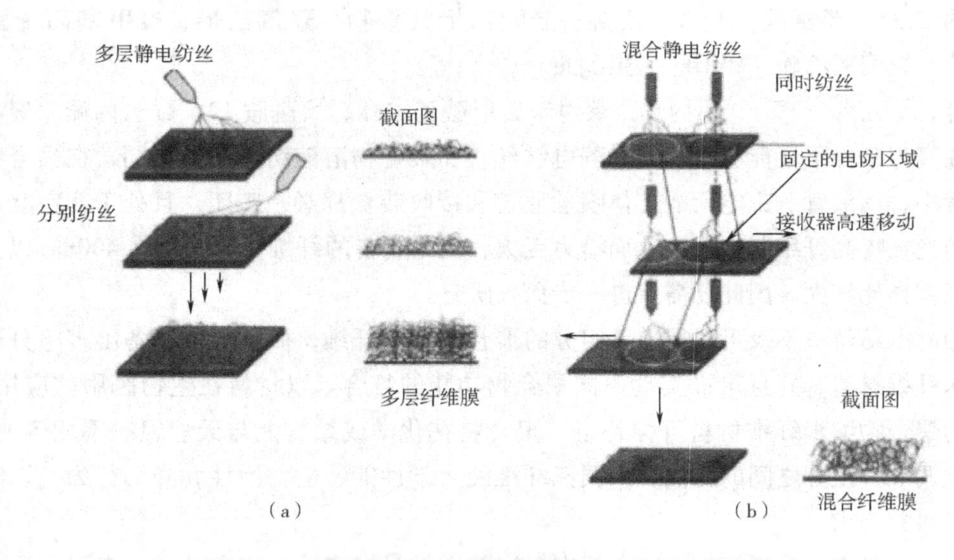

（a）　　（b）

图5-14　多层静电纺丝和混合静电纺丝技术工艺简图

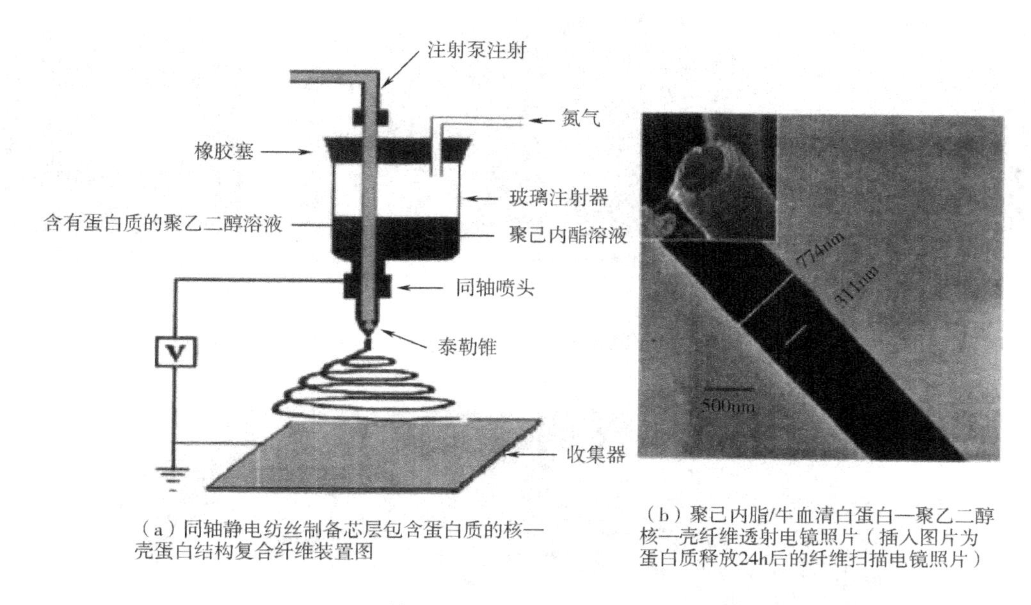

（a）同轴静电纺丝制备芯层包含蛋白质的核—壳蛋白结构复合纤维装置图

（b）聚己内脂/牛血清白蛋白—聚乙二醇核—壳纤维透射电镜照片（插入图片为蛋白质释放24h后的纤维扫描电镜照片）

图 5－15　同轴静电纺丝装置和所制备的核壳纤维

2. 无机/有机复合纳米纤维　近年来，静电纺丝技术在复合纳米纤维材料的制备中得到广泛应用，被认为是制备复合纳米纤维最有效的方法之一。静电纺制备无机/有机复合纳米纤维的主要途径是将无机氧化物、金属硫化物、金属、碳材料、无机盐等纳米材料添加到聚合物纤维中，具体制备方法主要有以下几种：一是将无机纳米材料直接分散在聚合物溶液中用于静电纺（分散混合静电纺）；二是在聚合物溶液中原位制备无机纳米材料用于静电纺（原位复合静电纺）；三是将相应无机纳米材料的前驱体混合在聚合物溶液中用于静电纺（溶胶—凝胶静电纺）；四是对溶胶—凝胶法制备的前驱体的聚合物复合纤维进行后处理（例如紫外还原等），得到相应的复合纳米纤维（后处理静电纺）；此外，通过静电纺丝技术与气固异相反应相结合还可以制备金属硫化物/聚合物复合纤维。部分无机/有机复合纳米纤维照片如图 5－16～图 5－21 所示。

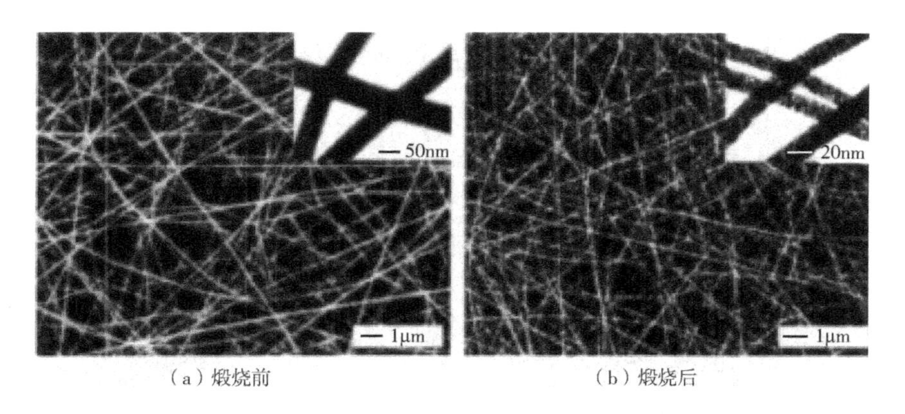

（a）煅烧前　　（b）煅烧后

图 5－16　静电纺 TiO_2/聚乙烯吡咯烷酮复合纳米纤维煅烧前和煅烧后扫描电镜照片

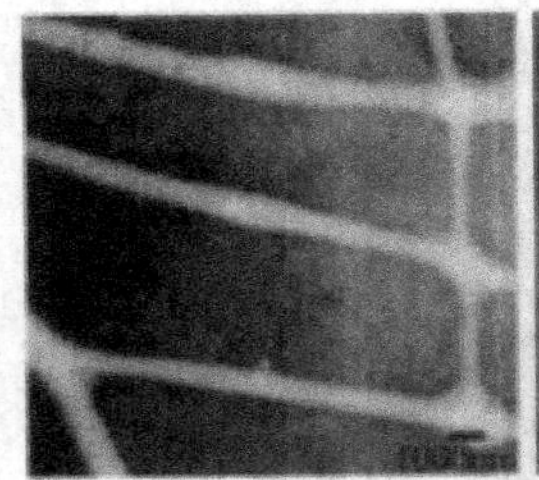
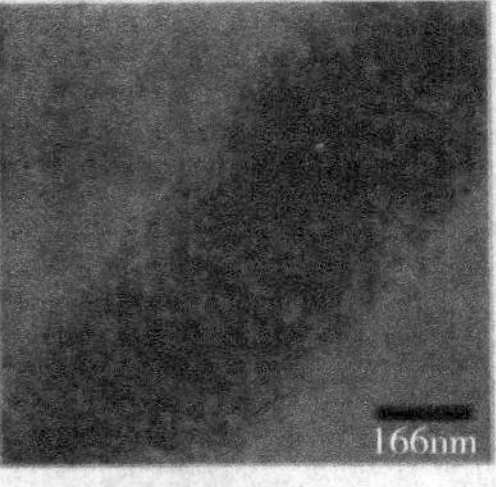

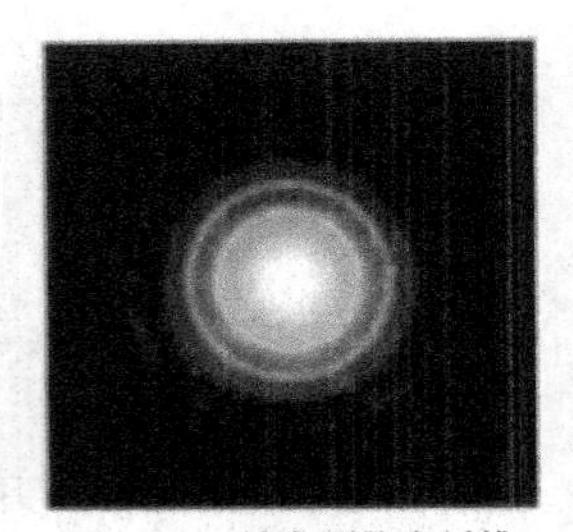

（a）聚乙烯吡咯烷酮/PBS复合纳米纤维的透射电镜照片

（b）PBS纳米颗粒在纤维中选定区电子衍射图片

图5－17　聚乙烯吡咯烷酮/PBS复合纳米纤维透射电镜照片及电子衍射照片

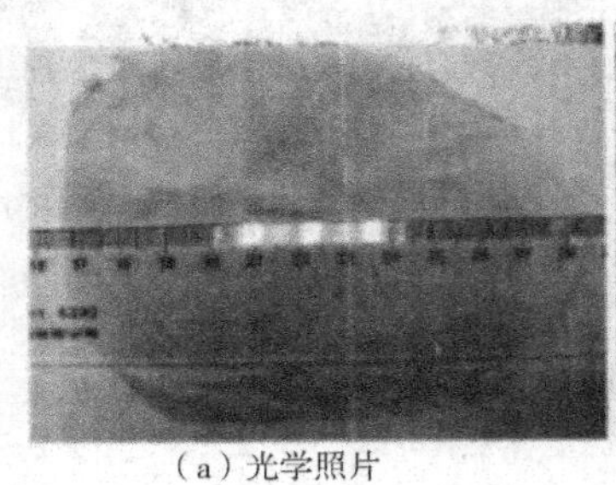

（a）光学照片

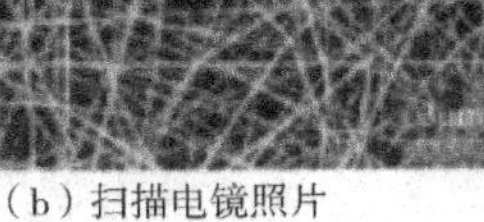

（b）扫描电镜照片

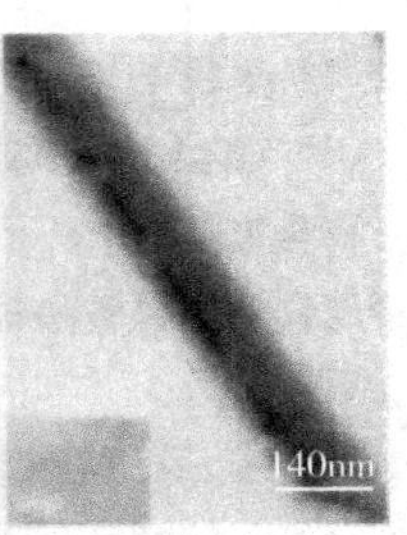

（c）透射电镜照片

图5－18　Ag/聚乙烯醇复合纳米纤维膜的照片

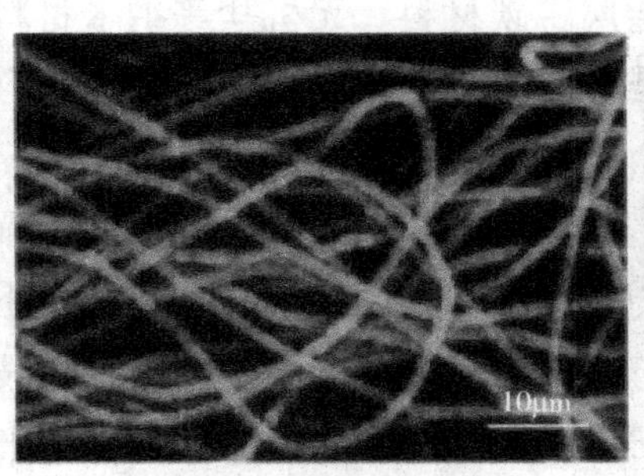

（a）Au/聚氧化乙烯复合纳米纤维的扫描电镜照片

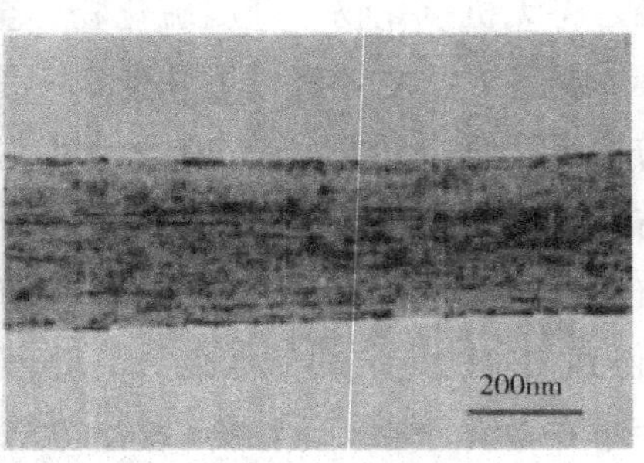

（b）一锥链状排列的Au纳米颗粒的透射电镜照片

图5－19　Au/聚氧化乙烯复合纳米纤维及Au纳米颗粒在纤维中排列的照片

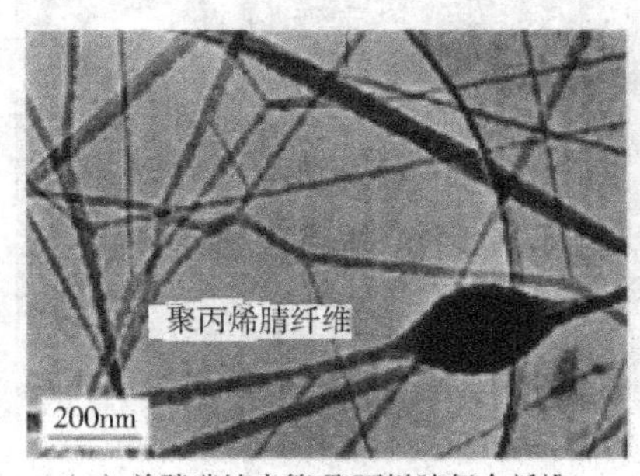

（a）单臂碳纳米管/聚丙烯腈复合纤维

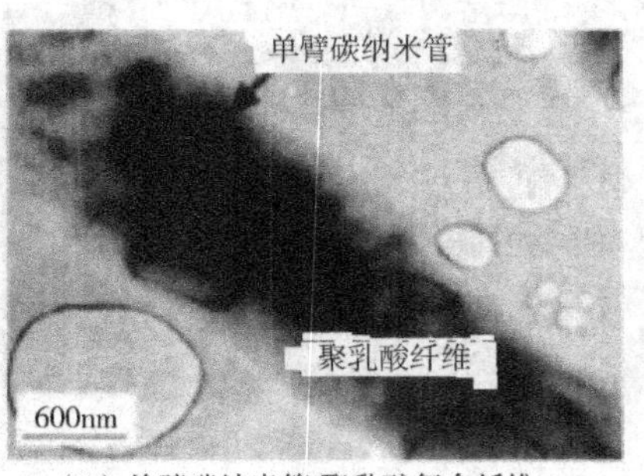

（b）单臂碳纳米管/聚乳酸复合纤维

图5－20　单壁碳纳米管/聚丙烯腈和单壁碳纳米管/聚乳酸复合纤维透射电镜照片

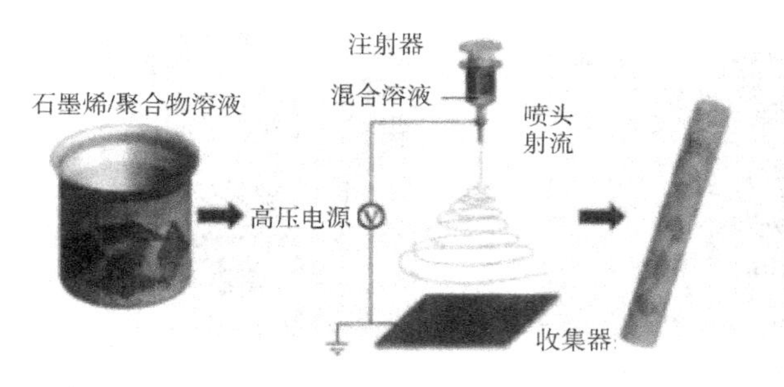

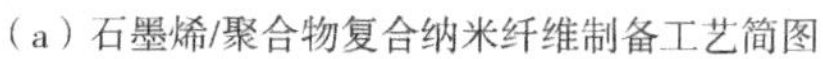
（a）石墨烯/聚合物复合纳米纤维制备工艺简图

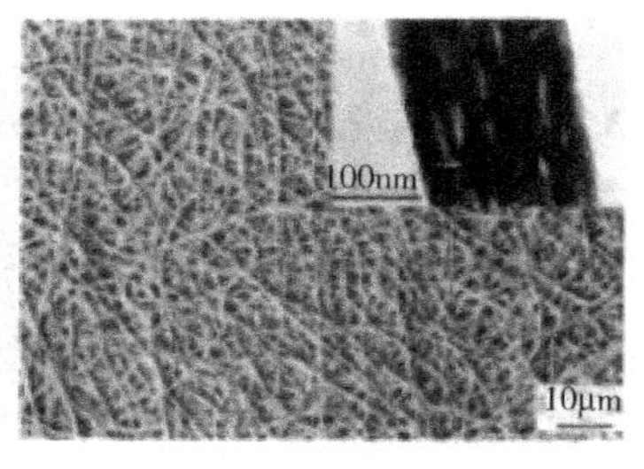

（b）石墨烯/聚醋酸乙烯酯复合纳米纤维扫描电镜和透射电镜（插入的小图）照片

图 5－21　石墨烯/聚合物复合纳米纤维制备工艺简图和所制备复合纤维照片

除了静电纺碳纳米管和聚合物的混合溶液来制备复合纳米纤维外，还可通过在纳米纤维表面进行表面修饰的办法获得复合纳米纤维。首先将静电纺获得的聚丙烯腈纳米纤维炭化制得碳纤维，并将其作为附着碳纳米管的基体材料，随后碳纳米管通过铁催化生长的机制附着在碳纤维表面，形成一种异形结构的纳米纤维，即表面生长出碳管的碳纤维（图 5－22）。

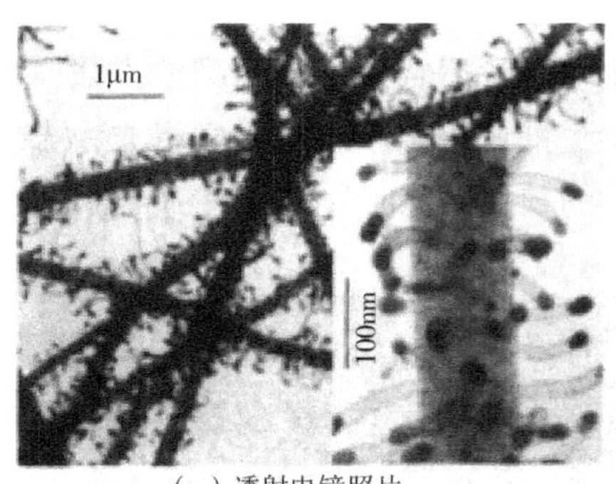

（a）透射电镜照片

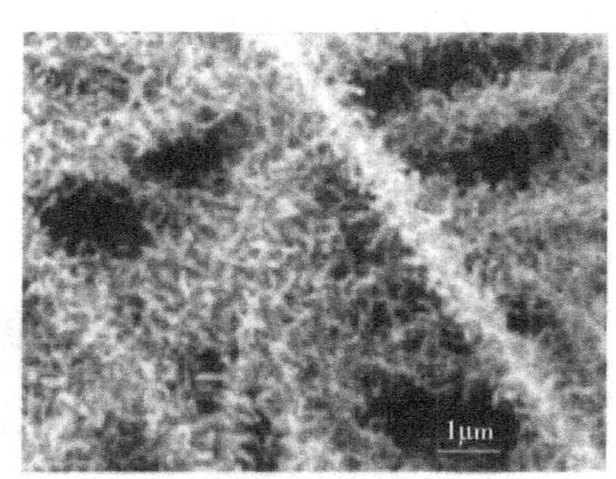

（b）扫描电镜照片

图 5－22　表面生长碳管的碳纤维的透射电镜和扫描电镜照片

3. 无机纳米纤维　近年来，制备纳米级无机材料已成为材料科学的研究重点之一。特别是具有一维结构的无机纳米材料，如纳米纤维、纳米线、纳米棒、纳米带、纳米管等，由于其在光电、环境和生物医学等领域具有潜在的应用价值，引起了许多研究者的极大兴趣。目前，在众多的制备一维无机纳米材料的方法中，静电纺丝技术已成为最重要的方法之一，通过该技术可制备氧化物纳米纤维、碳纳米纤维、金属纳米纤维等。

（1）无机氧化物纳米纤维。图 5－23 展示了静电纺无机纳米纤维的制备工艺的三个主要步骤：前驱体溶液静电纺丝→无机/聚合物复合纳米纤维高温煅烧→无机纤维。

（2）碳纳米纤维。由于碳纳米纤维的结构是一种处于普通碳纤维和碳纳米管之间的过渡状态，因而它既有普通气相生长碳纤维的低密度、高比模量、高比强度、高导电性等性能，又有碳纳米管的比表面积大、结构缺陷少等优点。故在催化剂和催化剂载体、超级电容器电极、高效吸附剂、结构增强材料、纳米电子和光子元件等领域极具应用价值，是航空航天、

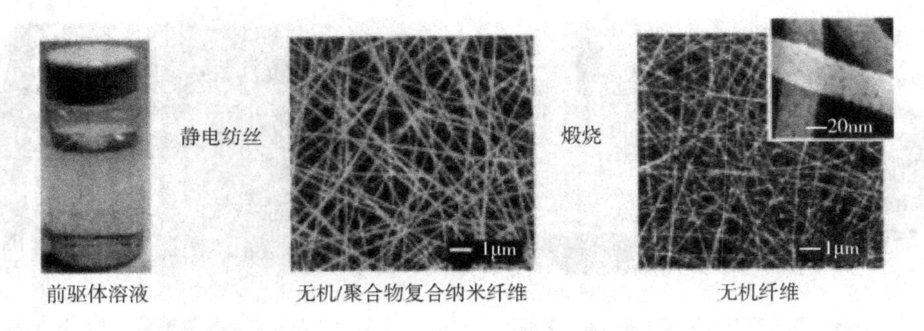

图 5 - 23　无机纳米纤维的典型制备工艺图

国防军工尖端技术领域必需的新材料，也是体育用品等民用工业产品进行更新换代的新材料。

采用静电纺丝技术来制备碳纳米纤维，首先由静电纺丝获得纳米纤维原丝，再经预氧化处理和炭化过程，即得碳纳米纤维。利用静电纺丝技术所制得的纳米纤维连续性强、比表面积大，较好地符合碳纤维对原丝品质的要求。目前制备碳纳米纤维所用的原丝大都为聚丙烯腈（聚丙烯腈基碳纤维占所有的碳纤维用量的 90% 左右），而其他原丝材料也逐渐被开发用来制备碳纳米纤维，如黏胶、沥青、杂环芳族聚合物、纤维质纤维等。碳纳米纤维的制备方法有多种，但目前大都处在实验室阶段。面对碳纳米纤维广阔的市场前景，产业化生产碳纳米纤维变得十分必要。静电纺丝是能够直接、连续制备聚合物纳米纤维的方法，相信随着静电纺丝工艺和设备逐步走向产业化，用静电纺丝法批量化生产碳纤维必将成为未来的研究热点。碳纳米纤维和表面涂覆有 SiO_2 的碳纳米纤维的扫描电镜照片如图 5 - 24 所示。

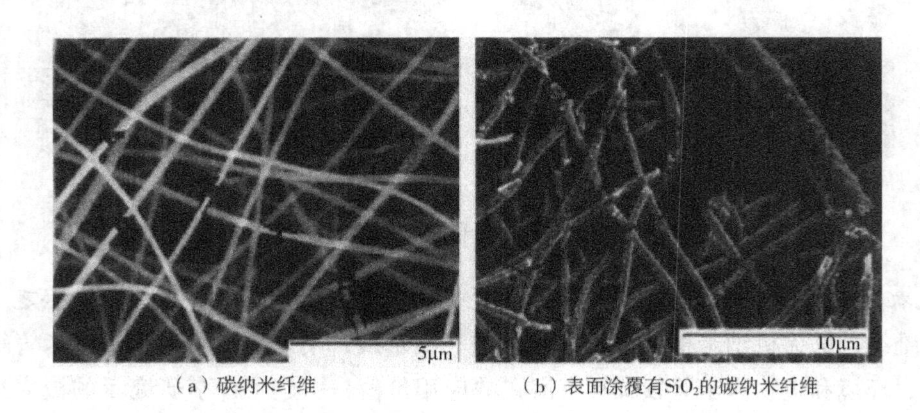

（a）碳纳米纤维　　（b）表面涂覆有 SiO_2 的碳纳米纤维

图 5 - 24　碳纳米纤维和表面涂覆有 SiO_2 的碳纳米纤维的扫描电镜照片

（3）金属纳米纤维。聚合物纳米纤维虽然已在很多应用领域展示了优越的性能，但在某些高温环境下，其应用受到很大的限制。静电纺金属纳米纤维是继无机非金属纳米纤维（碳、TiO_2、CuO 等）之后，另一类具有良好热稳定性和电导率的纤维材料，可被广泛应用于光电、传感和高温过滤等领域，并逐渐成为静电纺丝技术发展过程中的一大亮点。伯尼提（Bognitzki）等首次成功制备了 Cu 纳米纤维，他们将 $Cu(NO_3)_2$ 作为制备 CuO 的前驱体和聚乙烯醇缩丁醛（PUB）混合，经静电纺先获得 $Cu(NO_3)_2$/聚乙烯醇缩丁醛复合纳米纤维。

然后在450℃空气中处理［$Cu(NO_3)_2$转变为CuO；聚乙烯醇缩丁醛分解］和300℃的H_2气氛中处理（CuO还原为Cu）两个过程，最终获得Cu纳米纤维（图5－25）。研究表明，该Cu纳米纤维具有较高的电导率。另有研究人员发现，应用上述方法同样可获得Co和Fe纳米纤维。

（a）光学照片　（b）透射电镜照片

图5－25　Cu纳米纤维的光学和透射电镜照片

（三）静电纺纳米纤维的应用

随着纳米技术的发展，静电纺丝作为一种简便有效的可生产纳米纤维的新型加工技术，将在生物医用材料、过滤、防护、催化、能源、光电、食品工程及化妆品等领域发挥巨大作用。

（1）生物医学领域。纳米纤维的直径小于细胞，可以模拟天然的细胞外基质的结构和生物功能；人的大多数组织、器官在形式和结构上与纳米纤维类似，这为纳米纤维用于组织和器官的修复提供了可能；一些静电纺原料具有很好的生物相容性及可降解性，可作为载体进入人体，并容易被吸收；加之静电纺纳米纤维还有大的比表面积、孔隙率等优良特性，因此，其在生物医学领域引起了研究者的持续关注，并已在药物控释、创伤修复、生物组织工程等方面得到了很好的应用。

（2）过滤。纤维过滤材料的过滤效率会随着纤维直径的减小而提高，因而，减小纤维直径成为提高纤维滤材过滤性能的一种有效方法。静电纺纤维除直径小之外，还具有孔径小、孔隙率高、纤维均一性好等优点，使其在气体过滤、液体过滤及个体防护等领域表现出巨大的应用潜力。

（3）静电纺纤维能够有效调控纤维的精细结构，结合低表面能的物质，可获得具有超疏水性能的材料，并有望应用于船舶的外壳、输油管道的内壁、高层玻璃、汽车玻璃等。但是静电纺纤维材料若要实现在上述自清洁领域的应用，必须提高其强力、耐磨性以及纤维膜材料与基体材料的结合牢度等。

（4）具有纳米结构的催化剂颗粒容易团聚，从而影响其分散性和利用率。因此，静电纺纤维材料可作为模板而起到均匀分散作用，同时也可发挥聚合物载体的柔韧性和易操作性，还可以利用催化材料与聚合物微纳米尺寸的表面复合产生较强的协同效应，提高催化效能。

（5）静电纺纳米纤维具有较高的比表面积和孔隙率，可增大传感材料与被检测物的作用区域，有望大幅度提高传感器性能。此外，静电纺纳米纤维还可用于能源、光电、食品工程等领域。

（四）静电纺纳米纤维生产技术的发展

当静电纺纳米纤维被成功地应用到越来越多的领域时，静电纺纤维制备效率较低的缺点也随之凸显出来，因此，新的静电纺丝装置和方法不断涌现。目前，静电纺丝批量化生产技术逐渐成为学术界和工业界共同面对的难题。提高静电纺纤维产量的关键在于能稳定、精确地增加在喷头处因静电场力拉伸而产生的聚合物微小射流的数量。因此，目前的研究主要集中在无喷头多射流法和多喷头多射流法上，研究者已开发出了诸如磁致喷射技术、仿生喷气式射流技术、无尖端喷头多射流技术、组合式多喷头纺丝技术等。

虽然在静电纺丝这一科学与技术领域，各国研究人员已做了大量、细致的工作，涉足了材料、化学、物理、生物、医学等众多领域，并取得了显著的成效，但是当前纳米纤维的研究水平与实际应用尚存一定的距离，这需要研究者继续开展更为深入的研究工作。

参考文献

[1] 张大省,王锐.超细纤维发展及其生产技术[J].北京服装学院学报,2004(2):62-68.

[2] 李媛.涤/锦超细纤维无纺布染色性能研究[D].北京:北京服装学院,2010.

[3] 仲红玲.聚酰亚胺基碳纳米纤维膜的研制[D].哈尔滨:哈尔滨理工大学,2009.

[4] 张光旭.保暖用中空、多孔纱线及其性能的研究[D].上海:东华大学,2008.

[5] 中国塑协人造革合成革专业委员会.国内外超纤人工革的技术发展[J].国外塑料,2008(6):34-40.

[6] 钱雯瑾.分裂型纤维水刺缠结工艺及裂离机理研究[D].上海:东华大学,2011.

[7] 中国塑料加工工业协会.中国塑料工业年鉴[M].中国石化出版社,2008.

[8] 张泉.海岛丝织物舒适功能性的研究[D].上海:东华大学,2004.

[9] 张翼.聚酰胺超细纤维性能及人造麂皮染色性能的研究[D].上海:东华大学,2009.

[10] 韦炜.尼龙电纺纤维的制备及其应用研究[D].上海:上海交通大学,2011.

[11] 史超明.高黏度尼龙6制备高性能纤维及纳米多孔纤维研究[D].北京:北京服装学院,2012.

[12] 沈建清.复合超细纤维制造和应用[J].江苏纺织,2007(7):51-53.

[13] 邵瑜.超细纤维市场前景看好[J].中国纤检,2007(10):70-72.

[14] 李梅,李志强.聚3-羟基丁酸酯/大豆分离蛋白共混电纺丝性能研究[J].生物医学工程学杂志,2007(3):607-611.

[15] 王新威,胡祖明,潘婉莲,等.纳米纤维的制备技术[J].材料导报,2003(S1):21-23,26.

[16] 曹敬青,钱晓明.超细纤维非织造布的生产工艺与应用[J].产业用纺织品,2009,27(3):5-8.

[17] 方芳.THERMOLITE保暖材料在针织上的应用及产品开发[D].上海:东华大学,2006.

第六章　蛋白质改性纤维

天然蛋白质纤维如羊毛、蚕丝，因其结构上含有较多的极性基团，故纤维具有较高的吸湿性及肌肤的相亲性，穿着舒适，为人们所喜爱。如何生产出人造蛋白质纤维以满足人们对优质纤维的要求，长期以来一直是人们探求和努力的目标。早期的再生蛋白纤维利用明胶、牛奶酪素蛋白、花生蛋白、玉米蛋白、大豆蛋白等制成纺丝液，通过湿法纺丝工艺制备而成，由于纤维制造成本高、可纺性差、机械性能差等缺点而难以推向市场。蛋白质改性纤维是用提取的蛋白与其他基体（维纶、腈纶、黏胶等）采用物理和化学手段湿法纺丝而成的纤维，该种纤维既保留基体纤维的特点，也有丝织品的天然光泽和悬垂感，亲肤舒适等优点。蛋白质改性纤维主要包括大豆蛋白纤维、牛奶蛋白纤维、胶原蛋白纤维、羊毛角蛋白纤维、羽毛蛋白纤维、蚕蛹蛋白/黏胶纤维等，本章介绍大豆蛋白纤维、牛奶蛋白纤维和蚕蛹蛋白/黏胶纤维。几种蛋白质改性纤维的性能比较见表6－1。

表6－1　几种蛋白质改性纤维的性能比较

项目	酪素/丙烯腈接枝共聚纤维（Chinon）	大豆蛋白/丙烯腈接枝共聚纤维	大豆蛋白/PVA共混纤维（大豆纤维）	蛹蛋白/黏胶长丝
生产厂家	日本东洋纺	日本东洋纺	河南遂平大豆纤维厂	宜宾化学纤维厂
工业化或报道时间	1969年	1975年	1997年	2001年
蛋白含量（%）	29	11.3～50	20	11
干强[cN/tex（g/旦）]	30.87～311.96（3.5～4.5）	26.46～35.28（3～4）	36.16～38.81（4.1～4.4）	16.05（1.82）
湿强[cN/tex（g/旦）]	28.22～37.04（3.2～4.2）	33.52～31.75（3.3～3.6）	22.05～26.46（2.5～3.0）	8.47（0.96）
干强伸度（%）	15～25	31～39	18～21	23.2
湿强伸度（%）	15～25	34～38		32.4
回潮率（%）	5.0	1.5～5.2	8.6	12.8
沸水收缩率（%）	2.5～4.5		2.2	

第一节　大豆蛋白纤维

1996年开始，美国Georgia大学纺织和纤维工程学院受到美国农业部的资助，进行了大豆蛋白和聚乙烯醇共混和复合纤维纺丝的基础研究工作，他们先后报道了以大豆蛋白为芯层、聚乙烯醇为皮层的复合纤维制备方法以及大豆蛋白/聚乙烯醇共混纤维的制备方法，但迄今为止还停留于实验室阶段的研究。国内也曾有专利和文献报道过丝蛋白与聚乙烯醇共混纺丝方法、皮蛋白/聚乙烯醇共混纤维制备方法、牛奶蛋白与聚乙烯醇共聚纤维制造方法、酪素/聚乙烯醇共混纤维的纺丝方法。李官奇申请了有关植物蛋白合成丝的中国专利，他是采用大豆蛋白和聚乙烯醇的碱性溶液进行湿法纺丝。2000 年，在河南遂平大豆纤维厂建立了首条年产1500 吨的大豆蛋白/聚乙烯醇共混纤维工业化试生产线。后来，常熟市江河天绒丝纤维有限责任公司和浙江绍兴展望集团公司相继建成了新的大豆蛋白/聚乙烯醇共混纤维生产厂，实现了批量生产。

国内市场销售的大豆蛋白/聚乙烯醇共混纤维，在 2000 年刚面市时市场上将之称为大豆蛋白纤维，后来在部分学术论文中也曾出现过改性大豆蛋白纤维、大豆蛋白/聚乙烯醇共混纤维、大豆蛋白改性维纶纤维，在两年前国家有关部门召开的新化学纤维命名会议上已将之命名为“大豆蛋白复合纤维”。

一、大豆蛋白纤维的制造过程

根据中国专利 CN1286325 报道，大豆蛋白纤维是由大豆蛋白和聚乙烯醇组成，两者原料投料比例分别为 20% ~55% 和 80% ~45%。将它们分别制成一定浓度的溶液，混合后进行纺丝制成短纤维，工艺流程如图 6 - 1 所示。

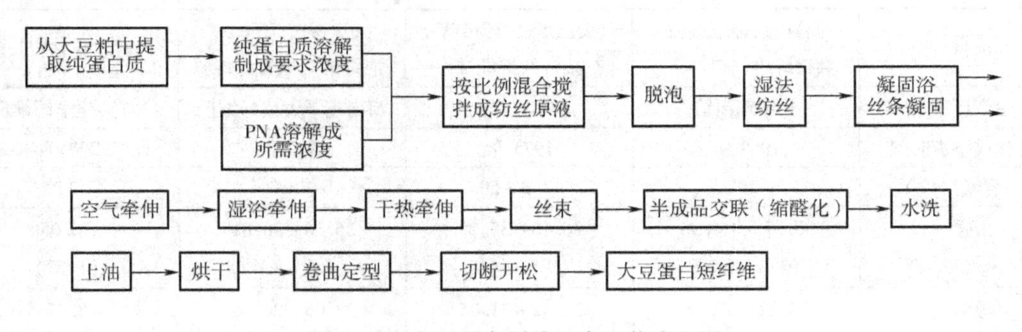

图 6 - 1　大豆蛋白纤维生产工艺流程图

二、大豆蛋白纤维的形态结构与性能

（一）大豆蛋白纤维形态结构

大豆纤维截面呈腰圆形，这与维纶截面形态是相同的，大豆蛋白/聚乙烯醇共混纤维的截面形状与喷丝后的凝固速度有关，大豆纤维的纵向或表面有不光滑沟槽，纵向的这种结构与截面形态是直接相关的。这种形态结构对大豆纤维较好的吸湿和导湿性能具有一定的贡献。

为了了解大豆蛋白在大豆纤维中的分布情况，采用 80g/L NaOH 溶液于 100℃条件下对大豆纤维处理 60min，处理后的纤维失重率为 21.6%，认为这种条件下的大豆蛋白已经基本被烧碱水解去除。由图 6 - 3 大豆蛋白纤维用烧碱处理前后的扫描电镜照片可知，与未用烧碱处理的纤维相比，用烧碱去除大豆蛋白后，纤维中出现了极大的空隙，而且这些空隙有大有小，

图6-2　大豆蛋白纤维的截面和纵面形态

这些空隙很显然是原先的大豆蛋白在纤维中分布的位置。通过实验说明，大豆蛋白在纤维中的分布是不均匀的，大豆蛋白主要以团块状分布于连续相的聚乙烯醇组分中，它与缩醛化聚乙烯醇是相分离的，说明它们的相容性较差，两者之间未发生大量的交联。

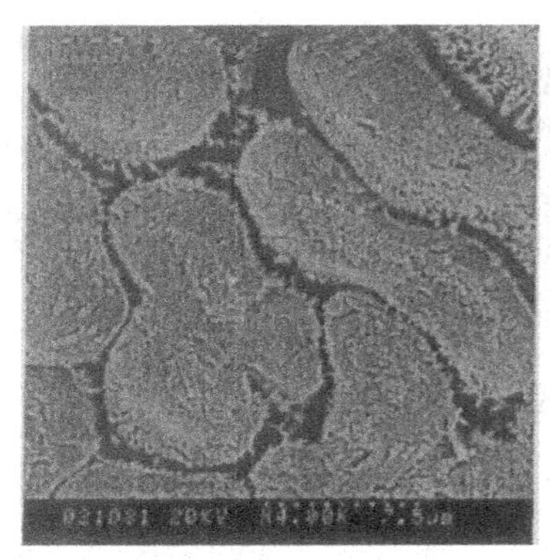
（a）未处理大豆蛋白纤维截面

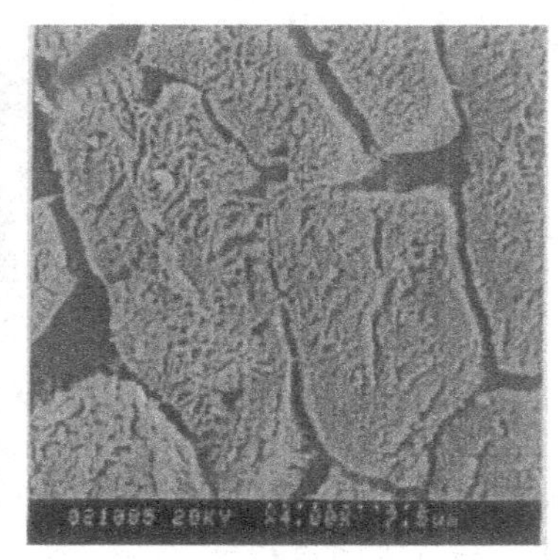
（b）NaOH溶液处理后大豆蛋白纤维截面

图6-3　大豆蛋白纤维用烧碱处理前后的扫描电镜照片

（二）大豆蛋白纤维的性能

1. 耐湿热性能　对于纺织纤维而言，耐湿热性能是决定纤维最终用途、服用性能和染整加工特性的一个重要因素之一，它对染整加工特性的影响很大。早期研制的再生蛋白质纤维发展受到限制的原因之一就是其沸水收缩率高，有些纤维耐水性较差。

大豆蛋白纤维由大豆蛋白和聚乙烯醇组成，而且聚乙烯醇大约占4/5的比例。大豆纤维的结晶结构和结晶程度类似于缩醛化的聚乙烯醇纤维（维纶），缩醛化方式也类似于维纶，聚乙烯醇纤维和缩醛化的聚乙烯醇纤维（维纶）都存在湿热稳定性较差的缺点，故大豆蛋白纤维湿热稳定性也会存在一些问题。

大豆蛋白纤维机织物在80℃、90℃、100℃、110℃和120℃的热水中处理，结果表明，100℃以上热水处理时，大豆蛋白纤维机织物发生了严重的收缩，而且纬向的收缩率超过了经向的收缩率；当织物经高温热水处理后从水中取出时，具有很好的弹性，但是干燥后手感明显发硬或硬化，干燥后的手感如薄的纸板，这与维纶高温湿热处理后的情况相类似。因此，大豆纤维在高温热水中的收缩是由于聚乙烯醇组分膨化、软化、收缩而引起的。由于大豆纤维在高温热水中很容易溶解或者半溶解，溶解物固化后会导致织物手感硬化，因此大豆蛋白纤维在水浴中的加工温度不宜超过95℃。

高温湿热处理后，大豆蛋白含量只是略有降低，说明高温湿热处理时，不管大豆蛋白是否发生了降解，大豆蛋白基本未发生流失。

大豆蛋白纤维机织物经过高温热水处理后，不仅发生了严重的收缩，强力和白度显著降低，手感硬化，而且形态结构也发生了很大的变化。未湿热处理的织物，纤维在纱线中分布是相对松散的，纤维之间的空隙程度很高；但是经过120℃热处理后，纱线中的纤维是粘连在一起的，纤维之间的空隙程度很低，表面存在胶化的物质或树脂状物质，说明纤维已经发生了严重膨化和胶化。热处理对大豆蛋白纤维织物的影响如图6－4所示。

（a）未湿热处理（180倍）

（b）120℃湿热处理（180倍）

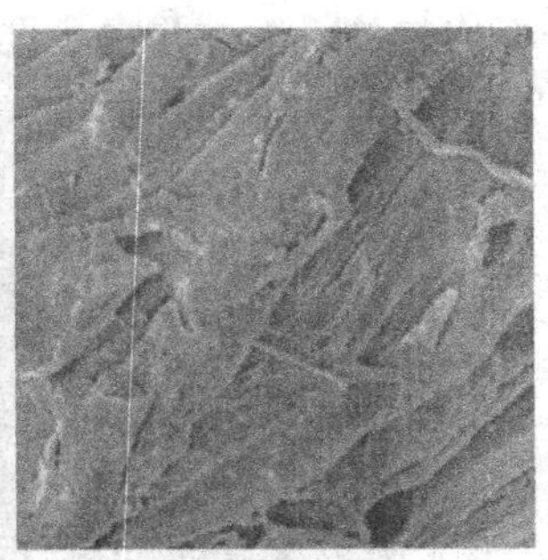

（c）120℃湿热处理（1500倍）

图6－4　热处理对大豆蛋白纤维织物的影响

采用酸性染料对经不同温度湿热处理的大豆蛋白纤维进行染色，由染色结果可知，随着处理温度的升高，大豆蛋白纤维的可染性降低。大豆蛋白含量的略有降低不是可染性降低的根本或主要原因，而主要原因是聚乙烯醇组分热变性影响了染料的扩散以及热氧化导致的羟基减少影响了染料与聚乙烯醇组分之间的氢键作用。

2. 耐碱性能　纤维的失重率随着烧碱溶液的浓度和温度的升高而增加，烧碱处理时的失重是因大豆蛋白的碱水解所致。通过大豆蛋白含量的测定可知，大豆蛋白含量与纤维失重率之间存在很好的线性关系。大豆蛋白纤维中有3/4的大豆蛋白容易碱水解，这与大豆蛋白和聚乙烯醇的相容性较差、多数大豆蛋白相对分子质量低且交联程度不高等原因有关；有1/4的大豆蛋白较难水解，这与少数大豆蛋白之间交联程度高、少数大豆蛋白与聚乙烯醇发生了较好的交联有关。

（三）存在问题

在纺织新产品开发中，大豆蛋白纤维纺织品柔软的手感和服用舒适性，已经受到了较大的关注，因此大豆蛋白纤维具有一定的发展潜力。近年来已被很多纺织企业用于开发新型服装面料及其装饰品和家用纺织品，其中以针织产品居多。

但是由于纯大豆蛋白纤维服装的保形性差，故相关产品的开发多以混纺交织物类为主。大豆蛋白纤维织物在加工和服用过程中已暴露出易起毛起球、漂白难度大、漂白织物白度低、浅色染色织物色泽鲜艳度差、染深性和匀染性较差、色牢度较低、混纺交织物染色工艺流程长、在不适当的染整加工条件下大豆蛋白易损失、耐湿热性能差、手感易发硬等突出问题。

第二节　牛奶纤维

牛奶中蛋白质之所以能成纤，是因为它具备成纤高聚物的基本条件。蛋白质大分子有两种：一种是链状的，即线型的，称为纤维蛋白；另一种是球状的，称为球蛋白。牛奶中蛋白即酪蛋白是线型的，可以成纤；而血红蛋白是球蛋白，则不能成纤。此外，大分子链具有一定的柔性和分子间力。蛋白质与水形成胶体溶液，经纺丝后，随着水分的去除，大分子相互靠拢，分子间形成氢键，多肽链平行排列，甚至扭在一起，转化为不溶于水的固化丝条。丝条的抗张强度可达到2.5cN/dex以上，能满足纺织纤维的基本要求。

考虑到生产成本与实用性，纯牛奶蛋白纤维并没有市场，现在市场上所称的牛奶蛋白纤维大多是混合牛奶蛋白纤维。它们主要是通过提取牛奶中的酪蛋白，再与其他高聚物经物理或化学方法生产而成。

真丝由丝素纤维蛋白质组成，各种氨基酸由肽键联结而形成肽链，再由肽链构成蛋白质。在丝素上存在两种区域，一种是肽链排列比较整齐密集，称结晶区，以结晶结构形式存在，赋予纤维机械强度等性质；另一种则是肽链排序不整齐，疏松的无定形结构，赋予纤维易变形、手感好、易染色和质轻的性质。由此启发了以大豆、花生、玉米和牛奶乳酪中提炼的蛋白质，接枝在丙烯腈聚合体中，以丙烯腈作为结晶部分，这种特殊的接枝共聚体既有蛋白质吸水、光泽、手感等特点，又有一定强度的聚丙烯腈纤维的特点。1969年日本东洋纺公司以牛奶乳酪为蛋白质原料制成的工业化牛奶长丝，商品名为“chinon”，获得了工业化的成功。

上海正家牛奶服饰有限公司是我国第一家在1995年就独立开发研制出牛奶丝面料的民营企业。经过多年钻研，牛奶丝生产技术已日趋成熟，国产牛奶纤维的主要物理和化学性能指标均已达到和接近日本同类产品的水平。与羊毛、羊绒、蚕丝、棉、竹、天丝、莫代尔等有很好混纺性的牛奶短纤维，最近在山西恒天纺织新纤维科技有限公司研制成功。这种牛奶蛋白纤维以丙烯腈为单体，纤维定性为“牛奶纤维100%”，并经瑞士纺织检定有限公司鉴定，获得国际生态纺织品 Oeko－Tex Standard 100 绿色纤维认证书。

一、牛奶纤维的生产过程

（一）纯牛奶再生蛋白纤维的制造工艺流程

纯牛奶再生蛋白纤维的制造工艺流程包括以下几个方面：

（1）因为牛奶中85%以上是水分，所以首先要浓缩蒸发牛奶中的水分，使含水率达到60%。

(2) 牛奶中的脂肪密度小于其他成分，首先要除去脂肪，通过采用离心脱脂的方法，除去绝大部分脂肪。

(3) 通过加入适量的 NaOH，进行碱化处理，以进一步除去脂肪，制备成不含脂肪的纺丝原液，将纺丝原液进行过滤和脱泡处理后，进入干法纺丝机干法纺丝，纺丝成形后，再将纺出的丝条进行牵伸、干燥、定型等加工，便得到牛奶再生蛋白纤维。

chinon 牛奶纤维的生产流程如图 6－5 所示。

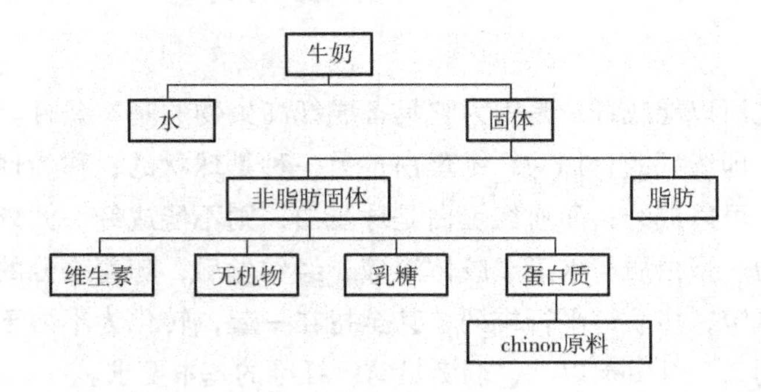

图 6－5　chinon 牛奶纤维原料加工过程

（二）改性牛奶蛋白纤维制造流程

(1) 共混法。以牛奶蛋白和聚丙烯腈共混，通过聚丙烯腈常规纺丝工艺制成纤维。其特点是制备方法简单，没有发生化学反应，蛋白颗粒直径 30～50nm（300～500Å），长度为 100nm（1000Å），圆柱状凝聚体分散，但是牛奶蛋白的分散性较差，并且分散不均匀，影响了纤维的质量。

(2) 交联法。以酪蛋白和高聚物（一般为聚丙烯腈或乙烯醇）加入交链剂进行高聚物交联反应，制成纤维。牛奶蛋白的分散比较均匀，分散颗粒小于 20nm（200Å）。

(3) 接枝共聚法。使酪蛋白和高聚物发生接枝共聚，制成纺丝溶液，再经过湿法纺丝成纤。其特点是牛奶蛋白质以分子状均匀地分散在聚丙烯腈形成的高聚物中，并与之结合形成稳定的结构。缺点是该过程复杂，技术要求比较高。其流程如图 6－6 所示，市场上常见的牛奶蛋白纤维是腈纶基牛奶蛋白纤维。

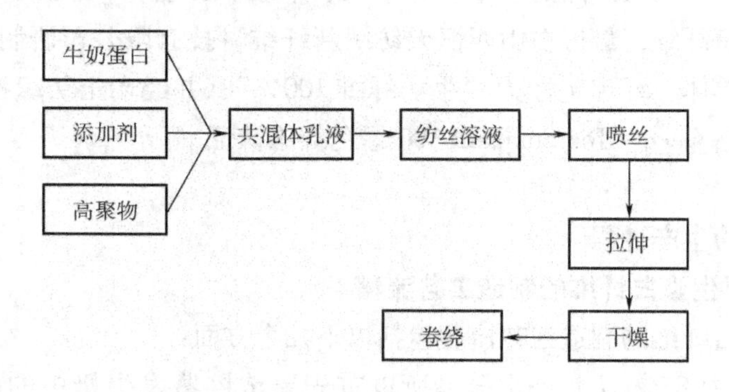

图 6－6　改性牛奶蛋白纤维生产流程

二、改性牛奶蛋白纤维的形态与性能

（一）牛奶蛋白纤维表面形态结构

图 6－7～图 6－10 所示为牛奶蛋白纤维与腈纶的截面图与纵向图。

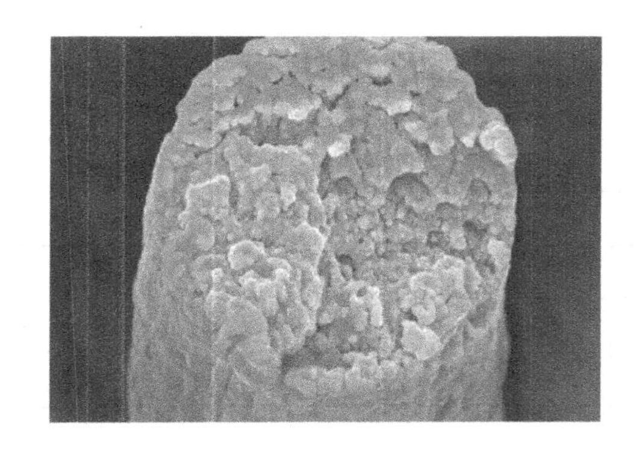

图 6－7　牛奶蛋白纤维截面图

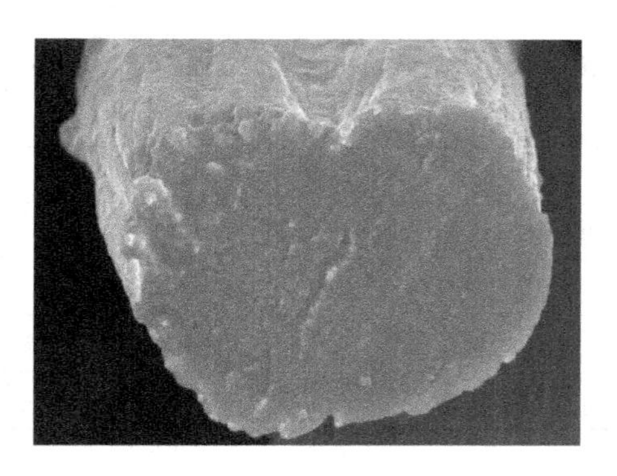

图 6－8　腈纶截面图

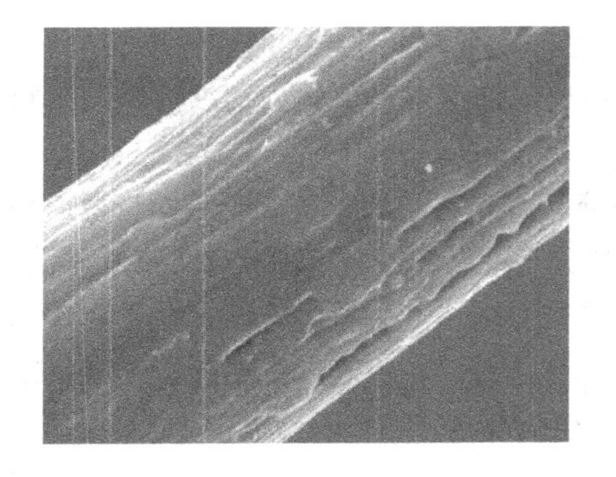

图 6－9　牛奶蛋白纤维纵向图

图 6－10　腈纶纵向图

从图中可知，牛奶蛋白纤维的横截面有细小的微孔和较多的凹凸，纵表面有很多长短、宽度不等的不规则沟槽；而腈纶的纵向也有沟槽，但表面十分光滑，粗糙的表面有利于光线的漫反射，所以牛奶蛋白纤维的光泽要比腈纶柔和。

（二）牛奶蛋白纤维的性能

1. 物理性能　牛奶蛋白纤维、真丝和聚丙烯腈纤维的物理性能比较见表 6－2。

表 6－2　牛奶蛋白纤维、真丝和聚丙烯腈纤维的物理性能

性能＼纤维种类		牛奶蛋白纤维	真丝	聚丙烯腈纤维
强度（cN/dtex）	干态	3.10～3.98	2.65～3.54	2.83～4.42
	湿态	2.83～3.72	1.86～2.48	2.65～4.42

续表

性能 \ 纤维种类		牛奶蛋白纤维	真丝	聚丙烯腈纤维
伸长率（%）	干态	15 ~25	15 ~25	12 ~20
	湿态	15 ~25	27 ~33	12 ~20
接结强度（cN/dtex）		1.77 ~2.65	2.57	1.77 ~3.54
打结强度		2.0 ~3.0	2.9	2.1 ~3.3
密度（g/cm^3）		400 ~1000	650 ~1200	400 ~900
初始模量（kg/mm^2）		1.22	1.33 ~1.54	1.14 ~1.17
公定回潮（%）		5.0	11.0	1.2 ~2.0
沸水收缩（%）		2.5 ~4.5	0.9	8.2
质量比电阻（$\Omega \cdot g/cm^2$）		3×10^9	$10^9 \sim 10^{10}$	$10^{13} \sim 10^{14}$（去油）

由表6－2的数据可以看出，牛奶蛋白纤维相对密度、初始模量较大，强度高，伸长率好，钩接和打结强度好，抵抗变形能力较强，吸湿性能好，具有一定的卷曲数、一定的摩擦力和抱合力。牛奶蛋白纤维的质量比电阻低于真丝和聚丙烯腈纤维，但静电现象仍较突出，在纺纱过程中须加防静电剂，而且要严格控制纺纱时的温湿度，以保证纺纱的顺利进行和成纱质量。

2. 化学性能及染色性能 牛奶纤维属于蛋白质纤维，它与大分子聚合后，蛋白质失去原有的可溶性，在高湿环境中，因为固化后的蛋白质分子结构紧密，水中软化点高且不溶于水。同时，由于蛋白质分子中多肽链之间以氢键结合成空间结构，大量的氨基、羟基和羧基等基团易与水相结合，使纤维具有良好的吸湿性及透气性。另外，牛奶纤维腰圆形或哑铃形的横截面和纵向的凹槽也有利于吸湿性、导湿性和透气性的增加。

牛奶蛋白纤维具有较低的耐碱性，耐酸性稍好。牛奶蛋白纤维经紫外线照射后，强力下降很少，说明纤维具有较好的耐光性。

适用的染料种类较多，上染率高且上染速度快，吸色均匀透彻，不宜褪色。牛奶纤维面料特别适用于活性染料染色，产品色泽鲜艳，耐日晒和耐汗渍色牢度好。

3. 耐热性 牛奶蛋白纤维本身呈淡黄色，耐热性差，在干热120℃以上易泛黄。

4. 舒适性能 蛋白质大分子含有的亲水基团（如—COOH、—OH、—NH_2），使纤维吸湿性良好，不会使皮肤干燥，而且还含有17种人体所需的氨基酸，具有良好的保健作用。由于牛奶蛋白纤维具有光滑、柔软的手感和较好的温暖感，加之纤维密度小，由它加工制成的服装穿着时非常轻盈舒适，而且该纤维能快速吸收水分，吸湿后能迅速将水分导出，湿润区不会像真丝或棉一样粘贴在身上而又能保持真丝般的光滑和柔顺，从不会产生闷热的不舒服感。

三、牛奶蛋白纤维的产品开发

牛奶蛋白纤维制成的面料，有身骨，有弹性，尺寸稳定性好，耐磨性好，光泽柔和，质地轻盈，给人以高雅华贵、潇洒飘逸的感觉，加之柔软丰满的手感，良好的悬垂性能，丰满自然而具有美感。

牛奶蛋白纤维主要产品有牛奶蛋白短纤、牛奶蛋白纤维长丝，可以做成纯纺纱线，也可根据需求纺制牛奶丝/羊毛、牛奶丝/羊绒、牛奶丝/真丝、牛奶丝/天丝、牛奶丝/包芯氨纶等混纺或合股的纱线。

纯牛奶蛋白纤维面料以及与其他纤维混纺或交织面料广泛用于制作各种服饰：

1. 时装　柔和的光泽，轻盈的质地，柔软的手感，使得牛奶蛋白纤维成为制作高档时装的理想材料，可以制作针织套衫、T恤、女式衬衫、男女休闲服饰、牛仔裤、日本和服等外衣。与其他纤维混纺或交织可生产大衣、衬衫保暖服饰等面料，强力高、耐磨性好，是春夏时装的重要面料之一。用牛奶蛋白纤维制成的时装雍容华贵，轻盈飘逸。

2. 儿童服饰、女士内衣、睡衣等贴身衣物　因为牛奶蛋白纤维具有很好的吸湿、导湿及保湿功能，所以牛奶蛋白纤维一般用于制作儿童服饰、女士衬衣、睡衣、T恤等，可广泛应用于内衣和贴身衣物。

3. 床上用品　牛奶蛋白纤维柔软、滑爽，加之吸湿和导湿性能好，并且具有很好的保暖性，能把湿传导性和温暖感觉完美地结合起来，特别适合用作床上用品。

4. 日常用品　除了可做服装和床上用品外，牛奶蛋白纤维还可用来制作日常生活中的许多纺织产品，如手帕、围巾、浴巾、毛巾、装饰线、绷带、纱布、领带、卫生巾、护垫、短袜、连裤袜等功能性产品。

第三节　蚕蛹蛋白/黏胶纤维

用蚕蛹蛋白制造改性纤维的方法在国内有两种，一是利用共聚反应对纤维进行蛋白质改性，丙烯腈—蚕蛹蛋白接枝，纤维引入蚕蛹蛋白后，蛋白质中的某些活性基团能与丙烯腈进行接枝共聚，得到的共聚纤维具有较好的吸湿性、抗静电性和穿着舒适性，同时又具有丙烯腈的优良特性。二是将蚕蛹中提取的蛹蛋白同黏胶纺丝原液按比例共混进行湿法纺丝，在特定的条件下蛋白质和纤维素形成分子上的稳定结构，构成具有稳定皮芯结构的新型纤维。

一、蚕蛹蛋白/黏胶纤维的组成结构与形态

蚕蛹蛋白/黏胶纤维中有黏胶纤维和蚕丝的最主要官能团，其主要成分是蛋白质和纤维素，组分一般为10%～40%的蚕蛹蛋白质，90%～60%的纤维素，其既具有蛋白质性质，又保持黏胶纤维优良的服用性能。蚕蛹蛋白质中氨基酸含量达到了60%，含有18种氨基酸，其中丝氨酸、苏氨酸、亮氨酸等具有促进细胞新陈代谢、加速伤口愈合、防止皮肤衰老的功能，丙氨酸可防止阳光辐射及血蛋白球下降，对于防止皮肤瘙痒等皮肤病均有明显的作用。蚕蛹蛋白/黏胶纤维的纵向和横截面形态如图6－11和图6－12所示。

图6-11　蚕蛹蛋白/黏胶纤维的纵向表面形态

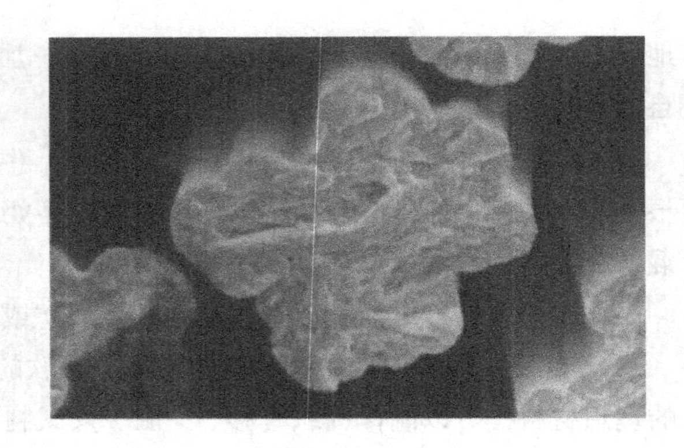

图6-12　蚕蛹蛋白/黏胶纤维的横截面形态

分别观察蚕蛹蛋白/黏胶纤维的纵面和横截面形态可以看出，蚕蛹蛋白/黏胶纤维的纵向表面光滑，有清晰条纹；蚕蛹蛋白/黏胶纤维的横截面形态呈锯齿状。蚕蛹蛋白/黏胶纤维的结构特点决定了该纤维具有较好的透气性能和吸湿导湿性能。

蚕蛹蛋白/黏胶纤维本身呈现浅黄色，纤维中含有的蛋白质富含种氨基酸。这种蛋白纤维是由纤维素和蛋白质以皮芯结构形成的复合纤维，具有两种聚合物的特性。

二、蚕蛹蛋白/黏胶纤维的性能

（一）蚕蛹蛋白/黏胶纤维的力学性能

由表6-3可知，蚕蛹蛋白/黏胶纤维的干态、湿态断裂强度、断裂伸长率均低于普通黏胶纤维，初始模量也低于普通黏胶纤维，因此，其织物的强力和保形性不如普通黏胶织物。由于蚕蛹蛋白/黏胶纤维的力学性能较差，在纺纱过程中应注意减少机械打击和摩擦，并严格控制车间温湿度，以保证生产的顺利进行。

表6-3　蚕蛹蛋白/黏胶纤维和普通黏胶纤维的力学性能比较

纤维	断裂强度（cN/dtex）		断裂伸长率（%）		初始模量（cN/dtex）	
	干态	湿态	干态	湿态	干态	湿态
蚕蛹蛋白/黏胶纤维	2.25	1.59	11.98	10.21	48.08	50.14
普通黏胶	3.40	2.97	17.82	16.43	46.20	52.66

纤维的弹性不仅影响织物的耐用性，还影响织物的外观抗皱性。由表6-4可知，蚕蛹蛋白/黏胶纤维急弹性所占比例较小，弹性回复率小，弹性较普通黏胶纤维差，织物的尺寸稳定性差。

表6-4　蚕蛹蛋白/黏胶纤维和普通黏胶纤维的弹性比较

纤维	总伸长（mm）	急弹性（mm）	塑性（mm）	总弹性（mm）	弹性回复（%）
蚕蛹蛋白/黏胶纤维	1	0.36	0.18	0.82	21.26
普通黏胶	1	0.43	0.15	0.85	23.82

（二）蚕蛹蛋白/黏胶纤维的回潮率、比电阻

蚕蛹蛋白/黏胶纤维的回潮率实测值为13%，与黏胶纤维相当。纤维的吸湿性能好，用其制作的服装面料穿着舒适，服用性能好。蚕蛹蛋白/黏胶纤维和普通黏胶纤维的质量比电阻分别为$1.485 \times 10^9 \Omega \cdot g/cm^2$、$1.47 \times 10^{10} \Omega \cdot g/cm^2$。蚕蛹蛋白/黏胶纤维质量比电阻小，表明该纤维抗静电性能较好。

（三）蚕蛹蛋白/黏胶纤维的卷曲性能

将纤维进行化学、物理或机械卷曲变形加工，赋予纤维一定的卷曲，可以有效地改善纤维的抱合性，同时增加纤维的蓬松性和弹性，使织物具有良好的外观和保暖性。由表6-5可知，蚕蛹蛋白/黏胶纤维的卷曲数、卷曲率、卷曲回复率和卷曲弹性率均小于普通黏胶纤维，表明蚕蛹蛋白/黏胶纤维的抱合力、卷曲的恢复能力和卷曲牢度比普通黏胶纤维稍差。

表6-5　蚕蛹蛋白/黏胶纤维和普通黏胶纤维的卷曲性能

纤维	卷曲数（个/25mm）	卷曲率（%）	卷曲回复率（%）	卷曲弹性率（%）
蚕蛹蛋白/黏胶纤维	3.85	10.65	7.70	74.14
普通黏胶	4.60	16.83	13.79	81.24

（四）蚕蛹蛋白/黏胶纤维的染色性能

蚕蛹蛋白/黏胶纤维是由蚕蛹蛋白和纤维素纤维构成，两者都是亲水性物质，其氨基和羧基可分别以$—NH_3^{3+}$和$—COO^-$离子形式与阴离子或阳离子染料结合，还能同活性染料形成共价键结合。蚕蛹蛋白/黏胶纤维不耐碱，染色宜在酸性或近中性染液中进行。常用的染料有酸性染料、酸性媒染染料、直接染料和活性染料等，其中活性染料能和纤维中的$—NH_2$、—SH、—OH等基团形成共价键结合，染色产品有优良的耐水洗牢度，色泽鲜艳。

（五）蚕蛹蛋白/黏胶纤维的服用性能以及其他性能

纯蚕蛹蛋白丝针织物的服用性能好，具有良好的延伸性、悬垂性、透气性以及抗起毛起球性。蚕蛹蛋白丝与涤纶、棉交织可以提高织物的强力，改善织物的耐磨性和耐撕破性，达到原料性能上的互补。

蚕蛹蛋白复合长纤维集真丝和黏胶的优点于一身，其吸湿性和染色性都比真丝好，色牢度也比真丝好，具有吸湿性好、悬垂性好等特点。此外，该纤维手感润滑，光泽奇佳，但纤维本身带有金黄色，色泽较深，给纤维的漂白染色带来一定困难，使纤维的推广具有一定的难度。

蚕蛹蛋白/黏胶长丝除了干湿断裂强度比桑蚕丝稍差外，它的干断裂伸长率、回弹率、吸湿率均比桑蚕丝要好，且蚕蛹蛋白/黏胶长丝存放五年以上没有虫蛀发霉，克服了桑蚕丝不耐虫蛀的缺点。

三、蚕蛹蛋白/黏胶纤维应用

蚕蛹蛋白/黏胶纤维可以直接纯纺，也可与棉、毛、麻、涤纶等进行混纺，制成多种规格的纱线，可广泛应用于内衣、卫生用品、非织造布、面膜、医疗用服装、婴儿服装、床上用

品、衬衣等领域；同时，蚕蛹蛋白/黏胶纤维的废弃物在阳光和水的作用下会自然降解。它本身具有的类似真丝的保健功能和相对于真丝占绝对优势的价格比，使其具有广阔的市场。

参考文献

[1] 唐人成.大豆纤维的结构性能与染整加工研究[D].上海:东华大学,2006.

[2] 王红,翁阳,刑声远.牛奶蛋白纤维的性能及其应用[J].北京联合大学学报(自然科学版),2011,25(3):51－54,62.

[3] 储云,陈锋,余旭飞,等.牛奶纤维的发展与应用[J].山东纺织经济学,2007(4):63－66.

[4] 王峰.维纶基牛奶纤维的性能及其针织物的尺寸稳定性研究[D].上海:东华大学,2008.

[5] 田鲁平.蚕蛹蛋白/黏胶纤维理化性能研究[D].上海:东华大学,2006.

[6] 阮超明.牛奶蛋白改性聚丙烯腈纤维结构及其性能研究[D].上海:东华大学,2008.

[7] 陈文华.对碱敏感的芯化学纤维的过乙酸漂白[D].苏州:苏州大学,2007.

[8] 王敏.牛奶纤维的生产与服用性能[J].广西化纤通讯,2003(1):31－32.

[9] 王淑花.黏胶纤维表面改性技术及机理的研究[D].太原,太原理工大学,2008.

[10] 蔡忠波,朱军军,刘优娜,等.牛奶蛋白纤维的发展与展望[J].中国纤检,2015(7):82－84.

[11] 潘丽娜,石风俊.牛奶纤维理化性能及其开发应用探讨[J].山东纺织科技,2007(5):41－43.

[12] 续英绮,寇勇琦,李启正,等.蚕蛹蛋白/黏胶纤维混纺织物的性能分析[J].现代纺织技术,2017,25(4):28－31.

[13] 孙冬阳,张亭亭,徐秋燕,等.蚕蛹蛋白/黏胶纤维色织家纺面料开发[J].化纤与纺织技术,2016,45(2):10－14.

[14] 黄硕.蚕蛹蛋白/黏胶纤维的定性和定量方法研究[D].上海:东华大学,2016.

[15] 蔡忠波,朱军军,刘优娜,等.牛奶蛋白纤维的发展与展望[J].中国纤检,2015(7):82－84.

[16] 梁佩君.蛋白改性黏胶纤维的研究[D].广州:华南理工大学,2015.

[17] 李彩霞,王进美,李杨.再生蛋白质纤维的发展现状[J].纺织科技进展,2014(6):4－6.

[18] 杨莉,毕松梅.两种蛋白质改性纤维素纤维的结构分析[J].棉纺织技术,2014,42(12):13－15,64.

[19] 卢海兵.牛奶蛋白纤维面料服用性能对比分析[J].纺织科技进展,2013(4):29－31.

[20] 李寿松.蚕蛹蛋白改性黏胶纤维基本性能研究[D].青岛:青岛大学,2013.

[21] 刘慧娟,王琳,申鼎.蚕蛹蛋白/黏胶纤维性能研究[J].印染助剂,2012,29(9):12－14.

[22] 翁扬,曹小红.牛奶蛋白纤维的性能与产品开发探讨[J].中国纤检,2011(9):80－83.

[23] 雒书华.牛奶蛋白纤维纺织加工技术[J].纺织服装周刊,2008(11):30.

[24] 何文元.牛奶蛋白纤维织物的服用性能研究[J].上海毛麻科技,2008(1):7－9.

[25] 阮超明,俞建勇,王妮.牛奶蛋白纤维的组成与结构研究[J].西安工程大学学报,2008(1):6－10.

[26] 官爱华,张健飞.牛奶蛋白纤维与羊毛纤维吸湿性能对比分析[J].棉纺织技术,2007(12):24－26.

[27] 李克兢,何建新,崔世忠.牛奶蛋白纤维的结构与性能[J].纺织学报,2006(8):57－60.

[28] 田鲁平.蚕蛹蛋白/黏胶纤维理化性能研究[D].上海:东华大学,2006.

第七章　导湿纤维

导湿纤维是一种高功能纤维，人们为了得到所期望的穿着舒适性，要求服装面料具有在短时间内将人体皮肤表面的汗液吸入的吸湿作用，并且让汗液通过纤维很快转移，在服装表面快速蒸发，以保持皮肤表面和服装内侧环境的干燥。

导湿纤维也称吸湿排汗纤维。该纤维的特点是吸湿量大，放湿速度快，吸湿量远超过常规疏水合成纤维而接近天然纤维，放湿速度又远大于天然纤维，是一类具有服用舒适和保健功能的高科技纤维。

影响纤维导湿的主要因素是纤维的化学结构和物理结构。化学结构主要是亲水基团的极性大小和多少，物理结构主要包括纤维的微孔和缝隙以及纤维的表面形态结构两方面。

第一节　纤维导湿改性方法

通过对聚酯、聚酰胺、聚丙烯等化学纤维进行改性，以实现纤维吸湿性能与导湿性能的有机结合。这些方法大致包括物理改性和化学改性。

一、物理改性

（一）异形截面

改变喷丝孔形状对于提高纤维导湿性是简单、直观和行之有效的方法。根据国内外相关资料报道，具有导湿排汗功能的纤维，一般都要有高的比表面积，如图7－1所示，其纤维的截面必须具有沟槽，利用这些沟槽，织造时纤维和纤维之间形成通道，通过这些沟槽的芯吸效应起到导湿排汗的功效。

对纺制的纤维进行导湿排汗性能比较后发现，异形纤维导湿排汗功能都有所改善。带有较深且较窄沟槽的异形纤维导湿性能好。

（二）多孔中空截面

多孔中空截面纤维就是从纤维表面到中空部分有许多贯通的细孔的中空纤维，其具有优良的导湿排汗功能。其生产工艺是，先与特殊的微孔形成剂共混，然后再将其溶出。研究发现，当纤维横截面上毛细管和轴向上毛细管当量半径不同且对接在一起时，在它们的界面处就会产生附加压力差，这种压力差会加速引导毛细管中的液态水从当量半径大的一侧流向当量半径小的一侧。

假设导湿性纤维导湿模型为中空且径向有微孔与中空相连，其模型如图7－2所示。

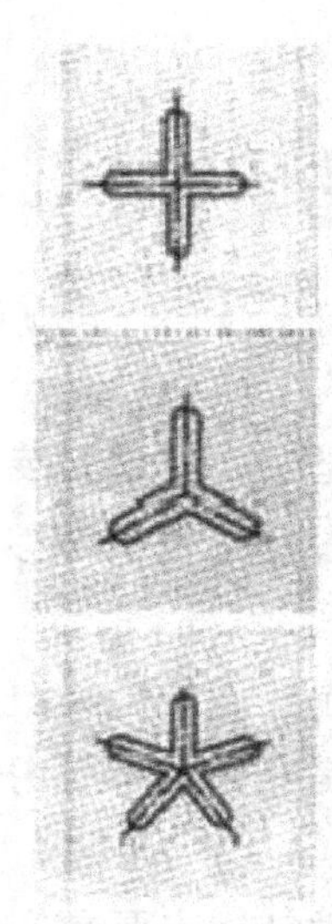

(a) 喷丝板形状

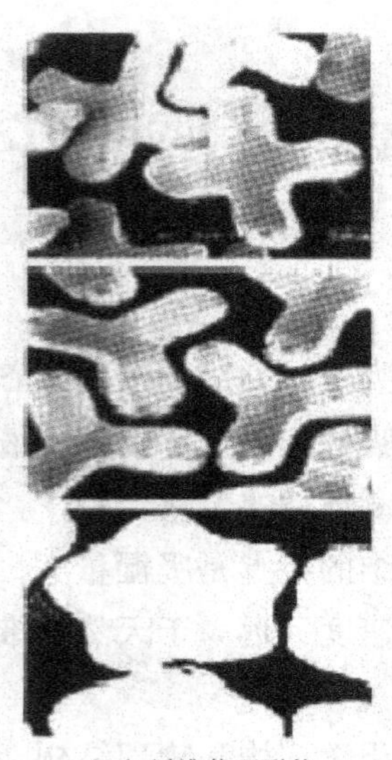
(b) 纤维截面形状

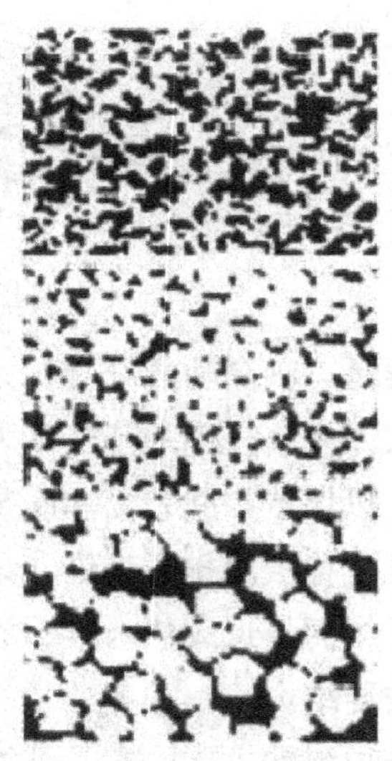
(c) 丝束分布形态

图 7-1 纤维截面形状

纤维中间空腔截面积为 S_2，径向微孔截面积为 S_1。如果 $S_1>S_2$，两个孔之间就可以形成差动毛细效应。这种纤维用于衣着，人体排出的液态汗就会从纤维的径向微孔不断地流向纤维的中间空腔，通过纤维中腔将汗液迅速沿纱线轴向和织物平面扩散，再通过织物外表面的自由毛细管将汗液输送到环境并蒸发，织物内层与人体接触的纤维表面保持相对干燥，人体感觉干爽舒适。如果 $S_1=S_2$，单就纤维而言，液流为不定向流动。如果 $S_1<S_2$，液体流动的方向是从纤维中间空腔到径向微孔，这种情况是不希望出现的。

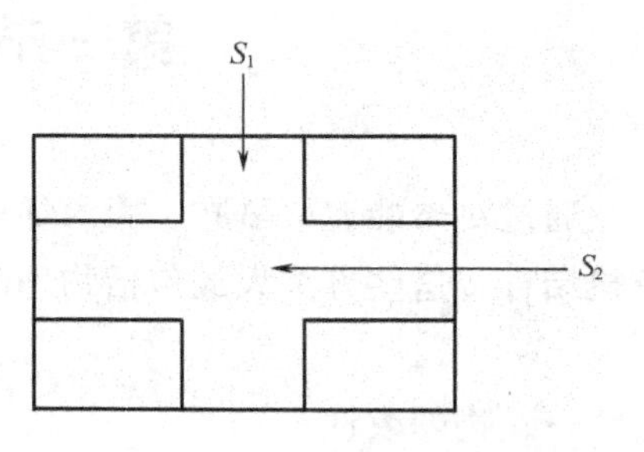

图 7-2 纤维导湿模型

(三) 双组分复合共纺

如将聚酯和其他亲水性聚合物改性，以常规聚酯作为芯层，亲水性材料作为皮层，两种组分分别起亲水吸湿和导湿的作用。

(四) 纤维细旦化

现在细旦导湿工艺主要用于丙纶织物。芯吸效应是细旦丙纶织物特有的性能，丙纶单丝线密度越小，芯吸效应越大，导湿效应越明显，穿着时可保持皮肤干爽。目前也有较多厂家开发单丝线密度小于 0.8dtex 的细旦涤纶短纤，其制作的涤/棉面料也可改善常规面料的导湿性能。

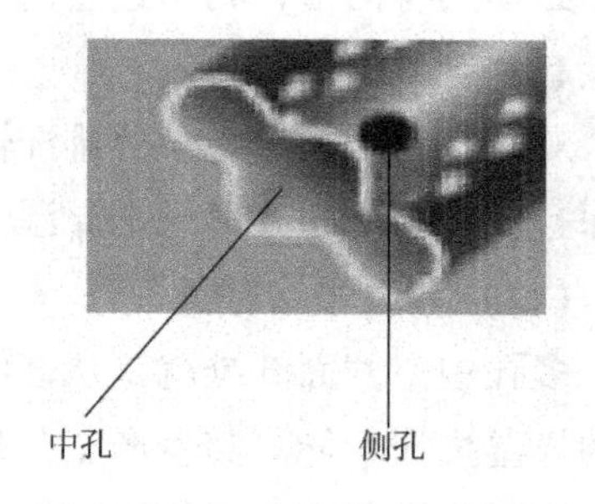

图 7-3 四管状中空纤维模型

二、化学改性

通过接枝共聚的方法，在大分子结构内引入亲水基团，可增加纤维导湿排汗性能，常采用的是引入羟基、酰氨基、羧基、氨基等。用化学方法将真丝织物煮练中所抽提出的丝胶朊附着于聚酯纤维分子上。丝胶朊具有良好的吸湿性，而且与构成人体皮肤的氨基酸的组成接近，因此使纤维更具有吸湿功能，并对皮肤无任何不良作用。

第二节　导湿纤维开发

一、异形导湿纤维

杜邦（DuPont）公司独家研究开发的导湿排汗功能纤维 Coolmax 具有独特的四沟槽结构，能将人体活动时所产生的汗水迅速排至衣服表层蒸发，从而保持皮肤清爽，现在已广泛应用于运动休闲服装及内衣中。新一代的 Coolmax 纤维具有凹凸槽截面，呈弓字形圆孔状，而且使用了超细旦技术，以增强织物的导汗快干功能。Coolmax 主要是使用异形纤维表面积增大、毛细效果增强的机理进行导湿的。与此相类似的导湿纤维还有很多，其中有代表性的是日本东洋纺公司的 Triactor（Y 形截面）、三菱公司的微孔聚酯纤维和钟纺合纤公司的 Y 形截面涤纶丝；韩国东国株式会社的 I－COOL 系列纤维；以及我国台湾豪杰公司的 W 形截面纤维 Technofine、中兴纺织厂的改性聚酯纤维 Coolplus、仪征化纤的 Coolbst 等。图 7－4 为Coolmax 短纤维的截面图。

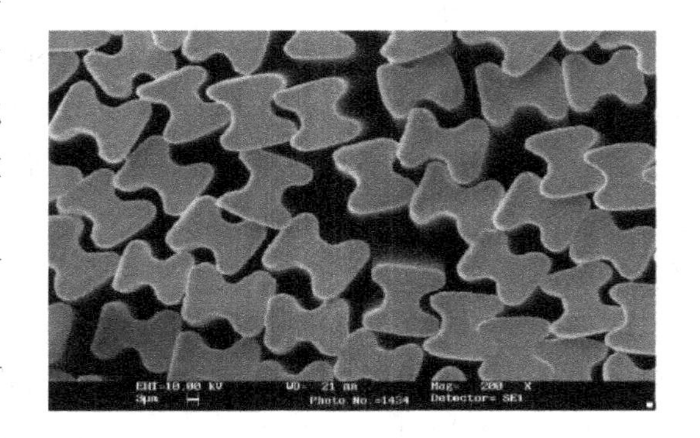

图 7－4　Coolmax 短纤维的截面图

二、WELLKEY 纤维

WELLKEY 纤维是日本帝人公司开发的聚酯中空纤维，并且在纤维表面有许多贯通到中空部分的细孔，液态水可以从纤维表面渗透到中空部分。该纤维的结构以最大的吸水速度和含水率为目标，具有优良的吸汗快干性能，适用于运动服装及其衬里。

三、挥汗纤维

挥汗纤维是由日本大阪工业技术研究所开发的。在国内其基体和涂层的相关资料现在还没有报道，其导湿原理是在纤维表面涂有电离子体，并混入了一些无害的化学物质，从而具有吸水性强、放湿速度快的特点，赋予该纤维面料无闷热感、不沾身、汗水挥发快的功能。挥汗纤维新产品可用于高级贴身内衣、福利劳保用品中。

四、Sophista 纤维

Sophista 纤维是由日本可乐丽公司开发的，它利用了复合纺丝的方法，将乙烯—乙烯醇共聚物和聚酯制成双组分皮芯型的复合纤维。该纤维的表层为具有亲水性基团的乙烯—乙烯醇共聚物，芯层为聚酯纤维。由于亲水性基团的存在，汗水很快被纤维表面吸收并扩散出去，又由于芯层的聚酯几乎不吸湿，吸收纤维内部的水分与棉纤维相比要少得多，从皮肤吸入纤维内部的水分可很快扩散蒸发出去，从而穿着干爽舒适，织物不会粘在身上。

五、高吸放湿性尼龙

日本东丽公司在尼龙中混入特殊的高吸湿性聚合物而制得的均匀相溶的聚合物混合体。这种特殊的高吸湿性聚合物在高温的环境中具有很高的平衡吸湿率，既保持了尼龙原有的特性，又能使吸湿性提高 2 倍。由该种材料制成的运动服，内在的湿度较低，闷热感等舒适性指标能得到很好的改善。

六、其他纤维

1. 大豆蛋白纤维 大豆蛋白纤维属再生植物蛋白纤维，由氨基酸、碳水化合物、无机物与维生素组成，因而具有很好的吸湿性和导湿性。

2. 竹原纤维 竹原纤维横截面均布大大小小的空隙，可以在瞬间吸收并蒸发水分，竹子自身有抗菌性，这种抗菌物质在整个生产过程中始终不被破坏，在服用时也不会对皮肤造成任何过敏性反应。

3. 香蕉纤维 香蕉纤维具有质量轻、吸水性高且环保等优点，因此很具有实用性。日本日清纺织公司与名古屋市立大学研究所展开合作，成功实现香蕉纤维的产品化。利用从香蕉茎抽出的纤维与棉混纺，可制成外套等衣物。

4. 大麻纤维 大麻纤维吸湿性强，散湿率大于吸湿率 1 倍多，服装舒适滑爽、不粘身。大麻纤维在脱胶技术取得突破性进展之后，其应用领域不断扩大，档次也有所提高。

第三节　纤维及其集合体导湿理论

当出汗量未超出衣料吸水能力时可感到较舒适，当出汗量超出吸水能力时就会觉得湿闷不适。

吸湿快干织物（导湿织物）是通过调节服装与皮肤表面间的水分及温度之间的关系即服装内微气候、服装与皮肤接触时的压力或触感，从而改善贴身服装的舒适性，因此吸湿快干织物也被称为“可呼吸织物”。

吸湿快干织物的出现，使人们对纺织品热湿舒适性方面的要求得到满足，突出表现在人体在特殊环境或活动中如大量活动后会出现汗流浃背的情况时，该种织物能够迅速将汗液导出，而不会粘贴在肌肤上使人体产生湿冷等不舒适感。

一、湿传递过程及其湿传递指标

（一）纺织材料湿传递过程

人体通过出汗，并使汗液在皮肤表面完全蒸发，可以带走汽化潜热。事实上汗液的蒸发有以下两种渠道：

（1）人体皮肤表面呈现干燥状，没有汗液出现，但事实上，人体的一部分水分仍通过皮肤表面层直接蒸发到周围空气中去，称隐性出汗（无感出汗）。

（2）由于大量出汗，人体皮肤完全被汗液所润湿，为显性出汗（有感出汗）。吸湿排汗织物即是将皮肤分泌的汗液通过织物毛细作用和吸湿作用而传输到服装表面，这样，汗液的蒸发可以在织物外层进行。

（二）织物湿传递的三种途径

（1）水蒸气通过织物纱线之间、纤维间和纤维内部微小空隙之间进行传递。

（2）当织物被汗水浸湿时，液态水由于纤维的毛细作用或经过纤维内部的传导，被传递到服装的外表面，再向环境蒸发。

（3）人体运动时，通过人体与织物的内层空气之间的强烈对流作用而向外排放。

（三）纤维及其集合体导湿性能相关的指标

1. 表面润湿角（接触角）　接触角 θ 指水滴附着于物体表面时，水滴在物体表面接触点上切线与物体表面所形成的含液体的夹角，如图 7－5 所示。

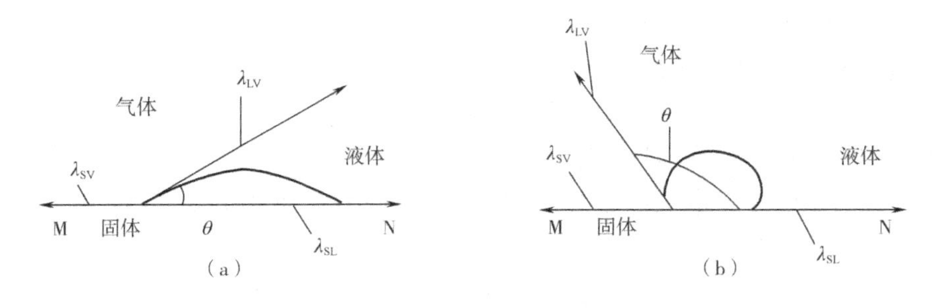

图 7－5　润湿角

一般应用接触角 θ 来表示材料的润湿性。当液体在固体表面时，在三相点受到的三个力平衡，即润湿方程。

$$\cos\theta = \frac{\gamma_{SV} - \gamma_{SL}}{\gamma_{LV}} \tag{7-1}$$

式中：θ——接触角（°）；

γ_{SV}——固气界面张力；

γ_{SL}——固液界面张力；

γ_{LV}——气液界面张力。

当 $\theta = 0$ 时，为完全浸润［图 7－6（a）］；当 $0 < \theta < 90°$ 时，为可浸润［图 7－6（b）］；当 $\theta = 90°$ 时，为零浸润；当 $90° < \theta < 180°$ 时，为不可浸润［图 7－6（c）］；当 $\theta = 180°$ 时，为完全不可浸。

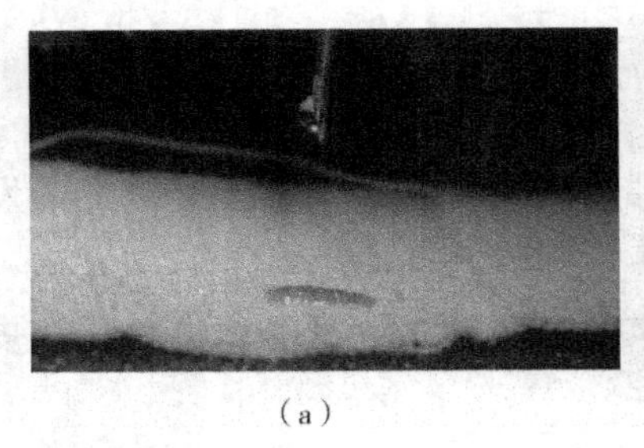
(a)

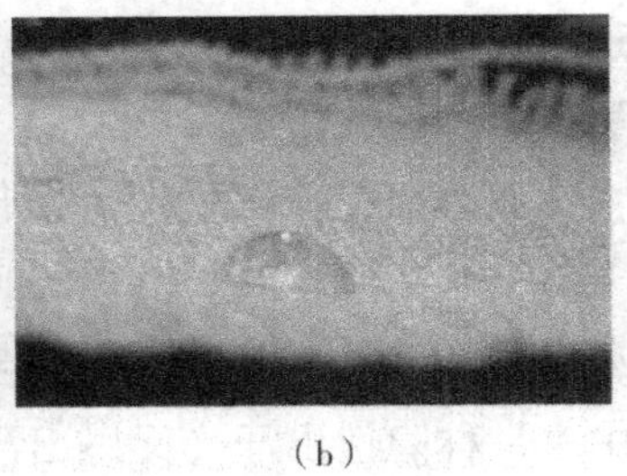
(b)

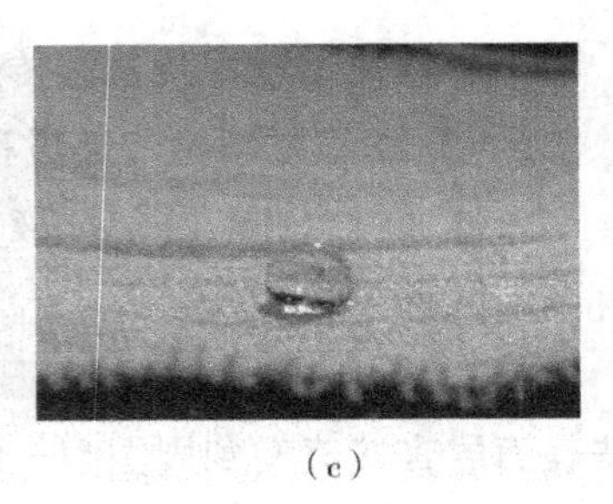
(c)

图7-6 几种润湿情况示意图

2. 毛细管效应或垂直芯吸法 毛细管效应是最常用也是最直观的一种方法，可以表现织物吸汗能力及扩散能力。测试方法参照FZ/T 01071—2008《纺织品 毛细效应试验方法》进行，在YG（B）871型毛细管效应仪上测定，记录30min后水在织物条上的爬升高度。

形成毛细管的空间并不需要完全被相互平行的纤维所包围，只要有两根纤维靠得足够近，并且液体能润湿纤维，毛细管上升作用就能发生。

可以近似地把纤维之间的毛细管看成是圆筒形的，并有着均匀的直径。由于液体弯月面和空气之间存在着压力差，因而导致液体从毛细管中上升，其压力差为：

$$P = \frac{2\sigma\cos\theta}{R} \tag{7-2}$$

式中：P——附加压力，Pa；

σ——液气界面张力，N/m；

θ——液体材料接触角，(°)；

R——毛细管的当量半径，m。

当两个毛细管当量半径不同且对接在一起时，在它们的界面处就会产生附加压力差，就会加速引导毛细管中的液态水从当量半径大的一侧流向当量半径小的一侧，并且液流方向不可逆，这就是差动毛细效应。附加压力差可由式（7-3）表示：

$$\Delta P = \frac{2\sigma\cos\theta_2}{R_2} - \frac{2\sigma\cos\theta_1}{R_1} \tag{7-3}$$

3. 透汽性（透湿率） 透汽性也称透湿率，是指气相水分通过织物内外的水蒸气压差，经过纤维与纤维间的空隙、纱线与纱线间的空隙散出的性质。测试方法是在透湿杯内装蒸馏水，杯口覆盖试样，整体置入干燥器内，干燥器处于规定的温度条件下（38℃±0.5℃）。试样两侧保持恒定水蒸气压差时，在适当时间间隔下称取透湿杯的质量。当质量下降与时间间隔成正比时，从质量下降量测定透湿率，即：

$$\mathrm{MVT} = (A_2 - A_1)/(St)$$

式中：A_1——试验1h后称得的加盖透湿杯质量，g；

A_2——继续试验2h后称得的加盖透湿杯质量，g；

S——试样的透湿面积，m^2；

t——两次称重间隔时间，h。

4. 带液率 这是衡量织物吸水能力的指标，测试时被测织物试样在60℃烘箱中烘10h后称取质量（W_0），然后将织物试样在蒸馏水中浸泡 3h，取出后脱水 2min 再称重（W_1），则带液率（I）为：

$$I = \frac{W_1 - W_0}{W_0} \times 100\% \tag{7-4}$$

5. 干燥速度　将测定过带液率的织物试样在 37℃的烘箱内烘 5min，再称量（W_2），则干燥速度（$V_{干燥}$）为：

$$V_{干燥} = \frac{W_1 - W_2}{W_1 - W_0} \times 100\% \tag{7-5}$$

二、纱线、织物导湿模型

（一）纱线导湿结构模型

1. 纱线导湿结构模型Ⅰ　假设在纱线中，纤维之间形成的纵向毛细管是液态水传导的主渠道，决定了纱线液态水传导能力的大小。

图 7-7 为一层纤维缠绕纱轴而成的纱线，纱中有 7 根纤维，6 根毛细管，在纱芯处形成的毛细管，是纱线传导液态水的主渠道。

在一根纱中毛细管液态水运输的总流量 Q：

$$Q = \frac{6.7960 \times 10^{-3}\ d^3 \sigma \cos\theta \cos\alpha (3n-2)}{\eta L} \tag{7-6}$$

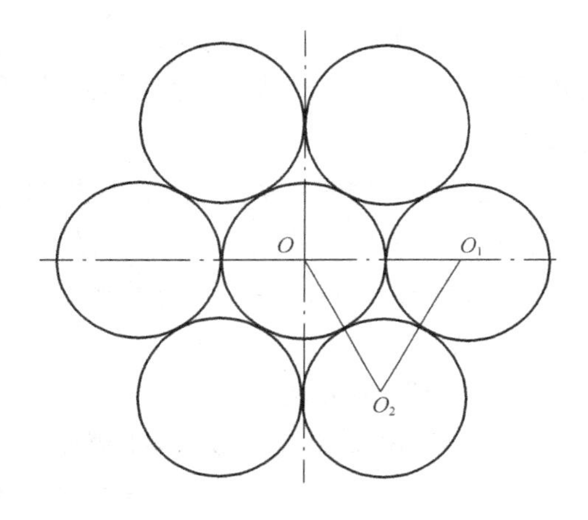

图 7-7　纱线截面

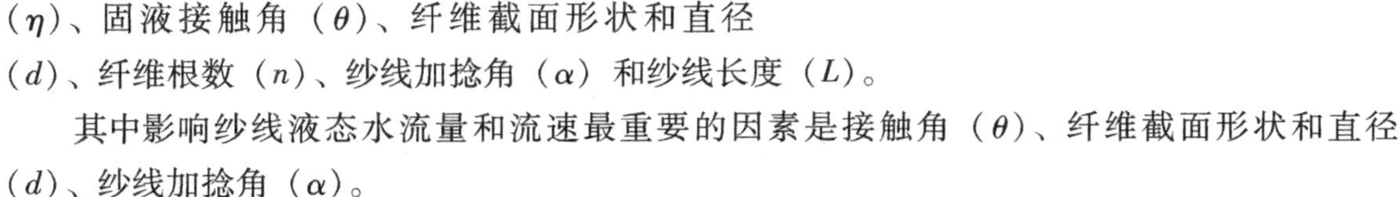
根据水汽传递原理，影响纱线液态水流量（Q）的因素包括：液气界面张力（σ）、液体黏度（η）、固液接触角（θ）、纤维截面形状和直径（d）、纤维根数（n）、纱线加捻角（α）和纱线长度（L）。

其中影响纱线液态水流量和流速最重要的因素是接触角（θ）、纤维截面形状和直径（d）、纱线加捻角（α）。

2. 纱线导湿结构模型Ⅱ　假设在纱线中，纤维之间形成的纵向毛细管是液态水传导的主渠道，决定了纱线液态水传导能力的大小，纱中其他毛细管是液态水传导的支渠道，是影响纱线液态水传导能力的次要因素。纱线的导湿模型有两种：

第一种模型如图 7-8 所示。

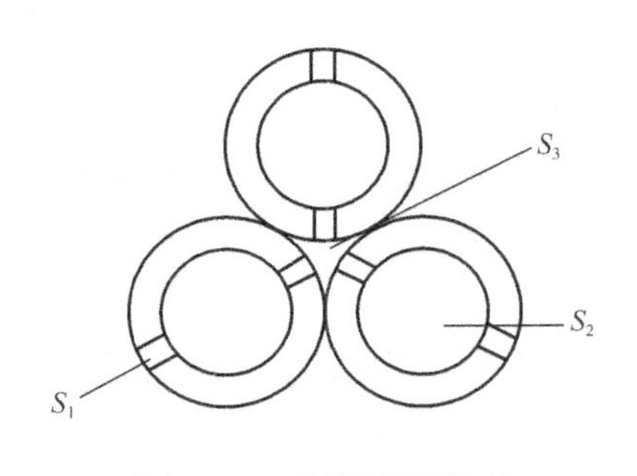

图 7-8　纱线导湿模型

假定纱线是由纤维缠绕纱轴形成的有芯结构，纤维之间形成的孔隙（毛细管）截面积为 S_3，纤维为中空且径向有微孔与中空相连，径向微孔截面积为 S_1，中间空腔截面积为 S_2。

如果 $S_3 > S_1 > S_2$，则纤维之间形成的孔隙与径向微孔之间、径向微孔与中间空腔之间可以形成差动毛细效应。这种纱线用于衣着，人体排出的液态汗就会从织物内层纤维之间的孔隙和径向微孔不断地流向纤维的中间空腔，通过纤维中腔将汗液在织物中扩散，再通过织物外层纱中其他毛细管将汗液输送到织物的外表面，织物内层纤维表面和纱线表面保持相对干燥，使人体感觉干爽舒适。

如果 $S_3 < S_1 = S_2$，在纤维之间形成的孔隙与径向微孔之间，可以形成差动毛细效应，人体排出的液态汗就会从织物内层纤维的径向微孔和中间空腔不断地流向纤维之间的孔隙，通过纤维之间的孔隙将汗液迅速在织物中扩散，再通过织物外层纱中其他毛细管将汗液输送到织物的外表面，织物内层纤维表面和纱线表面保持相对干燥，使人体感觉干爽舒适。

（二）织物导湿结构模型

导湿织物模型如图 7－9 所示，外层 B 采用较细纤维，纤维之间形成较细的毛细管，毛细管的截面积为 S_2，里层 A 采用较粗纤维，纤维之间形成较粗的毛细管，毛细管的截面积为 S_1。由于 $S_1 > S_2$，在内层与外层毛细管之间可以形成差动毛细效应。

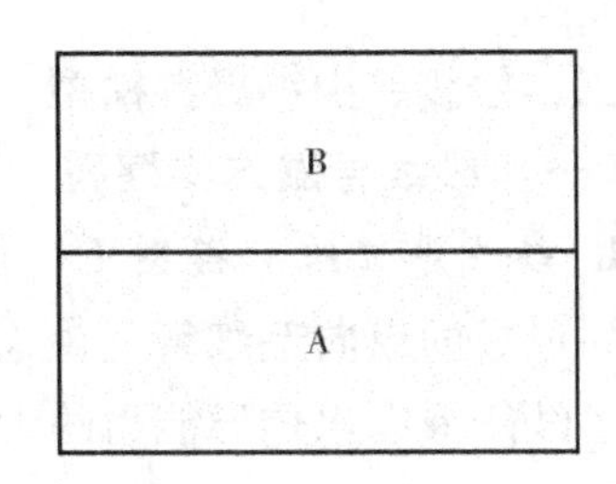

图 7－9　有孔隙的织物导湿模型

里层作为织物内层贴身穿，人体排出的液态汗就会从织物内层不断地流向织物外层，通过外层向环境蒸发，织物内层表面保持相对干燥，人体着衣干爽舒适。

三、导湿面料开发

（一）Coolbst 和 Coolmax 异形涤纶织物

1. Coolbst 纤维、Coolmax 纤维、棉纤维、常规涤纶导湿性能比较　表 7－1 是 Coolbst 纤维、Coolmax 纤维、棉纤维、常规涤纶四种织物的组织规格。表 7－2 是这四种织物的导湿性能比较。

表 7－1　织物组织规格

试样纬纱名称	经密（根/10cm）	纬密（根/10cm）	面密度（g/m^2）	织物厚度（mm）
Coolmax（18. 5tex）	433	299	140. 6	0. 32
棉（29. 5tex）	433	299	132. 9	0. 46
Coolbst（18. 5tex）	433	299	97. 5	0. 26
常规涤纶（18. 5tex）	433	299	102. 7	0. 26

表 7－2　各种试验织物的垂直芯吸高度

指标	Coolmax（18. 5tex）	棉（29. 5tex）	棉（18. 5tex）	Coolbst（18. 5tex）	常规涤纶（18. 5tex）
高度（cm）	7. 3	1. 8	3. 25	6. 85	6. 5

由表 7－2 可以看出，Coolbst、Coolbst 纤维织物的芯吸高度高于常规涤纶，明显高于纯棉织物，Coolbst 纤维的织物芯吸高度是棉织物的两倍，Coolmax 纤维织物芯吸高度最大。

2. Coolmax 织物与纯棉织物导湿性能比较　JC4. 9XZ 作经纱，分别用 75D/34f DTY

Coolmax 长丝、75D/34f DTY Coolmax 长丝与精梳棉纱并捻股线作纬纱，设计织造了 9 种同组织结构的织物，并对它们的吸湿排汗性能指标作测试研究（表 7－3 和表 7－4）。

表 7－3 试样规格

编号	成分（%）	密度（根/10cm）	纱线线密度（tex）
1	C100	681×378	JC4.9×JC4.9×2
2	C/CM71.6/28.4	681×315	JC4.9×2/CM
3	C/CM68/32	681×378	JC4.9×2/CM
4	C/CM86/17	681×197	JC4.9×2×JC4.9/CM
5	C/CM84/16	681×197	JC4.9×2×JC7.3/CM
6	C/CM84/16	681×197	JC4.9×2×JC7.3/CM
7	C/CM83/17	681×197	JC4.9×2×JC7.3/CM
8	C/CM80/20	681×236	JC4.9×2×JC5.8/CM
9	C/CM79/21	681×236	JC4.9×2×JC9.7/CM

注 表中 9 种织物试样均为经过退浆处理烘干的 2/1 右斜纹白布，1 号纬纱的 C 4.9×2 股线，捻度为 110 捻/10cm，2 号、3 号织物的纬纱为 75D/34f DTY Coolmax 丝，捻度均为 6～7 捻/10cm，4～9 号六种织物纬纱均为并捻股线，捻度分别为 60 捻/10cm、55 捻/10cm、75 捻/10cm、80 捻/10cm、110 捻/10cm、112 捻/10cm。

表 7－4 试样结构参数与测试结果

编号	总紧度（%）	CM 含量（%）	毛细高度（cm）	透湿率［g/(m^2·h)］	带液率（%）	干燥速率（%）
1	89.7	0	10.1	189	115.4	49.5
2	85.75	28.4	14.5	211	97.5	80
3	87.19	32	14.3	217	85.7	84.5
4	84.72	17	15.4	224	78.8	74.6
5	85.19	16	15.1	225	84.3	66.7
6	85.19	16	14.6	233	95.8	70.7
7	84.7	21	14.9	232	76.4	89.7
8	85.59	20	13.5	193	69.9	70.8
9	85.35	21	14.4	196	68.5	77.1

结果表明，所有含有 Coolmax 纤维的织物的吸湿排汗性能都有很大改善，特别是用 75D/34f DTY Coolmax 长丝与精梳棉纱并捻股线作纬纱的交织物性能更为优异。

（二）织物结构与导湿性能

所选试样的经纬纱是线密度为 55.56dtex 和 83.33dtex 的吸湿快干低弹网络涤纶丝，经密 640 根/10cm，采用不同的纬密及织物组织结构，获得两组织物试样，其规格分别见表 7－5 和表 7－6。织物的导湿性能（毛细效应、扩散直径）与织物的纬向紧度、交织频率的关系如图 7－10 和图 7－11 所示。

表 7-5 不同密度的织物规格

试样编号	纬密（根/10cm）	纬向紧度（%）	试样编号	纬密（根/10cm）	纬向紧度（%）
1-1	550	58.74	1-5	370	39.52
1-2	500	53.4	1-6	350	37.38
1-3	450	48.06	1-7	300	32.04
1-4	400	42.72			

表 7-6 不同组织的织物规格

试样编号	组织	交织频率 t	试样编号	组织	交织频率 t
2-1	平纹	0.50	2-4	8 枚缎纹	0.13
2-2	斜纹	0.25	2-5	12 枚缎纹	0.08
2-3	5 枚缎纹	0.2	2-6	16 枚缎纹	0.06

注 试样的纬密均为 40 根/cm。

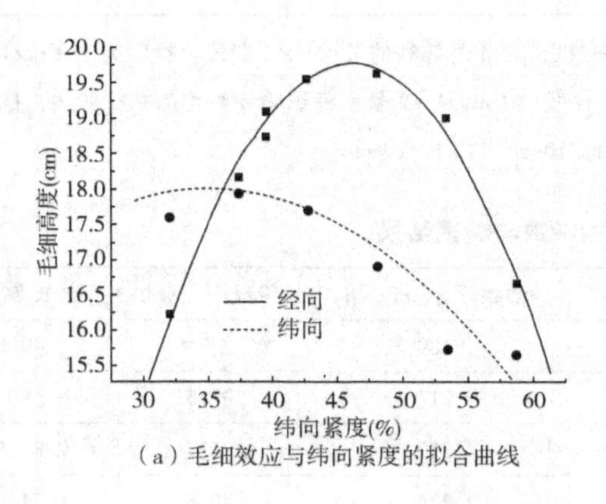

（a）毛细效应与纬向紧度的拟合曲线

（b）扩散直径与纬向紧度的拟合曲线

图 7-10 纬向紧度与毛细效应和扩散直径的拟合曲线图

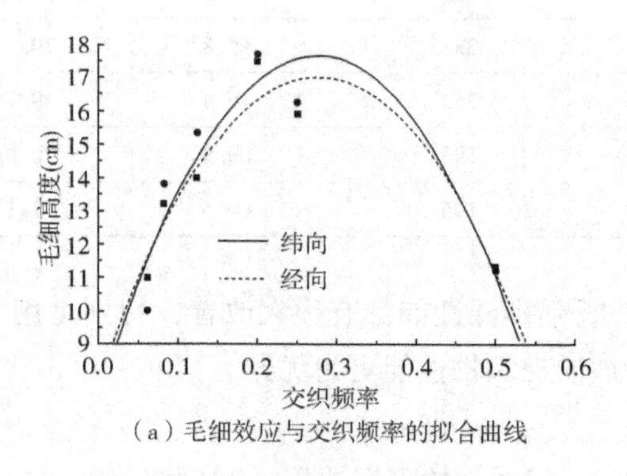

（a）毛细效应与交织频率的拟合曲线

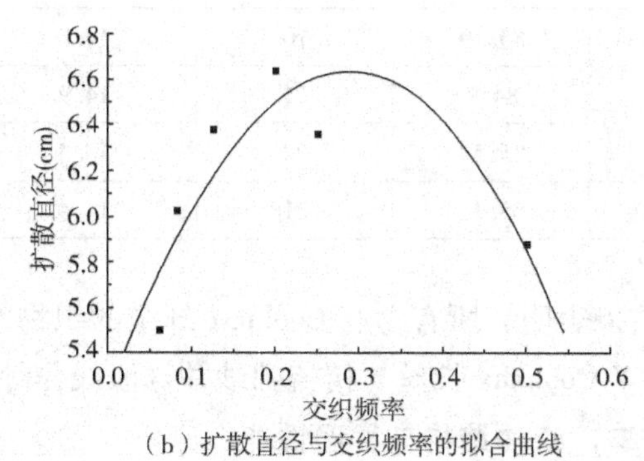

（b）扩散直径与交织频率的拟合曲线

图 7-11 交织频率与毛细效应和扩散直径的拟合曲线

交织频率是组织循环内单根经纱（或纬纱）交织规律改变次数与经纱（或纬纱）循环数的比值。

图7－10和图7－11说明，随着纬向紧度或交织频率增加，织物毛细高度和扩散直径均为先增加后减少。

(三) 复合织物

导汗复合织物在织造技术方面，可通过开发多层结构的织物来达到导湿排汗目的。如利用杉树吸水的毛细管效应，采用毛细管直径由下到上逐渐变细的形态来解决芯吸高度与传输速度的矛盾。由下层到上层，随着织物毛细孔由粗到细的变化，毛细管导湿能力明显增强，且具有单向导湿的性能。通过这一原理开发出含有100%聚酯的多层结构针织品，该面料在靠近皮肤一侧用粗纤维形成粗网眼，在外侧则配置细的纤维形成的细网眼，通过这种形式使汗水迅速向外部放出。杉树效应织物结构如图7－12所示。

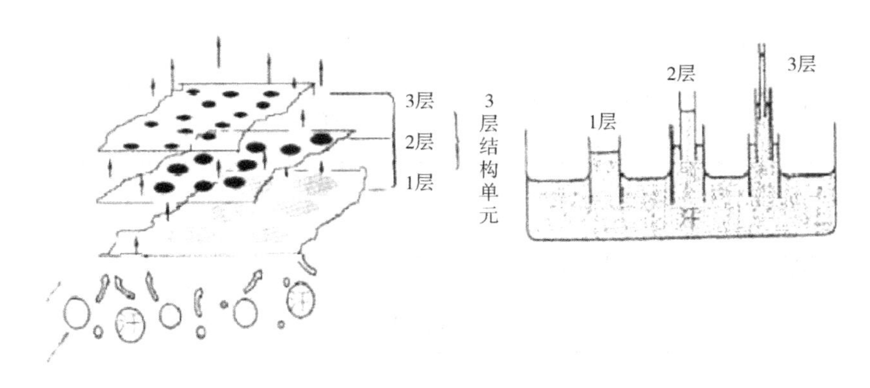

图7－12 杉树效应织物结构图

日本企业利用亲水性纤维制成了多种干爽舒适的复织物。他们研制出由铜氨、吸水聚酰胺和弹性体三种材料构成的三层结构织物。该织物与皮肤接触的一侧为吸湿性的聚酰胺，中间层是铜氨长丝，外侧的弹性纤维使复合织物具有较好的伸缩性。当皮肤出汗时，被吸水性聚酰胺纤维吸附，经过铜氨及弹性纤维的向外扩散并放湿，使皮肤不产生冰凉或者濡湿感。由于与皮肤接触的一侧为亲水性纤维，这也有助于改进织物的抗静电性。利用疏水性合成纤维设计的两层或多层织物中，内层织物编织纱线的单纤维线密度大，纤维之间形成较粗的毛细管，外层织物编织纱线的单纤维线密度小，纤维之间形成较细的毛细管，这样在织物的内外两层毛细管之间形成附加压力差，就能引导织物内层的液态水流向织物外层，在织物外层表面蒸发，保持织物内层表面处于干燥状态。织物内外层单纤维线密度差越大，附加压力差ΔP越大，差动毛细效应越显著，织物的导湿性越好。

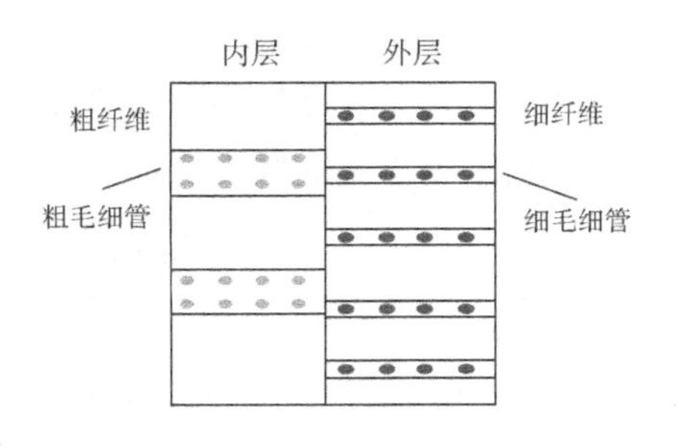

图7－13 差动毛细效应模型

1. 织物设计 表7－7是利用差动毛细效应进行织物设计的实例。差动效应模型如图7－13所示。

表 7-7 高导湿抗菌功能针织物基本参数表

序号	原料和组织结构	织物内外层纤维线密度比（dtex/dtex）	厚度（mm）	面密度（g/m^2）
1	8.33tex/72f 含银竹炭涤纶盖 11.11tex/48f 涤纶添纱针织物	2.3/1.16	0.45	125
2	5.56tex/72f 涤纶盖 8.33tex/72f 含银竹炭涤纶添纱针织物	1.16/0.77	0.55	91
3	16.67tex/174f 涤纶盖 8.33tex/72f 含银竹炭涤纶添纱针织物	1.16/0.96	0.87	198
4	8.33tex/72f 涤纶盖 8.33tex/72f 含银竹炭涤纶添纱针织物	1.16/1.16	0.59	125
5	16.67tex/124f 涤纶 8.33tex/72f 含银竹炭涤纶添纱针织物	1.16/1.34	0.71	203

2. 性能测试

（1）芯吸速率。利用差动毛细效应设计的表 7-7 中各种织物的芯吸速率测试结果见表 7-8。

表 7-8 织物芯吸速率测试结果

序号	1	2	3	4	5
芯吸高度（10min）	16	15.7	15	12.5	13.5
芯吸速率（cm/min）	5.06	4.98	4.74	3.96	4.27

从 1 号到 4 号织物，织物内外层纤维线密度差（纤维直径 d_2 与 d_1 之差）逐渐减小，ΔP（织物内外两层毛细管之间形成的附加压力差）逐渐减小，芯吸速率与芯吸高度逐渐减小。1 号织物，织物内外层纤维线密度差最大，ΔP 最大，芯吸速率和芯吸高度最大。

4 号织物内外层纤维线密度差为零，ΔP 最小，芯吸速率和芯吸高度最小。5 号织物内外层纤维线密度差虽然为负值，但测试的是水平面扩散性能，5 号织物芯吸速率和芯吸高度也比 4 号织物要大。

（2）干燥时间。采用滴液法测试织物的干燥时间。滴液法是模拟人体出汗时汗液从织物内层向外层传导，并在外层表面蒸发的特点，在织物内层表面滴一滴水，观察水滴完全消失的时间。利用差动毛细效应设计的表 7-7 中各种织物的干燥时间测试结果如表 7-9 所示。

表 7-9 滴液法测织物干燥时间测试结果

序号	1	2	3	4	5
干燥时间（s）	29	32	36	180	50

从 1 号到 4 号织物，织物内外层纤维线密度差（纤维直径 d_2 与 d_1 之差）逐渐减小，ΔP 逐渐减小，干燥时间逐渐增大。1 号织物，织物内外层纤维线密度差最大，ΔP 最大，干燥时

间最短。4 号织物内外层纤维线密度差为零，ΔP 最小，干燥时间最长。5 号织物内外层纤维线密度差虽然为负值，但织物外层纱线线密度大，纤维被挤紧，形成的毛细管实际比内层纤维之间形成的毛细管细，水依然能穿过织物厚度到织物外层，且 5 号织物干燥时间比 4 号织物短得多，但比其他织物干燥时间长。

参考文献

[1] 张红霞，刘芙蓉，等. 织物结构对吸湿快干面料导湿性能的影响[J]. 纺织学报，2008(5)：31－33，38.

[2] 李培玲，张志，徐先林. 运动服导湿快干性能研究[J]. 上海纺织科技，2007(11)：10－13.

[3] 王其，冯勋伟. 纱线和针织物导湿结构模型和应用研究[J]. 东华大学学报(自然科学版)，2002(1)：15－17.

[4] 刘峻，张瑜，王兴雪，等. 纤维导湿改性的进展及其新产品开发[J]. 纺织导报，2005(1)：24－28，30－78.

[5] 王其，冯勋伟，刘兆峰. 有孔隙的纤维、纱线和织物导湿结构模型研究[J]. 东华大学学报(自然科学版)，2002(4)：68－70，75.

[6] 马晓琳. 聚乳酸纤维及织物湿传递性能的研究[D]. 天津：天津工业大学，2008.

[7] 王其. 大豆纤维性能与导湿快干功能针织物研究[D]. 上海：东华大学，2002.

[8] 王耀武，杨建忠，张建春. Coolmax 织物导湿性能研究[J]. 西安工程科技学院学报，2003(4)：304－307.

[9] 卢跃华，刘芙蓉，董洋，等. 蜂窝状微孔结构纤维的表面结构及导湿机理[J]. 丝绸，2009(5)：26－29.

[10] 刘艳，孟家光. 高导湿纬编针织面料的开发[J]. 针织工业，2006(2)：11－12.

[11] 侯秋平. 彩棉/涤交织集层针织面料吸湿快干性能研究[D]. 上海：东华大学，2006.

[12] 单丽娟，李亚滨，刘建华. 吸湿排汗聚酯纤维研究进展[J]. 印染助剂，2006(6)：5－8.

[13] 何天虹. 纯纤维素纤维吸湿排汗快干织物的设计开发与研究[D]. 天津：天津工业大学，2007.

[14] 崔萍，戴黎春，黄凌云. Coolbst 异形涤纶纤维的导湿、透汽性能的研究[J]. 西安工程科技学院学报，2006(3)：266－269.

[15] 黄花. 吸湿速干织物的性能研究[D]. 苏州：苏州大学，2010.

[16] 秦志刚，马晓红. 高吸湿纤维的新进展[C]. 第二届功能性纺织品及纳米技术应用研讨会，2002.

[17] 何建. 导湿排汗系列功能面料的开发[D]. 天津：天津工业大学，2006.

[18] 秦志刚，马晓红. 高吸湿纤维的新进展[J]. 纺织信息周刊，2002(32)：11.

第八章　阻燃纤维、抗菌纤维及吸附型纤维

第一节　阻燃纤维

阻燃纤维（flame - retardant fiber）是指在火焰中仅阴燃，本身不产生火焰，而当纤维离开火焰时，阴燃自行熄灭的纤维，不同种类阻燃纤维其具体定义不同。

纺织材料的可燃性可以用极限氧指数 LOI（limiting oxygen index）来表征，它是指在试验条件下，试样在氧气和氮气的混合气中，维持完全燃烧状态所需的最低氧气体积分数。

$$\mathrm{LOI} = \frac{V_{O_2}}{V_{O_2} + V_{N_2}} \times 100\%$$

LOI 数值越大，说明燃烧时所需氧气的浓度越高，常态下越难燃烧。根据纤维的极限氧指数（LOI）值，可分为五个等级：LOI＞30% 为阻燃一级（不燃），LOI 在 27% ~30% 时为阻燃二级（难燃），LOI 为 24% ~27% 为阻燃三级（阻燃），LOI 在 21% ~24% 之间时为阻燃四级（可燃），LOI＜21% 为易燃。

根据阻燃纤维材料的自身属性不同，可以分为改性阻燃纤维和本质阻燃纤维两种。

一、改性阻燃纤维

改性阻燃纤维是通过共聚、共混、复合纺丝、阻燃剂接枝等方法在最大限度保持原纤维特性的情况下赋予纤维一定的阻燃性，主要有维氯纶、腈氯纶、阻燃黏胶等。

1. 维氯纶　1968 年，维氯纶在日本试制成功，定名为 SE 纤维，商品名称叫 Cordelan，我国称作维氯纶。维氯纶制造方法十分特殊，先在低相对分子质量聚乙烯醇的水溶液中加入引发剂和氯乙烯单体，使氯乙烯在聚乙烯醇上发生接枝共聚，得到外观为青蓝色的半透明乳状液，随后再混以适量常规聚乙烯醇的水溶液增稠，并经湿法纺丝得到初生纤维，再经拉伸、热处理和缩醛化等加工获得成品纤维。

维氯纶的物理性能介于维纶和氯纶之间，软化温度为 180 ~200℃，沸水收缩率在 5% 左右，手感柔软，白度较好，耐磨性、回弹性以及抗静电性能均属优良。维氯纶的极限氧指数（LOI）比腈氯纶高，比氯纶稍低，在相同条件下发热量较小，发烟量仅稍大于黏胶纤维，产生少量烟雾，产生的含盐酸气体毒性较小。维氯纶收缩温度 170 ~ 180℃，起始分解温度 234℃，因此，当接触火焰时仅发生收缩，聚合物徐徐分解，故不会烫伤皮肤。

维氯纶适用于制造室内铺饰织物，市场前景十分广阔，可用于织造毯子、床单、罩布等床上用品；妇女儿童服装、老弱病残者的内衣以及工作服衣料；滤布等工业用布；女式兽毛外套、衣服衬里、玩具等绒毛类织物；高级毛巾、墙纸、纸张等非织造物。

2. 腈氯纶　腈氯纶又称改性腈纶，是指共聚物中丙烯腈所占比例为35% ~85%（一般为40% ~60%）的纤维。它是用丙烯腈与氯乙烯或偏二氯乙烯的共聚物经湿法或干法纺丝而制成的。除丙烯腈、氯乙烯或偏二氯乙烯等单体外，一般选用烷基或烯基磺酸盐作为第三单体，以改善纤维的染色性能。

腈氯纶中既有用于制造腈纶的聚丙烯腈链节，又有用于制造含氯纤维的聚氯乙烯或聚偏二氯乙烯链节，所以它兼有这两种纤维的优点，即不但具有腈纶的质轻、高强、保暖等优良的纺织性能，而且具有含氯纤维的阻燃性。其散纤维及织物可用分散染料或阳离子染料染色，常用于制造人造毛皮、室内装饰品、童装及工业用滤布等，是阻燃纤维中最重要的品种之一。

国外生产的典型腈氯纶阻燃纤维品种如下：

（1）韦利克纶 FR（Vericr en FR），意大利斯尼亚（Snia）公司1965年开发的阻燃腈氯纶中的代表性产品。纤维的阻燃性是通过丙烯腈同含卤素的单体偏二氯乙烯共聚和加入五氧化二锑来实现的，LOI 值为26% ~29%，在热空气和热水中尺寸稳定性均好；日光光照降解不明显，类似于腈纶；手感舒适，悬垂性好；能适应各种加工设备；回弹性好；染色容易，且色牢度好。100%的阻燃纤维可用作帐幔，也可以织成天鹅绒作为室内装饰品或制作地毯、毛毯、儿童睡衣裤、床单、台布、人造毛皮衣料、玩具及其他长毛绒织物等。

（2）卡纳卡纶（Kanecaron），日本钟渊公司于1957年开发的腈氯纶，是世界上产量最大、规格最多的阻燃纤维品种。与易燃纤维混纺、交织后也能发挥其优越的阻燃性能，极限氧指数为27% ~28%，可用于华贵的裘皮服装、高级绒毛玩具、室内装饰品、床上用品、长毛绒、普通衣料、假发、耐酸工作服、空气过滤布等。

（3）勒夫纶（Lufne），日本钟纺公司于1977年开始工业化生产的丙烯腈同偏二氯乙烯共聚的阻燃纤维，具有良好的阻燃性、安全性、悬垂性和无毒性，手感好，高蓬松易染，可纺性和加工性好，不仅可以纯纺制成各种织物，还能同各种纤维混纺，制成达到规定阻燃标准的织物。

（4）蒂克纶（Teklan），英国 Courtaulds 公司于1962年投产的腈氯纶阻燃纤维，主要用于军用人造毛皮、防化学服和军用伪装纺织材料，还可用于公共场所的防水织物及室内装饰用品等。

20世纪90年代，抚顺腈氯纶化学厂从意大利斯尼亚公司引进腈氯纶纤维生产线，生产能力为年产5000t。该纤维采用丙烯腈、偏二氯乙烯和丙烯酰胺甲基丙烷磺酸钠的共聚物进行制造，极限氧指数高达35%，且耐光、耐水、耐汗、耐磨损及耐热处理，染色性能良好，可以生产有光、半有光及消光三个品种和多种规格尺寸的腈氯纶。

3. 阻燃涤纶　阻燃涤纶制法有共聚法、共混法。以日本东洋纺的阻燃涤纶 Heim 为例，阻燃涤纶的性能如下：

①自熄性优良，符合日本消防法和美国可燃性织物的阻燃标准。

②纤维各项物理指标和后加工性能与常规涤纶几乎相同，显示出优良的后加工性能和使用性能。

③用分散染料染色时比常规涤纶易染。

④其织物燃烧时无毒气产生，自熄性优良，不会灼伤人体。

⑤其阻燃性持久，可广泛应用于各类家用纺织品中，Heim 窗帘制品的极限氧指数为28%，编织物的可高达33%。目前应用较多的是床毯、幕布、座椅套、棉被、儿童和老人睡衣、绳索、缝纫线、帐篷、屏风、工程用布等。

4. 阻燃黏胶 黏胶纤维阻燃改性方法中共混法比较常用。Lenzing 阻燃黏胶纤维就是采用阻燃剂共混法制得的，其极限氧指数为27%～29%，阻燃性持久，热收缩性小，燃烧时毒性低，可纯纺用于内衣、睡衣和床上用品也可与各种阻燃纤维——腈氯纶、氯纶、阻燃涤纶等混纺，这种混纺织物可应用于室内装潢和铺饰材料。

二、本质阻燃纤维

本质阻燃纤维分子结构独特，无须添加阻燃剂，或通过改性，本身就具耐高温阻燃的性能，且具有较高的附加值和良好的经济效益。

这类纤维很多，本书第二章中介绍的对位芳纶、间位芳纶、聚对苯并双噁唑纤维（PBO）、聚苯硫醚纤维（PPS）、聚醚醚酮纤维（PEEK），聚酰亚胺纤维（PI）、聚四氟乙烯纤维（PTFE）都具有优良的耐高温、阻燃性。

（一）聚丙烯腈预氧化纤维

聚丙烯腈预氧化纤维（polyacrylonitrilepreoxidized fiber，简称 POF 纤维），也称预氧化纤维或预氧丝，该纤维是聚丙烯纤维在一定温度下经空气氧化形成部分环化结构的黑色纤维。

极限氧指数一般在40%～60%，具有优良的热稳定性，在燃烧中纤维不融、不软化收缩、无熔滴，属准不燃产品；隔热效果好，耐酸碱腐蚀、耐化学环境、耐辐射性能好；织物质轻、柔软、吸水性好。

缺点是强力低、卷曲少、纤维脆、纤维间抱合力差、可纺性差，具体表现为成条困难，纱条蓬松且强力低，纺纱时断头率高等，一般须与其他高性能纤维混织使用，取长补短。

聚丙烯腈预氧化纤维的主要用途如下：

（1）防护服装用，例如高温工作服、消防服、战斗服、焊接服、防火手套、防火织带、火灾逃生绳。

（2）阻燃装饰材料用，例如阻燃耐热窗帘，汽车、动车、飞机的座椅外套等阻燃耐热装饰产品等。

（3）非织造过滤材料，例如高温气/固滤材，汽车、建筑阻燃隔音及高温环境中的隔热保温材料等。

（4）毛毡隔热保温材料，防火、防焊接火花材料、火灾逃生毯、汽车座椅内包覆、隔音、内饰等。

聚丙烯腈预氧化纤维纱线及织物如图 8－1 和图 8－2 所示。

图 8－1　预氧化纤维纱线

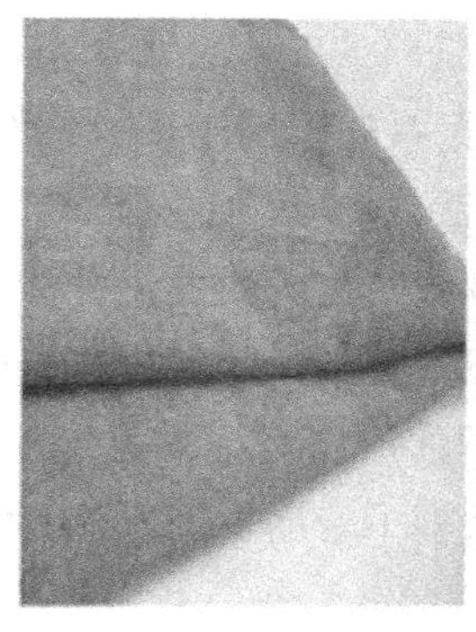

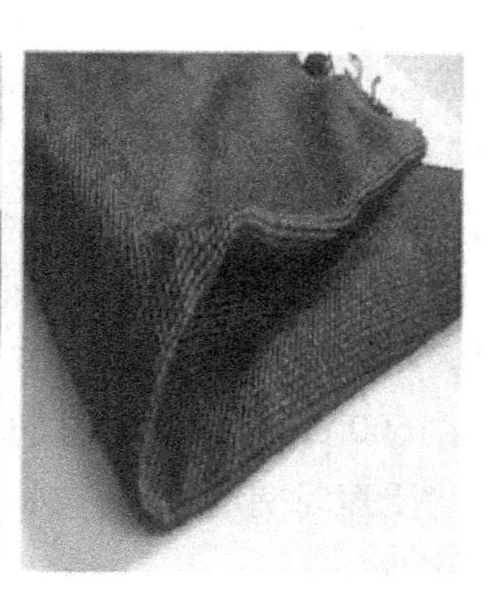

图 8－2　预氧化纤维织物

（二）聚噁二唑纤维

聚噁二唑纤维（polyoxadiazoles fiber，简称 POD 纤维），是一种芳杂环结构的耐高温特种纤维，具有良好的热稳定性、阻燃、耐腐蚀等性能。该纤维成为我国又一具有自主知识产权并实施产业化的耐高温阻燃纤维新品种。

该纤维具有良好的耐热性、高温尺寸稳定性、耐腐蚀性、可纺性，可应用于过滤领域。该纤维的极限氧指数高于 30%，燃烧不熔融，几乎不产生收缩，燃烧后残炭量较高，燃烧气体烟密度小且毒性小。经试验证明，该纤维的热分解温度为 539℃，高于同类的耐高温纤维，如芳纶 1313、芳砜纶分别为 414℃和 422℃。

（三）聚芳酯纤维

聚芳酯（polyarylate，简称 PAR），又称芳香族聚酯，是重要的热塑性特种工程塑料之一，通常是指酯基两端连接芳环的聚合物，在工业上多指用双酚 A（BPA）、对苯二甲酰氯（TPC）和间苯二甲酰氯（IPC）为原料聚合制得的树脂，实际上为一共聚酯。聚芳酯纤维是经熔融聚合纺丝法获得的特种纤维，该纤维不仅强度模量可与芳纶媲美，而且具有独特的轻质高强、抗撕裂、耐湿热性能、高低温性能、振动衰减性能以及优良的耐酸碱、耐磨损性能等。

该纤维热分解温度达到443℃，使用温度范围较广，可在 -70 ~180℃下长期使用。由于采用熔融聚合、熔融纺丝方法制备纤维，因此在整个制备过程中没有溶剂挥发和有害气体排放，纤维属于绿色环保节能低碳材料。该纤维可满足某些高科技领域应用，如美国于1996年底发射的探路者号火星探测器就使用了聚芳酯纤维作为缓冲气囊原料，该气囊成功抵抗了火星表面严酷的环境，并将探测器安全送达火星表面。该纤维具有高强度、高模量、耐高温、耐辐射等优良性能，可将其应用在航空航天、抗低温抗辐射、装甲防护、舰艇绳缆等国防、交通领域，以及高温过滤材料、电子绝缘材料、体育用品等军民两用领域。

（四）聚苯并咪唑纤维

聚苯并咪唑纤维（polybenzimidazole fibers，简称 PBI 纤维），一种溶致性液晶杂环聚合物，通常由芳香族胺与芳香族二元羧酸或其衍生物缩聚而得。PBI 纤维通过干法或湿法纺丝加工制成，纺丝溶剂主要有硫酸—水溶液、二甲基甲酰胺（DMF）、二甲基亚砜（DMSO）和二甲基乙酰胺（DMAc），其中 DMAc 较为理想。美国的制法是将3,3-二氨基联苯胺和间苯二甲酸二苯酯在 DMAc 中缩聚而成。PBI 纤维的 LOI 值达到了41%，属于不燃纤维，说明其具有极好的阻燃性能，在空气中不燃烧，也不熔融或形成熔滴。PBI 纤维对化学药品的稳定性优异，对硫酸、盐酸、硝酸都有很好的抵抗性。PBI 纤维具有突出的耐高温性能，在300℃的条件下暴露60min，能保持100%的原有强度；在350℃下放置6h，能保持其原有强度的90%以上；在600℃下，PBI 纤维的耐高温时间可长达5s；即使温度高达815℃，PBI 纤维也可以很好地耐受短时间的暴露。在长时间的暴露下，如在230℃下暴露8周，PBI 纤维仍保留原有强度的66%。

该纤维是一种综合性能优异的有机纤维，具有耐高温、阻燃、化学稳定性好，力学性能、介电性、自润滑性良好及燃烧时毒气产生少等优良性能，被誉为“阻燃之王”。其应用的领域十分广泛，涵盖航空航天、军工国防、消防保护、交通通信、环保净化等领域。例如，可被用于制作航天器重返地球时的制动降落伞、喷气飞机减速用的减速器、热排出气的储存器等；可被用于飞行服、赛车服、救生服和消防服等。

三、阻燃纤维混纺时应注意的问题

阻燃纤维具有明显阻燃性的同时，也存在难以加工、力学性能差、不适宜皮肤接触等缺点。一般选择将数种阻燃纤维与其他纤维混纺使用，制作符合预期阻燃效果的纺织品。

不同种类的混纺纤维体系存在明显的协同效果，有的呈现阻燃协同增强，即体现为正向阻燃协同效应；有的呈现阻燃协同下降，即体现为反向阻燃协同效应。

例如，腈氯纶和棉混纺制成的阻燃面料，存在增强的阻燃协同效果，而阻燃涤纶和棉混纺时存在反向阻燃协同效应。

芳纶和芳砜纶按照50∶50、30∶70混配后的阻燃效果比起各自纯纺织物阻燃效果都有恶化。

阻燃涤纶与棉纤维混纺时，计算极限氧指数和实测极限氧指数的对比见表8-1。从表8-1中数据可以看出，计算值与实测值有明显差距。

表 8－1　阻燃涤纶和精梳棉混配纤维样条的 LOI 测试结果与计算结果的比较

样品	实测 LOI 值（%）	计算 LOI 值（%）	燃烧现象
100FT/0C	30.2	—	极难点燃，受热熔融，燃烧时有大颗液态油滴出现，有较多烟
65FT/35C	21.0	25.9	点火器接触后即点燃，燃烧较快，有明亮火焰和烟，有明显熔滴，残炭外观黑色，刮开后呈现白灰色
50FT/50C	21.8	24.1	点火器接触后即点燃，燃烧较快，有明亮火焰和烟，燃烧中纤维束上有明显熔滴向下流动，残炭呈黑色，刮开后呈现白灰色片状炭层
35FT/65C	22.1	25.9	点火器接触后较快点燃，燃烧较快，有明亮火焰和烟，残炭呈现黑色，表面包裹一层油滴状薄型残炭
0FT/100C	18.0	—	点火器接触一段时间后点燃，燃烧较慢，残炭呈现白灰色，硬片状

四、阻燃纺织品的性能评价方法

阻燃纺织品的性能评价方法相对比较成熟，标准化程度也较高。评价方法包括：

（1）从织物的燃烧速度进行评判。经过阻燃处理的面料按规定的方法与火焰接触一定时间，然后移去火焰，测定面料继续有焰燃烧的时间和无焰燃烧的时间，以及面料的损毁程度。有焰燃烧和无焰燃烧的时间越短，被损毁的程度越低，则表示面料的阻燃性能越好；反之，则表示面料的阻燃性能不佳。

（2）通过测定样品的氧指数（极限氧指数）来评判。氧指数（LOI）是样品燃烧所需氧气量的表述，故通过测定氧指数即可判定面料的阻燃性能。氧指数越高，说明维持燃烧所需的氧气浓度越高，即表示越难燃烧。

现有的纺织品燃烧性能测试方法因原理、设备和目的不同而呈多样性。各种测试方法所得结果之间没有很好的可比性，试验结果仅能在一定程度上说明试样燃烧性能的优劣。多数标准规定的燃烧试验方法主要用来测定试样的燃烧程度（炭化面积和损毁长度）、续燃时间和阴燃时间。如果要对这些测试方法进行分类，则可根据试样与火焰的相对位置，分为垂直法、倾斜法和水平法。目前纺织材料燃烧性能测试方法的标准化已相当全面和完善，包括 ISO、ASTM、BS、JIS 在内的国外标准及中国的 GB 和 FZ 标准。

第二节　抗菌纤维

人们在选用纺织品时除了关心其舒适性外，对其抗菌、防霉、防臭功能也越来越重视，因此抗菌纤维呈现出越来越旺盛的需求态势。抗菌纤维是具有杀灭或抑制微生物功能的一类新型功能纤维，一般分为自身具有抗菌功能的纤维和改性抗菌纤维两类。本身具有抗菌性的纤维有：汉麻纤维、罗布麻纤维、竹纤维、甲壳素纤维等，在相关章节中已经介绍，本章只介绍改性抗菌纤维。

一、改性抗菌纤维概述

改性抗菌纤维是指采用物理或化学方法将一定量抗菌剂添加至纤维表面或内部，使其具有抗菌功能。

（一）抗菌剂

材料的抗菌作用通常是通过抗菌剂来实现的，抗菌剂是指对细菌、霉菌等微生物高度敏感的化学成分，它能通过物理或化学作用杀死附着在材料表面的微生物。在实际使用过程中，并不要求其能迅速杀灭有害微生物，而是侧重于在长期的使用过程中可以抑制它们的生长和繁殖，以达到保护人体健康和环境卫生的目的。抗菌剂按其化学结构不同可分为有机、无机两大类。

1. 有机抗菌剂 有机抗菌剂发展的时间较长，种类较多，常用的主要包括天然有机抗菌剂和合成有机抗菌剂两大类。

（1）天然有机抗菌剂。天然抗菌剂主要是从动植物中提炼精制而成的，目前主要有桂皮油、罗汉柏油、壳聚糖、鱼精蛋白等，其中最常用的天然抗菌剂是壳聚糖。

壳聚糖是自然界中唯一带正电的碱性多糖，具有良好的亲和性、抗菌性和生物活性。目前，对于壳聚糖的抗菌机理，主要存在三种推测：一是壳聚糖大分子链带正电，细菌的细胞壁带负电，两者相互接触，产生静电吸附作用，影响细菌的正常活动，使其发生絮凝，从而抑制细菌的生长；二是低相对分子质量的壳聚糖可以穿透细菌的细胞壁和细胞膜进入细胞内，破坏了细菌体内遗传物质DNA与RNA的相互作用，阻碍细菌的繁殖；三是壳聚糖表面的自由氨基可以与对细菌生长起关键作用的金属离子以及酶的辅助因子进行螯合，抑制细菌对微量元素的摄取以及与营养物质的结合，阻碍其生长。

（2）合成有机抗菌剂。合成有机抗菌剂根据其分子结构可分为20余类，主要包括季铵盐类、咪唑类、吡啶类、噻唑类、卤素类、过氧化物类、双胍类、醇类、醛类、酯类、醚类、酚类、有机酸类等。

合成有机抗菌剂通过与细菌和霉菌等微生物细胞膜表面的阴离子相结合，或与巯基反应，使蛋白质变性，阻碍细菌和霉菌的繁殖，从而起到杀菌、防霉的作用。

有机抗菌剂的开发时间长，技术相对成熟，同时杀菌力强、毒性低、价格较便宜。但由于多数有机抗菌剂的化学稳定性差，在遇水、光照、高温等条件下易被分解，导致其药效持续时间短，极大地限制了其应用范围。

2. 无机抗菌剂 无机抗菌剂可以分为金属类抗菌剂、光催化类抗菌剂以及其他抗菌剂。

金属类抗菌剂主要为Ag^{+}、Cu^{2+}、Zn^{2+}、Sn^{2+}、Hg^{2+}、Fe^{3+}、Pb^{2+}、Co^{2+}等金属离子及其化合物，不同金属离子的杀菌活性不同，对人体毒性大小也有较大差异。研究表明，不同金属离子杀菌作用顺序为：$Hg^{2+} > Ag^{+} > Cu^{2+} > Pb^{2+} > Co^{2+} > Zn^{2+} > Fe^{3+} > Sn^{2+}$。由于Hg、Pb、Co、Sn等金属的毒性较大，因此，以Ag、Cu、Zn、Fe等金属离子负载于无机物载体上

的抗菌剂应用较广泛。金属离子的抗菌机理是：当金属离子与细菌接触后，由于静电吸附作用，金属离子穿透细胞壁进入细胞内，并与细菌体内的蛋白质、胺基（—NH）、巯基（—SH）等反应，阻止微生物的生物化学过程，细胞丧失分裂能力而死亡。

光催化类抗菌剂是指 TiO_2 等能被光子激活的材料。其抗菌机理为：当 TiO_2 等受到小于387.5nm 的光照射时，会形成电子空穴对，与吸附在其表面的 O_2 和 OH^- 生成活性较强的原子氧与氢氧自由基，能够分解细菌体内的有机物，从而达到杀菌的效果。光催化类抗菌剂无毒、安全性好、性能稳定、成本低，但必须在紫外光照射下才能发挥抗菌作用。因此，适用范围受到一定限制。

其他的无机抗菌剂还有碳纳米管、石墨烯、纳米级黏土等。

纳米结构的无机抗菌材料具有更好的抗微生物活性，这类抗菌剂包括无机纳米结构材料及其纳米复合材料和负载在有机载体上的无机纳米材料两大类。

（二）改性抗菌纤维的制备方法

抗菌纤维的制备就是将抗菌剂与纤维结合，形成具有抗菌功能的改性纤维。常见抗菌纤维的制备方法主要有：镀层法、共混纺丝法、复合纺丝法、化学接枝改性法和后整理法。

1. 镀层法　镀层法主要有化学镀、电镀和真空镀三类。真空镀是在真空状态下将金属银以原子或分子状态沉积在纤维的表面，形成一层金属薄膜，其制备过程不产生污水，属绿色制备工艺。镀银法面向的纤维基体一般为涤纶、锦纶等合成纤维。美国和日本的镀银技术始终处于世界领先水平。

2. 共混纺丝法　共混纺丝法是将抗菌剂和分散剂等助剂与纤维基体树脂混合后，经过纺丝、拉伸等工序制备抗菌纤维的一种方法。该种方法制备的抗菌纤维因其抗菌剂能更加均匀地分布在纤维的内部和表面，具有很好的耐洗涤性和抗菌持久性，近年来得到了广泛的关注和发展。

共混纺丝法制备抗菌纤维时，要求抗菌剂的耐温性能和化学稳定性好，粒径足够小，粒径分布范围窄且不能影响基体纤维的物理性能。

3. 复合纺丝法　复合纺丝法是指利用含有抗菌成分的纤维与不含抗菌成分的纤维或者其他纤维进行复合纺丝，制成并列型、芯鞘型、镶嵌型或中空多心型等结构的抗菌纤维。复合纺丝法是未来抗菌合成纤维的发展方向，但其制备过程同样需要经过熔融、纺丝的过程。

4. 化学接枝法　化学接枝法是对纤维表面进行改性处理，通过配位化学键或离子键结合具有抗菌作用的基团，赋予纤维抗菌性能的一种方法。但用该法制备抗菌纤维时，要求纤维表面存在可以与抗菌基团相结合的作用部位，或含有经过处理后能与抗菌基团接枝的作用点。

5. 后整理法　后整理法是通过物理的方法，以浸渍或者披覆的形式，赋予纤维抗菌性能的一种方法。具体来说，是将抗菌剂、黏合剂、分散剂等按照一定的比例混合制成溶液，再将基体纤维浸渍在其中，取出后挤压、烘干，从而使纤维具有一定的抗菌效果。后整理法制备抗菌纤维时，抗菌剂只是附着在纤维的表面，耐洗涤性差。

二、几种改性抗菌纤维

（一）银系抗菌纤维

美国诺贝尔纤维科技公司的 X - static 纤维就是利用化学镀银法制备的银系抗菌纤维。日本利用镀银法先后成功开发了 μ - func 和 AGposs 镀银纤维，其纤维直径一般为 15 ~25μm，银的厚度可达 0. 1μm。

我国的镀银技术也有一定的发展，青岛亨通伟业特种织物科技有限公司成功地将化学镀银技术应用到锦纶上，开发了抗菌锦纶，并已开始批量生产。中国石化股份天津分公司用无机银系抗菌母粒与涤纶切片以 1∶9（质量比）共混纺丝，成功制备了抗菌涤纶，其抗菌性可达 99%。浙江义乌华鼎锦纶有限公司通过在纺丝过程中添加无机层状纳米银磷酸盐抗菌母粒制备出了抗菌锦纶，其抗菌性能更为持久和高效，经 100 次洗涤后，抗菌性仍能达到 99%。

美国 Foss 公司开发的具有皮芯结构的“FossFiber”抗菌纤维。该纤维是将含银无机沸石添加到特殊设计的双组分纤维中，含银无机沸石仅分布在纤维表层，使得对有害细菌接触面最优化，具有广谱杀菌的效果，并被广泛应用于枕头、医院擦拭物、创伤保护用品、可多次清洗的抗菌清洁布等产品。

银离子除了可以很好地抑制和杀死革兰氏阳性菌（如金黄色葡萄球菌）、革兰氏阴性菌（如大肠埃希菌）和霉菌等微生物，还可以与病毒有效结合。银离子也可与单纯性疱疹病毒、人类免疫缺陷类病毒发生作用，产生抗病毒作用。银几乎对所有微生物都有抑制和灭杀作用，即使是在温暖潮湿的环境中，银离子也有着较强的抗菌活性，具有广谱、高效和无抗药性的特点，被广泛应用于抗菌纤维的制备中。然而目前银系抗菌剂的种类还不是很多，银离子的释放研究还不够深入，银系纤维易氧化变色的缺点还有待克服，未来仍需进一步研究开发抗菌性能持久、稳定性好、价格低廉的新型银系抗菌纤维。在抗菌浓度阈值范围内，银离子的细胞毒性很低。但是，鉴于实验条件的差异、纤维种类的繁多，使用环境的区别，使得银离子的安全阈值不同，所以关于银离子的安全性仍需进一步深入研究。

（二）含铜抗菌纤维

铜的化合物都可溶解，进入人体的铜也能随着新陈代谢排出体外；铜是人体中含量仅次于铁和锌，在微量元素中居第三位的生命元素；另外，铜和铁都是造血的重要原料，铜在人体皮肤、软骨等结缔组织的新陈代谢中起着重要作用，可催化血红蛋白的合成，参与造血过程。所以，含铜纺织品能增强皮肤生长因子的活性，刺激皮肤生成新的毛细血管，在伤口上使用含铜医用敷料能加快伤口的愈合速度。所以使用铜代替银制作抑菌类功能纺织品，已成为当今业界的共识和流行趋势。

含铜纤维属于无机抗菌纤维的范畴，加工方法主要有共混纺丝法、后整理法和接枝改性法三种。

（1）共混纺丝法。它主要是针对一些没有反应性侧基的纤维，如涤纶、丙纶等，在纤维聚合阶段或纺丝原液中将铜粉或铜化合物粉末加入纤维中，用常规纺丝设备进行纺丝。该方法是目前开发功能性纤维的主要手段，其优点是易加工，设备简单，缺点则是只有单一抗菌功能，因大部分加入的功能性粉体被包嵌在内部，导致粉体添加量至少是面料质量的40%才能有抗菌效果，且抗菌的稳定性和高效性稍差。目前，市场上很多中小型涤纶企业均已能生产此类产品。

（2）后整理法。它是采用含铜抗菌液对纤维进行浸渍、浸轧或涂覆处理，通过高温焙烘或其他方法将含铜抗菌剂固定在纤维上的方法。常用的有表面涂层法、树脂整理法、微胶囊法等。后整理法的优势在于：设备投资少，加工方便，并可处理各类纤维，且含铜纤维抗菌效果显著，抗菌剂添加量5%就有效果，另外含铜纤维还有很好的导电性能。但该方法缺点是所制得的抗菌纤维不耐洗涤，铜在洗涤中较容易脱落流失。目前，市场上代表产品有韩国产的ELEX。

（3）接枝改性法。它属于化学改性法。它是对纤维原浆分子进行化学改性处理，通过配位化学键结合铜基大分子，再接枝大量的亲水基团，最后经湿法纺丝而得。用该法制备含铜接枝纤维，铜元素仅作为纤维分子的一个原子，故在化学键能的作用下与纤维有较强结合度。该方法的优点是纤维抗菌效果媲美镀铜纤维，面料中抗菌剂添加5%即可达到抗菌效果，其持久性、安全性要优于以上两种加工方法。该方法的缺点是生产工艺和装置较为复杂，技术难度较高。目前市场上的代表产品有上海正家的卡普龙（COPPRON）。

卡普龙（COPPRON）为铜改性聚丙烯腈纤维，是在聚合阶段，运用接枝共聚技术在腈纶大分子侧链上，分别嫁接了有机铜链和高亲水基团，再经湿法纺丝而成的新型改性腈纶。当带有正电荷的微量铜离子接触到微生物的带负电的细胞膜时，发生库仑引力作用，金属离子穿透细胞膜，进入细菌体内，与细菌内蛋白质上的巯基、氨基发生反应，破坏细胞蛋白质，造成微生物死亡或丧失分裂增殖能力。

卡普龙纤维的亲水基团将汗液连带其中的菌类充分吸收到纤维中，富含于纤维中的铜离子与菌类全面接触，其抗菌效果明显高于其他同类产品。在专业机构的检测报告中，卡普龙纤维对金黄色葡萄球菌、大肠埃希菌的抑菌率达到99%以上，对白色念珠菌的抑菌率达到98%以上，达到国家纺织行业最高的AAA级标准。

北京中纺优丝特种纤维科技有限公司成功开发了锦纶基铜离子抗菌纤维。从含纳米级铜材的改性功能切片入手，经过熔融纺丝工艺，将铜离子镶嵌到纤维中，彻底解决铜离子在使用过程中脱落的问题。

日本研制成功一种脱臭、抗菌纤维，并经得起反复洗涤而仍保持其特性。是一种皮芯结构的纤维，芯子是聚酯制成，外鞘是由含细铜粉的聚丙烯纤维混合而成的。它可以中和硫臭味和胺基恶臭，同时可以杀灭诸如金黄色酿脓葡萄球菌和大肠杆菌，还可以抑制黑霉和蓝霉等真菌的生长。其用途包括供老人和医院用的床垫的芯子，厨房揩布，地毯和汽车座垫非织造物，汽车内饰的座垫罩等，及内衣裤和袜子等织物。

（三）Amicor 纤维

Amicor纤维是英国阿考迪斯（Acordis）公司生产的一种新型功能型抗菌纤维，抗菌纤维Amicor有AB型抗细菌纤维和AF型抗真菌纤维两种，这两种纤维混纺后同时具有抗细菌和抗真菌的双重抗菌性能。

AB 抗细菌纤维中含有一种叫 Triclosan 的抗菌剂，由瑞士汽巴公司生产，广泛用于化妆品和浴室用品中，能有效抑制许多细菌的繁殖，如金黄色葡萄球菌、鼠伤寒沙门氏菌、大肠杆菌和克雷伯氏肺炎菌等。AF 抗真菌纤维含有的安全抗菌剂能有效抑制真菌的繁殖。Amicor 纤维因为其抗菌理念是抑制有害菌繁殖，而不是杀死细菌，抗菌针对性强，同时，更不伤害人体皮肤上的常驻有益菌群。

Amicor 纤维的生产工艺是在纺丝中添加功能性助剂，助剂被锁定在纤维内部，成为纤维的一部分，抗菌剂溶出到纤维表面后，就形成了从内部抗菌剂颗粒（浓度较高）到纤维表面（浓度较低）的浓度梯度，使抗菌剂不断扩散和补充到纤维表面。又由于 micor 纤维特有的多孔状结构，使得表面抗菌剂的补充更加及时有效，因而形成由于洗涤和穿着而引起的缓释过程，使纤维在整个使用过程中具有抗菌能力。

Amicor 纤维目前主要采取在聚丙烯腈纺丝中添加功能性助剂，属于抗菌腈纶，具备腈纶所有的特点，如蓬松性高，手感柔软，染色色泽鲜艳，色牢度强，质地华贵典雅，具有独特的风格特征。当它们与其他纤维混纺，含量在 10% ~30% 时，就能赋予织物优良的防护功能，抑制织物上细菌和真菌的繁殖，且效果耐久。

三、抗菌纤维的抗菌性能评价

针对纺织品抗菌性能的评定，国内外已制定出一系列的评价标准，并经过多年的研究和发展进行了逐步完善。

（一）测试菌种的选择

根据国内外学者的研究，人体皮肤表层存在三类菌群：常驻菌群（是保护人体免受有害微生物侵袭的屏障）、过路菌群（往往是致病菌或条件致病菌）和共生菌群（对常驻菌群有支持作用，对过路菌群有拮抗作用）。这三类菌群与皮肤共同构成一个动态平衡的微生态系统，一旦平衡被打破，即可能导致皮肤感染或其他疾病。因而，在进行抗菌性能的评价中，菌种的选择必须具有科学性和代表性。表 8 -2 列出的是自然界和人体皮肤及黏膜上分布最为广泛的菌种。

表 8 -2 自然界中存在的主要菌

项目	分类	菌种
细菌	革兰氏阳性菌	金黄色葡萄球菌，巨大芽孢杆菌，枯草杆菌
	革兰氏阴性菌	大肠杆菌，荧光假单孢杆菌
真菌	霉菌	黑曲霉，黄曲霉，变色曲霉，橘青霉，绿色木霉，球毛壳霉，宛氏拟青霉
	癣菌	白色念珠菌，石膏样毛癣菌，红色癣菌，紫色癣菌，铁锈色小孢子菌，孢子丝菌

金黄色葡萄球菌是无芽孢细菌中抵抗力最强的致病菌，可作为革兰氏阳性菌的代表。大肠杆菌分布非常广泛，是革兰氏阴性菌的典型代表。白色念珠菌是人体皮肤黏膜常见的致病性真菌，对药物具有敏感性，具真菌的特性，菌落酷似细菌而不是细菌，但又不同于霉菌，易于计数观察，常作为真菌的代表。黄曲霉、黑曲霉、球毛壳菌则常作为霉菌的代表用于防

霉性能测试。目前大多数标准都选用金黄色葡萄球菌、大肠杆菌和白色念珠菌分别作为革兰氏阳性菌、革兰氏阴性菌和真菌的代表。但实际上为了考察抗菌纺织品的光谱抗菌效果，仅选用这三种菌是远远不够的。理想的做法是按一定比例，将有代表性的菌种配成混合菌种用于检测。在所有的标准中，仅 AATCC 30 - 1998 提到了用黑曲霉、桔青霉、球毛壳霉的混合孢子悬液作为测试菌液。

（二）测试方法

纺织品的抗菌性能的评价方法主要分为两类：定性方法和定量方法。定性方法主要有晕圈法（琼脂平板法、琼脂平皿扩散法）、平行划线法等。定量方法主要有奎因法、吸收法、振荡法、转移法、转印法等。表 8 - 3 主要列出了不同标准所采用的方法。

表 8 - 3 国内外典型纺织品抗菌性能测试方法标准

标准编号	方法名称	方法性质	效果表示
AATCC 30—2013	土埋法	定性	断裂强力损失
	琼脂平板法 I	定性	断裂强力损失、霉菌生长情况
	琼脂平板法 II	定性	霉菌生长情况
	湿度瓶法	定性	霉菌生长情况
AATCC 90—2016	晕圈法	定性	抑菌圈宽度
AATCC 100—2012	吸收法	定量	抑菌率、杀菌率
AATCC 147—2016	平行划线法	定性	抑菌带宽度
ASTM E2149—2013	振荡法	定量	抑菌值、抑菌率
JIS L1902—2015	晕圈法	定性	抑菌圈宽度
	吸收法	定量	抑菌值、杀菌值
	转印法	定量	细菌减少值（抑菌值）
ISO 20743—2013	吸收法	定量	抗菌值
	转移法	定量	抗菌值
	转印法	定量	抗菌值
GB/T 20944. 1—2007	琼脂平皿扩散法（抑菌圈法）	定性	抑菌圈宽度
GB/T 20944. 2—2007	吸收法	定量	抑菌值、抑菌率
GB/T 20944. 3—2007	振荡法	定量	抑菌率
FZ/T 73023—2006	晕圈法	定性	抑菌圈宽度
	改良奎因法	定量	抑菌率
	吸收法	定量	抑菌率
	振荡法	地量	抑菌率

晕圈法是最常见的定性测试方法，其原理是在琼脂培养基上接种试验菌种后紧贴试样，培养一定时间后，观察菌类繁殖情况和试样周围无菌区的晕圈大小，与标准对照样的试验情况进行比较。此法一次能处理大量试样，操作较简单，时间短，适用于溶出型抗菌织物，适宜作定性评价。

振荡法是非溶出性抗菌制品抗菌性能的一种评价方法，是将试样与对照样分别装入一定浓度的试验菌液的三角烧瓶中，在规定的温度下振荡一定时间，测定三角烧瓶内菌液在振荡前及振荡一定时间后的活菌浓度，计算抑菌率，以此评价试样的抗菌效果。此方法对试样的吸水性要求不高，纤维状、粉末状、有毛或羽的衣物、凹凸不平的织物等任意形状的试样都能测试，尤其适用于非溶出型抗菌织物。

$$抑菌率=\frac{C_t-T_t}{C_t}\times 100\%$$

式中：C_t——被测纤维振荡前的平均菌落数；

T_t——被测纤维振荡后的平均菌落数，如果振荡后的平均菌落数大于振荡前的平均菌落数，抑菌率则为0。

四、抗菌纺织品的安全性问题

抗菌纺织品的穿着不应以破坏人体皮肤黏膜的微生态环境为前提，若长期穿用溶出大量抗菌药物的纺织品，皮肤上的各种微生物都被杀灭，皮肤的微生态平衡将遭到破坏，就会对人体的健康安全带来威胁。因此，对人们长期穿用的日用抗菌纺织品，不应与医疗用抗菌织物产品混为一谈，不应片面强调产品的杀菌（或抑菌）效果。

抗菌纤维或纺织品的抗菌方式有溶出型和非溶出型之分。溶出型抗菌整理剂不与织物化学结合，能通过与水接触而被带走，其在培养基上可在样品的周围扩散并形成抑菌环，在抑菌环内的细菌均会被杀灭并不再生长；非溶出型抗菌剂与纤维上的羟基、氨基起反应后与纤维结合，稳定性强，缓释速度均匀，故只触及织物纤维被污染的微生物，绝少接触到皮肤黏膜，具有较高的耐久性与安全性，在其周围不易形成抑菌环，但与样品接触的细菌均会被杀灭，细菌在样品上无法存活、繁殖，这种方式亦称吸附灭菌。日用抗菌纺织品不宜有较多的抗菌物质溶出，在行业标准FZ/T 73023—2006中规定了用晕圈法评价抗菌纺织品所用抗菌剂溶出安全性的测试方法，一方面可对抗菌剂的溶出性进行判断，另一方面为抗菌纺织品的安全性提供判定依据。其中规定：按照标准程序洗涤一次后测试，若抑菌圈宽度 $D>1\text{mm}$，可判定为溶出型抗菌织物，反之 $D\leqslant 1\text{mm}$ 判定为非溶出型抗菌织物，从而为选用合适的试验方法提供依据；此外，规定抗菌纺织品的抑菌圈≤5mm，而不能以抑菌圈>7mm（医用抗菌纺织品）作为判断日用抗菌纺织品是否有抗菌作用的评价指标，防止生产厂家为追求耐洗涤次数而大量使用抗菌药物带来的潜在危害。

第三节　吸附型纤维

一、活性碳纤维

(一) 概述

活性碳纤维 (activated carbon fiber，ACF) 是继粉状活性炭 (powdered AC，PAC) 和粒状活性炭 (granulated AC，GAC) 之后发展起来的第三代活性炭材料，是指碳纤维及可炭化纤维经过物理活化、化学活化或两者兼有的活化反应所制得的具有丰富和发达孔隙结构的功能型碳纤维。

人们最初将传统的粉状或细粒状活性炭吸附在有机纤维上或灌到空心有机纤维里制成纤维状活性炭 (fiberous AC，FAC)，但所得产品性能不够理想。于是，直到20世纪60年代初期，在碳纤维工业得以发展的基础上，人们将碳纤维进行活化处理，才获得这种新型的吸附性能优异的ACF。

较大的比表面积和较窄的孔径分布使得它具有较快的吸附脱附速度和较大的吸附容量，且由于它可方便地加工为毡、布、纸等不同的形状，并具有耐酸碱腐蚀特性，其多用作吸附材料、催化剂载体、电极材料等，在环境、化工、食品、卫生、电子、电化学等领域得以广泛应用。

活性碳纤维形成工业规模的有黏胶基活性碳纤维、酚醛基活性碳纤维、聚丙烯腈基活性碳纤维、沥青基活性碳纤维，此外还有聚氯乙烯基活性碳纤维、PVA基活性碳纤维、聚酰亚胺基活性碳纤维、聚苯乙烯基活性碳纤维等。

(二) 活性碳纤维的制备

活性碳纤维的制备包括预处理、炭化和活化三个阶段，其具体生产工艺流程如图8－3所示。

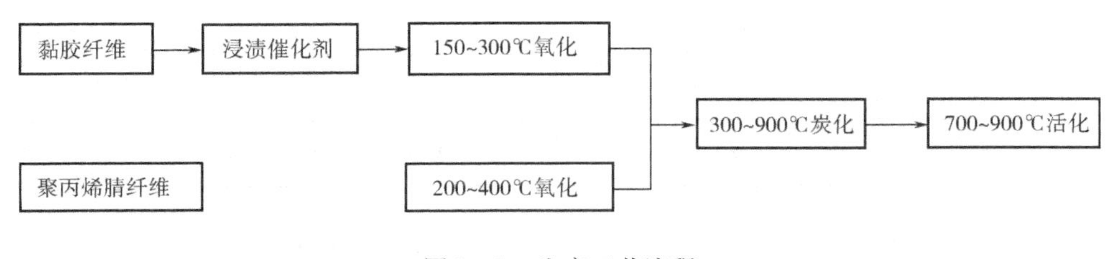

图8－3　生产工艺流程

1. 预处理　预处理的目的是使某些纤维在高温炭化时不致熔融分解，同时改善产品的性能和得率。不同纤维采用不同的预处理方法和条件，且一般采用两种预处理方法。

(1) 低温预氧化。主要应用于聚丙烯腈和沥青纤维，使其形成稳定的结构。

(2) 浸渍无机盐溶液。主要应用于黏胶纤维，以提高纤维的热稳定性或降低纤维炭化温度。

2. 炭化 在惰性气体中加热升温，排除纤维中可挥发的非碳组分，残留的碳经过重排，局部形成类石墨微晶。

3. 活化 碳纤维经活化剂处理，产生大量的空隙，并伴随比表面积增大和重量损失，同时形成一定活性基团。

活化过程是控制活性碳纤维结构性能的关键，可以采用物理活化方法，常用的活性剂有热的水蒸气或二氧化碳；也可以采用化学活化方法，使用一些金属氯化物、强酸强碱，如$ZnCl_2$、路易斯酸碱等作为活化剂。

活化一般在600~1000℃下进行，活化时间一般为10~100min。采用氧化性气体对碳纤维进行活化时，表面碳原子生成气体碳氧化物，纤维被刻蚀，形成孔洞，发生反应的碳主要为非晶碳，以及晶格缺陷处和晶棱上的碳。采用化学活化方法，温度可较低，化学活化剂的作用是催化有机纤维在低温下发生脱水、裂解交联反应，并在碳纤维占据一定的空间，当温度进一步升高时，化学活化剂成为气体挥发而留下孔洞。

（三）活性碳纤维的结构

1. 晶体结构 用广角X射线衍射技术观察沥青基ACF，表明它属于非晶态的无定形碳结构；用小角X射线衍射技术观察到在小角领域有相当强的散射，这说明其中存在着大而不同的无数气孔和微孔。因此ACF的碳原子以乱层堆叠的类石墨微晶片层形式存在，微晶片层在三维空间的有序性较差，平均尺寸非常小。

2. 表面含氧基团结构 通过对其表面分析，发现表面有一系列含氧官能团，如羟基、酯基、羧基等。而且随着活化处理的不同，其表面含氧基团也呈现出不同结构。含氧基团的种类及含量见表8-4。

表8-4 含氧基团的种类及含量

编号	结合能（eV）	官能团	含量（%）
1	284.58	C—C	75.19
2	285.97	C—O	15.14
3	287.48	—O—CO—	6.22
4	289.51	—O—CO—O—	3.45

3. 孔隙结构 根据国际纯粹和应用化学联合会（IUPAC）的分类，孔径小于2nm称为微孔，2~50nm称为中孔，50nm以上称为大孔。有人将微孔细分为超微孔（0.7~2.0nm）和极微孔（小于0.7nm）。ACF一个引人注目的结构特点是它具有较大的比表面积，丰富的微孔，中孔很少，没有大孔，而且孔径分布窄。一般而言，ACF比表面积可以达到1500~3000m^2/g，微孔孔径在1nm左右，微孔体积占总孔体积90%以上。而粒状活性炭（GAC）却存在大孔和中孔，其孔径分布较宽。两者孔径分布的示意图见图8-4。

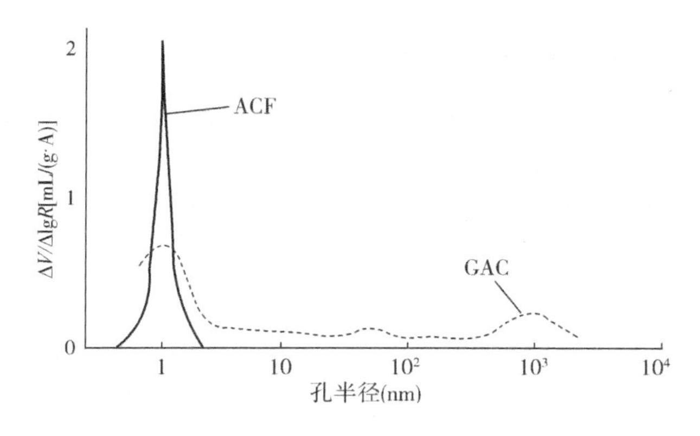

图8-4 ACF与GAC的孔径示意分布

4. 表面形态结构 用扫描电子显微镜（SEM）观察ACF表面，发现表面比较光滑，而不是如粒状活性炭（GAC）表面那样凹凸不平。但是，当它的比表面积超过$2000m^2/g$时，用高分辨率SEM也可观察到微小的孔。图8-5是ACF和粒状活性炭的表面结构模型示意图。

根据各种实验方法和测定结果，高比表面积ACF的结构模型如图8-6所示。

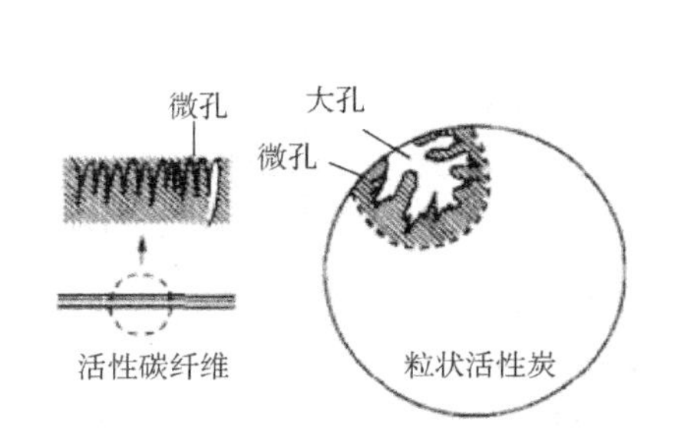

图8-5 ACF与GAC的表面形态结构示意图

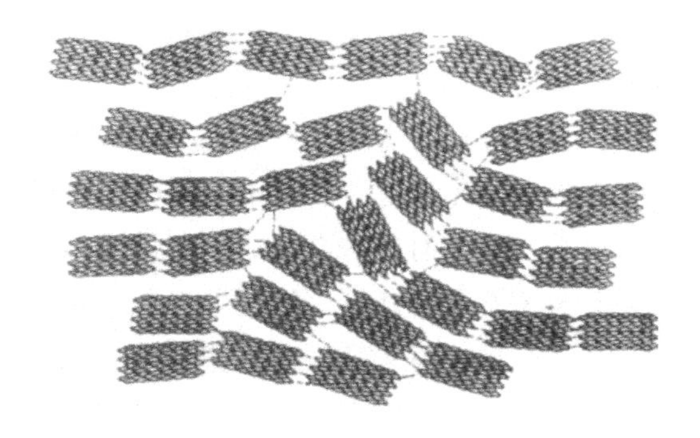

图8-6 ACF的结构模型

（四）活性碳纤维的性能

作为一种高效吸附材料，ACF的吸附性能较以往的粒状、粉状活性炭大大提高。其主要特点为：纤维直径细，与被吸附质的接触面积大，增加了吸附概率；外表面积大，吸脱速度快，吸附量大，是其他活性炭吸附容量的1～10倍；孔径分布窄，绝大多数细孔在2nm以下，而且材料的孔径大小通过调整工艺参数可得以控制，有效吸附效率可以提高；漏损小，滤阻小，吸附层薄和体密度小，易制作轻而小型化的生产设备。正是基于其吸附量大，吸附速度快，对于低浓度吸附物质吸附能力优良，再生容易，用ACF作为吸附材料的装置及其配套工程规模小，占空间小，投资少，操作简单，而且省电节能，经济效益高。

ACF又可看作“纤维状活性炭”。纤维状的特色是增大强度，可自由变形。故而ACF不易粉化，不会造成二次污染，而且可根据需要制成各种制品和多种形态，如纤维、毡、布、网和纸等。表 8－5 为不同型号沥青基 ACF 的基本性能。

此外，ACF 还具有炭的固有特性如耐酸、耐碱、耐高温性能及导电、导热性。

表 8－5　不同型号沥青基 ACF 的基本性能

性能	A－10	A－15	A－20
比表面积（m^2/g）	1000	1500	2000
纤维直径（mm）	14	12	11
强度（kg/mm）	25	15	8
模量（kg/mm）	711	543	331
伸长率（%）	3.51	3.03	2.56

（五）活性碳纤维的应用

ACF 因其优异的吸附性能而广泛用于空气净化和除湿、冰箱除异味、气体净制、气体分离、有机溶剂及化合物回收、工业有机废水治理、防毒气、水净化、净制离纯水、催化剂或催化载体以及生理用品等，并且用 ACF 毡回收有机溶剂早已工业化，空气净化机、除湿机及净水器业已问世，在环境保护方面充分显示了它的高效吸附性能。此外，基于其丰富的孔隙结构和炭质的特性，作为储能材料和电极材料，ACF 在新能源领域正在发挥着重要作用，具体应用如下。

（1）水净化。ACF 较一般的活性炭吸附容量大而且吸脱速度快，所以用 ACF 作为吸附材料制造的水净化装置不仅净化效率高，而且处理量大、装置紧凑、所占空间小。除此之外，ACF 对水质净化有特殊功能，可以除去水中的异臭、异味，并对水质浑浊有明显的澄清作用；对水中含高铁、高锰等无机物的净化效果明显；对氰、氯、氟、酚等有机化合物去除率可达 90% 以上；对细菌有极好的过滤效果，如大肠杆菌去除率达 98% 以上。

（2）溶剂回收。ACF 吸附、脱附速度快、周期短；脱附温度低，减少热解和热聚合的可能性；脱附容易而且彻底，残留在吸附床中的被吸附物质少，减少了结焦或积炭的可能。因此用 ACF 回收有机溶剂的质量要比用活性炭的高，而且操作简单、省时。

（3）空气净化。ACF 对多种气体有特殊的吸附、分解能力，如利用 ACF 吸附分解臭氧的能力，可用于办公设备的臭氧脱除，使空气中的臭氧浓度符合允许浓度（0.1μg/g）。另外，ACF 对香烟产生的烟雾中多种对人体有害的物质（如 3,4－苯并芘）有特殊的吸附能力，对烟碱的吸附率也很高，所以可以利用 ACF 作为滤芯制作净化器来净化室内空气。目前市场上已有用于室内和汽车上使用的空气净化器上市。

（4）纳米活性碳纤维在电子工业，特别在高新技术上的应用已日益广泛。纳米活性碳纤维由于具有大的比表面积、适中的细孔孔径及电导性能，故可用于生产前驱体电池产品的部件，制备高效小型的电容器，特别是双层电容器，容量是普通铝电解电容器的 100 万倍。制造 IC、LSI 及超 LSI 的小型存储永久性电源，避免因停电等事故而给计算机带来不可估量的损失，还可开发用于大电流放电的双层电子电容器。在电子与能源方面可用于制造高性能的电容、电池的电极等。

(5) 分子筛及催化剂载体。利用ACF具有高比表面积、强度高与良好的热导性能的特点可以用作催化剂载体。活性碳纤维作为助催化剂，适用于多种化学催化反应，如用于丙烯水合生产异丙醇时，反应使用的是改性沸石分子筛催化剂，由于反应强烈放热，易于“飞温”而使反应失败，活性碳纤维具有与分子筛相近的分子构型，由于微孔结构和耐高温性，在向分子筛中加入活性碳纤维后，在同样的操作条件下，反应易于控制，且不再有“飞温”现象发生，产率也得到提高。

(6) 其他。活性碳纤维可用于生产化学辐射器材，并能除去放射性物质，可用于核电站的防护材料。在化学工业，可用于生产防化学毒品的化学防护衣，用于防化学武器或喷洒农药及农药厂工人的工作服，与防毒面具配合使用，可防止毒气通过口腔、鼻腔或皮肤进入人的身体内。此外，也可作为催化剂载体，气相色谱的固定用高分子筛。在医疗业，可用于制造人造肾脏、肝脏的吸附剂，用于制作绷带和各种除菌的医疗卫生用品。在民用方面，可用于冰箱除臭、水果和蔬菜保鲜、除臭防腐鞋垫等。

二、竹炭纤维

竹炭纤维是运用纳米技术微粉化的竹炭（纳米炭微粉）经过高科技工艺加工，然后采用传统的化纤工艺流程，以涤纶、尼龙、黏胶等为载体混合纺丝成型得到的具有吸附性能的功能纤维。目前已经生产并投入市场上使用的有竹炭聚酯纤维、竹炭涤纶、竹炭黏胶纤维、竹炭丙纶等产品。

（一）竹炭与竹炭纤维的制备

将竹子经过800℃高温干燥炭化工艺处，如干馏热解法、土窖烧制法等。将竹炭进行超细化处理，形成微粉状至纳米级；然后再将纳米级的竹炭进行相关的后整理。以涤纶、尼龙、黏胶等为载体与竹炭粉末进行互相混合制得竹炭纤维。

（二）竹炭的结构和作用

竹炭为多微孔材料，孔径在2nm以下，具有较大的比表面积，可高达$700m^2/g$，所以竹炭的吸附能力非常好。因此以有吸附性的竹炭纤维为基布，以优质的活性炭微粉为吸附材料，通过纺黏与后整理工艺将它们黏合在一起，制成活性炭非织造布。此类非织造布吸附性能优异，具有抗菌作用，可直接吸附人体异味、油烟味和甲醛等。竹炭主要由碳、氢、氧等元素组成，质地坚硬，细密多孔，其吸附能力是同体积木炭的10倍以上，所含矿物质是同体积木炭的5倍以上，因此具有良好的除臭、防腐、吸味的功能。

纳米级竹炭微粉还具有良好的抑菌、杀菌效果。竹炭可以吸附并中和汗液所含有的酸性物质，达到美白皮肤的功效。而且竹炭还是很好的远红外和负离子辐射材料。它不仅具有自然和环保特性，更有发射远红线、负离子以及蓄热保暖等多种功能，适用于贴身衣。竹炭的功能具有永久性，不受洗涤次数的影响。

竹炭的空隙结构及竹炭纤维的蜂窝状微孔结构见图8-7和图8-8。

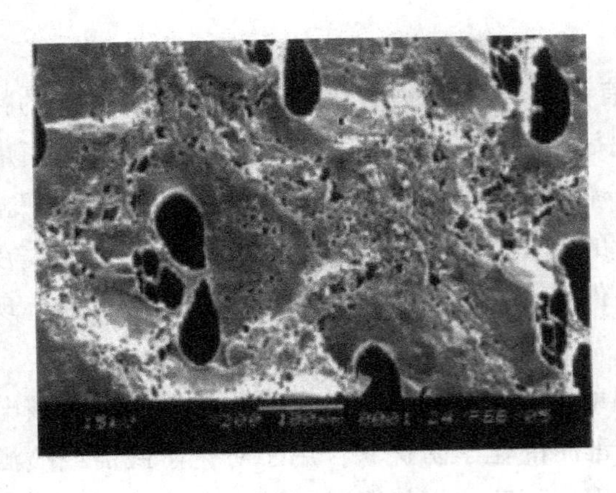

图 8-7 竹炭的空隙结构

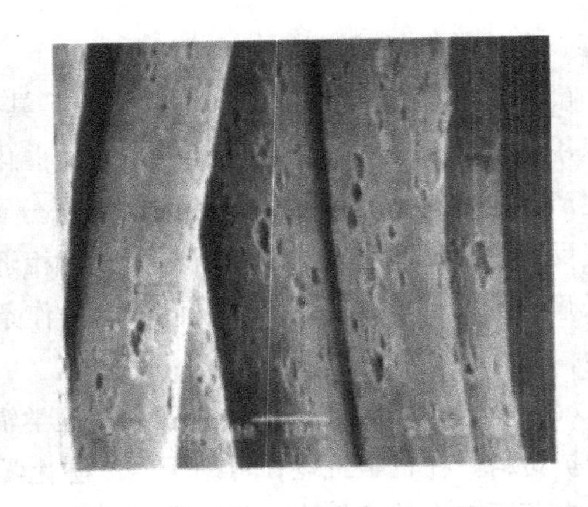

图8-8 竹炭纤维呈内外贯穿的蜂窝状微孔结构

（三）竹炭纤维的性能

1. 超强的吸附性能 竹炭比表面积是木炭的 3 倍以上，内部有许多孔洞，这些孔洞的大小各不相同，这些优点都有利于竹炭纤维对有毒有害物质进行吸附，对硫化物、氮化物、甲醇、苯、酚等有害化学物质能发挥吸收、分解异味和消臭的作用。例如，普通黏胶纤维的氨去除率只有 17.4%，而竹炭黏胶纤维则达到54%。竹炭对空气中有害气体的吸附能力见表 8-6。

表 8-6 竹炭对空气中有害气体的吸附能力

有害气体	吸附率（%）	持续吸附时间（d）
甲醛	16.00~19.30	24
苯	8.69~10.08	1
甲苯	5.65~8.42	1
氨	22.73~30.65	24
三氧甲烷	40.68	24

2. 抗菌效果显著 竹炭纤维具有优异抗菌杀菌效果。在探究竹炭纤维的抗菌原因中，有研究表明：人体中的细菌多数为微生物，去除微生物细菌便可达到杀菌抗菌的效果，而竹炭纤维可将人体上的微生物进行分解以达到抑菌的效果。以浙江上虞弘强彩色涤纶有限公司生产的竹炭纤维为例，经浙江省微生物研究所检测，竹炭纤维与枯草芽孢杆菌、大肠杆菌8099、金黄色葡萄球菌、巨大芽孢杆菌、荧光假单孢菌这五种细菌的菌液 24h 接触，抗菌率高达 84%；100% 竹炭纤维制成的针织布在 14d 内的防霉程度为 1 级。

3. 远红外功能 竹炭纤维中含有大量的矿物质，如钙、镁、钠、铁、钾、锰等，这些矿物质都是人体所必需的矿物质，因此竹炭纤维供人使用有益于身体对矿物质吸收。竹炭纤维也可发射人体所能吸收的远红外线，红外线发射率在 85%~89%，而此范围远红外线可供人体吸收，有益于人体健康（竹炭纤维能吸收和再发射 4~14μm 的远红外线，而此段波长的远红外线与生物生长关系密切，因此又称为“生育光线”或“成长光线”）。而远红外线容易被人体吸收，起到蓄热保暖的作用，并且有利于改善微循环，促进新陈代谢。

4. 吸湿快干性　由于竹炭纤维的表面、截面均为蜂窝状微孔结构，使其可快速吸收皮肤散发的湿气和汗液，并迅速扩散到周围空气中，保持干爽、透气的效果，能使户外运动者持续保持干爽舒适状态。

5. 防静电和抗电磁辐射功能　由于竹炭纤维特殊的分子结构和超强吸附功能，使其具有了弱导电性，能起到防静电、抗电磁辐射作用。

（四）竹炭纤维的应用

现竹炭纤维面料主要应用于内衣产品、衬衫、T 恤、袜子、毛巾、床上用品及运动休闲装等，以充分发挥竹炭纤维天然、环保、多功能的优异特性。

近年来研发的竹炭改性涤纶的表面、截面均为蜂窝状微孔结构，开发的针织物可快速吸收皮肤散发的湿气和汗液，并快速扩散到周围空气中，保持皮肤干燥，从而自动调节人体湿度平衡。

因此竹炭纤维广泛运用于非织造床垫、非织造鞋材、医疗方面、卫生用品等领域。非织造床垫不仅能够保温还具有保健功能；在非织造鞋材方面，竹炭纤维非织造鞋具有优异除臭抗菌性能，能有效地解决由于脚出汗引起的大量细菌繁殖问题；在医疗方面，医护服需要达到灭菌效果，而竹炭纤维非织造布更适于这方面的应用；在卫生用品方面，非织造布在纸尿布、卫生巾、老年尿布等方面用量巨大。

参考文献

[1] 张建春，钟铮. 腈氯纶阻燃纤维生产技术及应用[J]. 纺织导报，2000(2)：15－17.

[2] 常涛，胡延新. 浅谈阻燃织物[J]. 天津纺织科技，2002(1)：37－42.

[3] 赵永旗，杨建忠，杨柳. 聚苯并咪唑纤维的性能及其在纺织上的应用[J]. 合成纤维，2014，43(10)：29－31.

[4] 兰红艳. 阻燃纤维的分类与应用[J]. 上海毛纺科技，2010(4)：5－8.

[5] 李会改，万明，王梅珍，等. 银系抗菌纤维的研究现状[J]. 合成纤维，2014，43(7)：29－32.

[6] 李小叶. 阻燃床垫面料的开发及其相关使用性能研究[D]. 上海：东华大学，2012.

[7] 王晓明. 阻燃腈氯纶纤维浅论[J]. 上海纺织科技，1998(2)：14－16.

[8] 伍李云，张美庭，张晓珊，等. 竹炭抗菌除臭纺织品的现状[J]. 轻工科技，2017，33(9)：104－105，114.

[9] 孙海波，王双成，吕冬生，等. 生物质石墨烯改性聚酰胺纤维的制备及性能表征[J]. 合成纤维，2017，46(7)：14－16.

[10] 周晓芳. 溶出型抗菌纺织品的体外细胞毒性评价[J]. 中国纤检，2017(7)：95－97.

[11] 宁翠娟. 铜离子抗菌纤维实力“上线”[J]. 纺织科学研究，2017(7)：22－24.

[12] 刘萍，冯忠耀，杨卫忠. 新型防螨抗菌聚酯纤维的开发[J]. 合成纤维，2017，46(6)：12－14.

[13] 李蓉，刘洋，刘颖，等. 汉麻纤维的阳离子改性及其染色性能和抗菌性能研究[J]. 化工新型材料，2017，45(4)：242－244.

[14] 薛斌. 新型纤维发展现状及其在针织上的应用[J]. 针织工业,2017(2):25-28.
[15] 顾秦榕,谢春萍,王广斌,等. 罗布麻纤维结构与性能测试研究[J]. 丝绸,2017,54(2):11-15.
[16] 王德海. 医用纺织品的分类与防护功能[J]. 针织工业,2017(1):9-12.
[17] 郭亚. 抗菌材料的应用与发展[J]. 成都纺织高等专科学校学报,2017,34(1):206-209.
[18] 马君志,曲丽君,李昌垒,等. 石墨烯黏胶纤维制备及性能研究[J]. 人造纤维,2016,46(6):2-9,14.
[19] 马洁,张瑞寅. 含铜抗菌纤维[J]. 合成纤维,2016,45(12):6-8,17.
[20] 钱婷婷,董艺凝,苏海佳,等. 新型复合抗菌纤维的抗菌效果研究[J]. 环境科学与技术,2016,39(10):149-154.

第九章　新型生物质纤维

所谓生物质纤维，是指来源于可再生生物质的一类资源。生物质纤维基本可分为三大类，生物质原生纤维，如棉、毛、麻、丝等；生物质再生纤维，即以天然动植物纤维为原料制备的化学纤维，如竹浆纤维、麻浆纤维、蛋白纤维、海藻纤维、甲壳素纤维、直接溶剂法纤维素纤维等；生物质合成纤维，即来源于生物质的合成纤维，如 PTT、PLA、PHA 纤维等。

第一节　新型生物质原生纤维

对于新型生物质原生纤维，现今研究最多也最成熟的是汉麻纤维。

汉麻（Hemp），原名大麻，也叫线麻、寒麻、火麻等。国际上将四氢大麻酚（THC）含量低于0.3%的大麻品种称为工业大麻，高于0.3%的品种称为药用和毒品大麻。汉（大）麻是人类最早利用的纺织纤维之一。目前，我国汉麻产量已居世界第一位，约占世界总产量的2/3。

一、汉麻纤维的成分与结构

汉麻纤维的主要成分有纤维素、木质素、酚类物质、金属元素等，各成分在纤维中的分布如图 9－1 所示。

汉麻单纤维呈管形，表面有节，无天然扭曲，表面很粗糙，不同程度地有纵向缝隙和孔洞，横截面略呈不规则多边形，中心有空腔，空腔与纤维表面的缝隙和孔洞相连，在胞间层物质的黏结下交织成网状。图 9－2 为汉麻纤维的 SEM 照片，从照片上可以显著地看到这些特点。

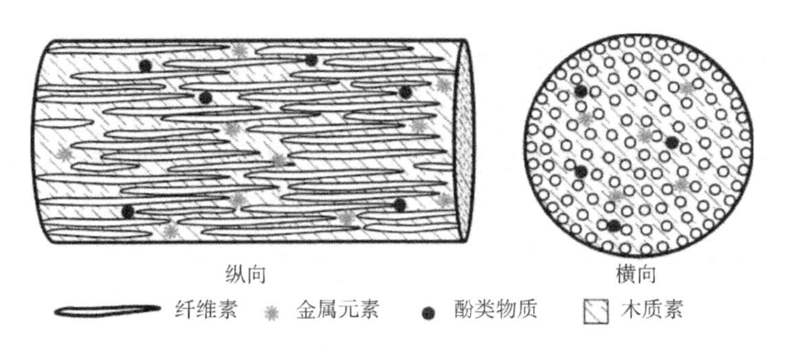

图 9－1　汉麻纤维分子结构模型

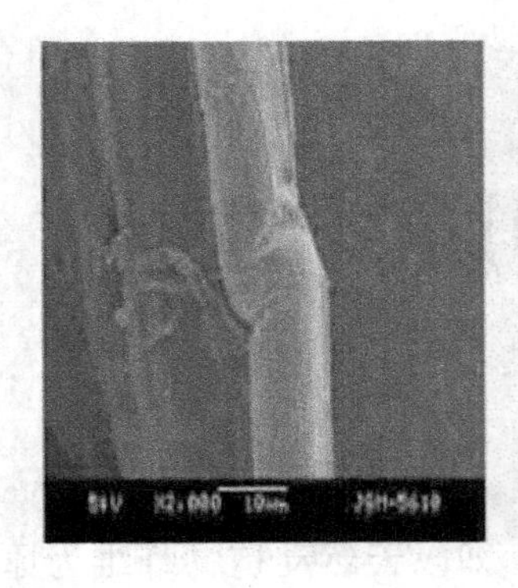

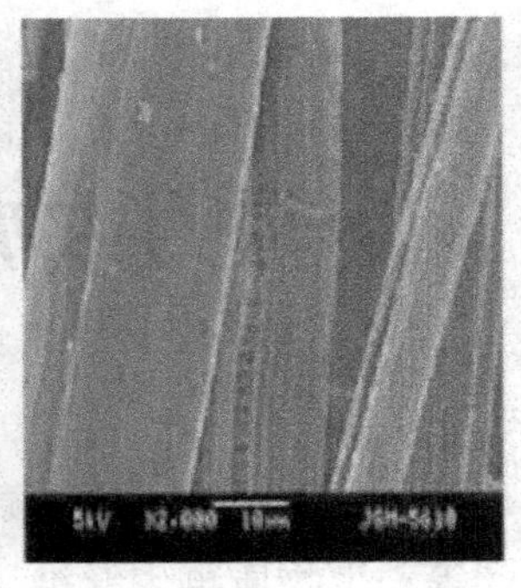

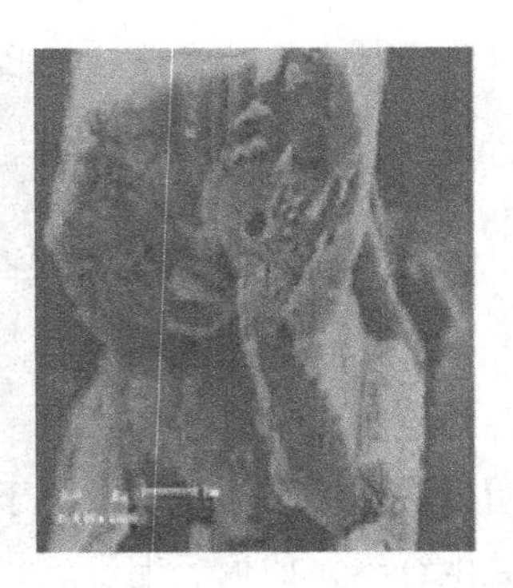

图 9－2　汉麻纤维电镜照片

二、汉麻纤维的性能

研究表明，汉麻纤维是一种优异的服用纤维，纤维细、强度高、吸湿排汗性好，既具良好的服用舒适性，又有一定的保健作用。

随着人们对汉麻不断的深入研究，发现汉麻浑身是宝。汉麻纤维是典型的绿色功能性纤维，具有吸湿、快干、舒爽、散热、防霉、抑菌、防紫外线、吸附异味等特性。

1. 汉麻纤维的物理性能　汉麻纤维基本物理性能见表 9－1。

表 9－1　汉麻纤维与棉的基本物理性能

性能指标	汗麻纤维	棉
长度（mm）	20～25	25～31
纤维线密度（tex）	0.22～0.38	0.12～0.20
强度（N/tex）	>0.48	0.22
断裂伸长率（%）	2.2～3.2	7.12
杨氏模量（N/tex）	16～21	6.0～8.2
织物吸湿速度（mg/min）	2.18	1.33
织物放湿速度（mg/min）	4.4	2.37

从表 9－1 中可以看出，汉麻纤维强度高，断裂伸长小，适合于作为复合材料中的增强纤维应用，但其纺织加工难度大，因此纤维处理时需要采用各种工艺对其进行改性，以适应于服用的需要。

汉麻纤维吸湿速度和放湿速度大于棉纤维，具有吸湿快放湿快的特点。图 9－3 为汉麻纤维和棉纤维的吸湿、放湿曲线。

2. 汉麻纤维的抗菌抑菌性能　汉麻纤维的抗菌性能通过多方面共同作用，主要有以下几方面。

（1）结构抗菌。汉麻纤维由于其独特的中空结构和丰富的孔穴，使纤维内饱含氧气，厌氧菌无法生存。

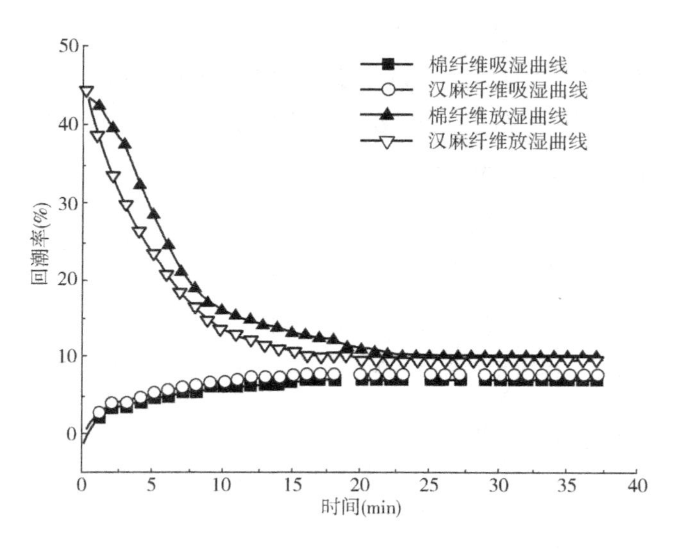

图 9-3 汉麻纤维和棉纤维的吸湿放湿曲线

（2）吸湿抗菌。汉麻具有优良的吸湿导湿性，能及时排出人体汗液，破坏细菌所适宜的潮湿生存环境，达到抑菌目的。

（3）化学抗菌。汉麻纤维中含有多种抑菌性金属元素（Ag、Cu、Zn、Cr 等）、酚类物质及其衍生物、有机酸（齐墩果酸、熊果酸、十六烷酸）和无机盐，可以穿透细菌细胞壁进入细菌内部破坏其结构，尤其是酚类物质，其可以破坏霉菌类微生物的生长并阻碍呼吸作用，阻止微生物繁殖，最终达到抑菌效果。

根据美国 AATCC 90—1982 定性抑菌法测试标准测试，结果表明，汉麻纤维织物对白色念珠菌、大肠杆菌、绿脓杆菌、金黄色葡萄球菌有显著的抑制效果，其中对大肠杆菌的效果最好，抑菌圈直径达 100mm（抑菌圈直径大于 6mm 即有抑菌效果），说明汉麻纤维具有天然的抑菌功效。

3. 汉麻纤维的抗紫外线功能 图 9-4 是汉麻织物与苎麻织物、亚麻织物抗紫外线性能的比较，可以看出，汉麻织物的紫外线防护系数明显高于亚麻纤维和苎麻纤维。

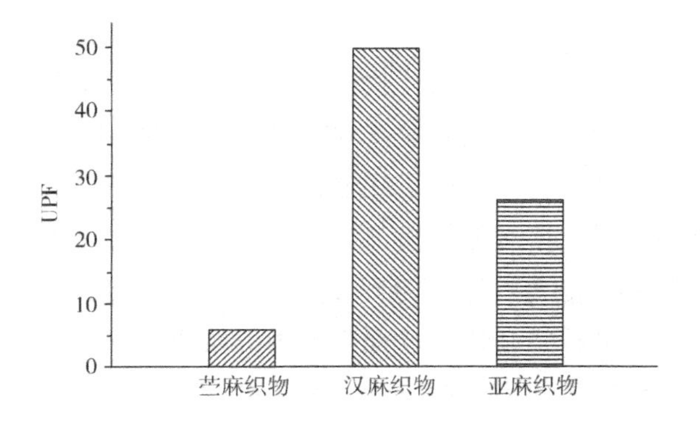

图 9-4 几种麻织物的紫外防护系数

4. 汉麻纤维的吸附性能 图 9－5 是汉麻与棉纤维对化学挥发物（TVOC）的吸附性能。将 300g 汉麻纤维和 300g 棉纤维分别置于两个密封舱中，密封后加入 TVOC，并开始计时，分别测试不同时间密封舱 TVOC 的浓度。从图中可以看出，汉麻的吸附性能明显优于棉纤维，这与其多孔中空的形态结构是密切相关的。

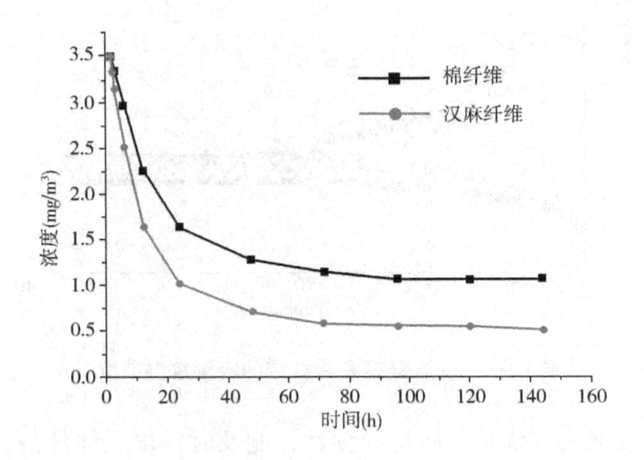

图 9－5 TVOC 浓度随时间变化图

三、汉麻纤维的加工与开发

汉麻纤维开发应用主要瓶颈和制约因素有以下几个方面：

（1）传统汉麻的脱胶技术存在着生产效率低、纤维利用率低、脱除不均匀、污染严重等问题，而且汉麻单纤维长度较短，控制脱胶程度较难。

（2）传统汉麻纤维梳理加工造成了麻粒多、短绒多、可控性差、损耗大、长短不分、粗细不分，高支纤维无法取得，更谈不上高支纱成纱品质。

（3）汉麻纤维本身存在粗、硬的特点，单独成纱不仅难度大，而且所成织物表面毛羽多、手感粗糙、弹性差、易皱等。

（4）汉麻纤维染色及后整理技术研究不足，造成汉麻纤维制品色牢度差、品质低下、应用受到限制。

开发新的脱胶工艺和分梳技术，采用“机械—生物—高温漂洗”三位一体环保脱胶新工艺和设备，突破了传统工艺污染、高耗能的技术瓶颈。通过预梳成条、牵切梳理、精梳分理、精细梳理等麻类前纺新工艺和设备，实现了纤维的长短和粗细可控，实现清洁化生产。

采用汉麻纤维棉型化加工，使其能与棉、毛、丝、化学纤维等混纺，纺纱线由于多种成分的存在，实现了优势互补，能更好地满足织造条件和产品要求。汉麻紧密赛络纺纱技术，可提高汉麻纤维可纺性，汉麻纤维在纺纱过程中浮游纤维得到了有效控制，提高了汉麻纯纺及混纺纱的品质。汉麻纤维气流新型纺纱技术，使汉麻混纺落麻得以充分利用，提高了汉麻纤维的利用率及生产效率。

四、汉麻纤维的应用

已先后在部队试穿试用了汉麻袜子、汉麻短裤、汉麻作训服、汉麻体能训练服、汉麻衬衣、汉麻毛巾和毛巾被、汉麻床单和被罩、汉麻作训鞋等，其中汉麻夏袜和冬袜、汉麻短裤、汉麻毛巾、汉麻作训鞋先后大批量在全军装备应用。图9－6所示为汉麻纤维开发的服装产品。

图9－6　汉麻纤维开发的服装产品

第二节　新型生物质再生纤维

一、新型再生纤维素纤维

传统的再生纤维素纤维（黏胶纤维）织物，手感柔软，悬垂飘逸，穿着舒适透气，多年来一直受到消费者青睐，但存在着纤维强力低、弹性差、易变形、纤维加工污染严重等问题。

从20世纪90年代开始，一批新型再生纤维素纤维被逐步研制开发出来，典型的有天丝（Tencel）、Modal纤维、丽赛纤维、Viloft纤维、竹浆纤维、圣麻纤维等。这些纤维分别从原料来源、生产方法、主要性能等方面有了许多改变，从而形成新一轮再生纤维素纤维的开发应用高潮。

1. 天丝　Tencel纤维是人们近30年来研发最为成功的人造纤维，又称“天丝”，由于原料来自木材，并采用NMMO纺丝工艺，将木浆溶解在氯化铵溶剂中直接纺丝制得天丝纤维，其中氯化铵溶剂的回收率达99%以上并可循环使用，整个生产系统中废排放为零，产品也可生物降解，对环境几乎没有任何污染，所以称之为21世纪的绿色纤维。

Tencel纤维的主要特点如下：

（1）天丝原料是采用可再生针叶树为主的木浆，其溶剂可循环利用，产品废弃后可生化降解，其环保性代表了未来纺织品的发展趋势。

（2）天丝除继承人造棉优良的特性外，还克服了人造棉湿态强力弱、抗皱性差等主要缺点。

由于其独特的分子结构，结晶度、聚合度和取向度都较高。相比其他纤维素纤维，天丝干强和湿强都较高，干湿态的断裂伸长较小，吸湿和吸水性能良好，湿模量较高，其织物尺寸稳定性好、耐皱性能高，水洗后也不易变形，故可洗性好。

（3）天丝纤维横截面为圆形，纤维表面光滑无条纹，其织物具有丝绸般的光泽、优良的手感。

（4）天丝纤维有原纤化倾向，纤维表面易分裂产生小纤维绒，可通过工艺调整和控制消除这种现象，同时也可利用此特性制造有桃皮绒感和柔软触感的纺织品。

在加工过程中，这个特性易给纺丝带来一定的困难，因此就开发出了性能类似于普通黏胶的无原纤化天丝纤维，从这个角度就可以将天丝纤维分为两种，也就是原纤化的天丝纤维以及无原纤化的天丝纤维。

（5）天丝具有良好的可纺性和应用领域，它能纯纺，也可与任何纤维混纺，天丝产品蕴藏着强大的生命力和活力。随着时代的进步，科技的发展，纺织品市场将更加显现多样化和个性化，面料更加强调原料和组织结构的互补性交融和高科技的渗入，天丝除了迎合环保这一发展主流外，还在纺织品未来的流行趋势中扮演重要角色。通过不同的纺织和针织工艺可织造不同风格的纯天丝织物和混纺织物，用于高档牛仔服、女士内衣、时装及男式高级衬衣、休闲服和便装等。新近开发成功的细旦和超细旦天丝纤维在高档产品开发中能发挥更好的作用。在非织造布、工业滤布、工业丝和特种纸等方面也得到了广泛的应用。天丝纤维可采用针刺法、水刺法、湿铺、干铺和热黏法等工艺制成各种性能的非织造布，性能优于黏胶纤维产品。欧洲的几家公司正对 Lyocell 纤维在缝纫线、工作服、防护服、尿布、医用服装等方面的应用进行研究，日本的纸张制造商也在开发 Lyocell 纤维在特种纸方面的用途。

2. Modal（莫代尔） Modal（莫代尔）纤维是一种以木浆为原料，由奥地利兰精公司生产的新型再生纤维素纤维，环保且高湿模量。采用欧洲榉木浆粕为原料，并采用无毒可回收的有机溶剂，在特定条件下通过溶解、过滤、脱泡等工序后挤压纺丝、凝固而制成原料，生产中的残液排放对环境均无污染，并可生物降解，为天然绿色纤维之一。

Modal 纤维的截面不规则似腰圆形，较圆滑，有皮芯层，纵向有 1～2 根沟槽，有高结晶度和整列度的分子结构，原纤结构明显，因而具有许多优良性能。莫代尔纤维的干强和湿强以及湿模量湿强度要比普通黏胶高许多。它具有棉的柔软、丝的光泽，而且，吸水透气性都优于棉。

莫代尔纤维既可以纯纺，又可与其他纤维混纺，如与羊毛、羊绒、棉、麻、丝、聚酯纤维等混纺。Modal 纤维织成的织物手感柔软，悬垂性好，穿着舒适，色泽光亮，是一种天然的丝光面料。尤其在内衣面料市场，由于纤维的柔软、舒适、透气、环保特点迎合了内衣面料的要求，得到广泛应用，成为内衣用纤维的新宠。还可利用超细莫代尔纤维织制仿真丝、桃皮绒等高档面料。

同时，Modal 纤维相对 Tencel 纤维价格偏低，成品价格比较适中，适合消费者范围较广，市场前景十分广阔。

3. 竹浆纤维　竹浆纤维是由我国自行开发研制并产业化的新型再生纤维素纤维，是继Modal、Tencel后又一种新型的纺织材料。采用黏胶生产工艺用水解—碱法及分段精漂工艺提高竹浆纤维素的含量到93%以上，还要确保天然抗菌成分（竹酚）不受到破坏，制成竹浆粕后，再用竹浆粕进行纺丝加工生产成竹浆纤维。

竹浆纤维的横截面呈锯齿形，有中腔，纤维纵向有沟槽，吸湿放湿速度极快，又称其为"会呼吸的纤维"。由于保留了竹子的天然抗菌成分，故具有永久的天然抗菌性，这是竹浆纤维与其他再生纤维素纤维相比最独特之处。其织物吸湿放湿性能好、强力和耐磨性高、光泽好、手感柔软、悬垂性佳，舒适凉爽且天然抗菌，服用性能优良，尤其适宜做夏装和贴身用面料。竹浆可纯纺或与其他原料混纺交织，除可织制服装贴身和夏装面料、床上用品、洗浴用品，还可用于制作非织造布、卫生材料等特殊功能的产品。

4. 圣麻纤维　圣麻纤维是以天然麻材为原料，通过蒸煮、漂白、制胶、纺丝、后处理等工艺路线，把麻材中的纤维素提取出来，并保留了麻材中的天然抑菌物质的一种新的再生纤维素纤维，由河北吉藁化纤有限公司于2004年9月自主研发而成，实现了用麻类植物作为原料的再生纤维素纤维的生产，圣麻纤维制品也可生物降解，健康、绿色环保。

圣麻纤维横截面似梅花形和星形，不规则，纵向有多条条纹。圣麻纤维既克服原麻纤维的一些缺点如纤维刚性大、细度不匀率大、长度整齐度差、抱合差、条干不匀等引起的可纺性差、亲肤性差等缺点，又保留了麻纤维初始模量高、吸湿放湿好、透气性好、抑菌防霉、灭螨驱螨、匀染性好等优点，是一种健康、时尚的新型绿色环保纺织品。

麻纤维可纺性好、染色亮丽、穿着舒适，还可以和天然麻纤混纺生产一些高档轻薄麻织物，可利用棉纺和麻纺工艺开发春夏秋三季面料，如衬衫面料及夹克、休闲裤、牛仔布、西装等不同风格的外衣面料。由于圣麻纤维湿强高、天然的抑菌防霉性，也可用来开发餐巾纸和口罩等非织造布、贴身内衣产品、巾类和被类及医用卫生用品等产品。

5. 丽赛纤维　丽赛（Richcel）纤维是一种经过专门的纺丝工艺生产加工而成的一种改性的高湿模量黏胶纤维，由丹东东洋特种纤维有限公司生产制得，其生产过程为清洁生产，可以自然生物降解，被誉为21世纪绿色环保纤维。

丽赛纤维截面近圆形，纵向光滑，光泽较好。比常规黏胶纤维断裂强度高，伸长小，初始模量较大，尤其湿强很高，比普通黏胶有明显改善。

丽赛纤维能与棉、毛、丝、麻及各种合纤混纺交织，织制的织物柔软滑爽，光泽、悬垂性、尺寸稳定性等外观性能较好，吸湿耐皱，亲肤性好，舒适性也较好，耐穿耐洗，服用性能良好。

二、甲壳素纤维

（一）概述

甲壳素是甲壳质和壳聚糖的统称，是一种带正电荷的天然多糖高聚物，它的化学名称为（1,4）-2-乙酰氨基-2-脱氧-β-D-葡萄糖，简称聚乙酰氨基葡萄糖。它可以看作是纤维素大分子上碳2位上的羟基（—OH）被乙酰氨基或氨基取代后的产物，其分子结构分别如下：

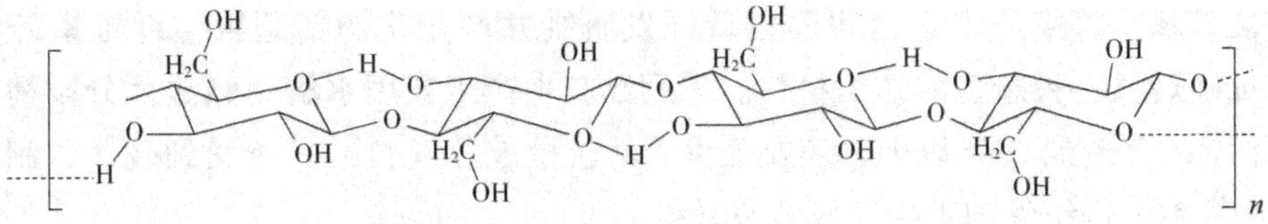

纤维素

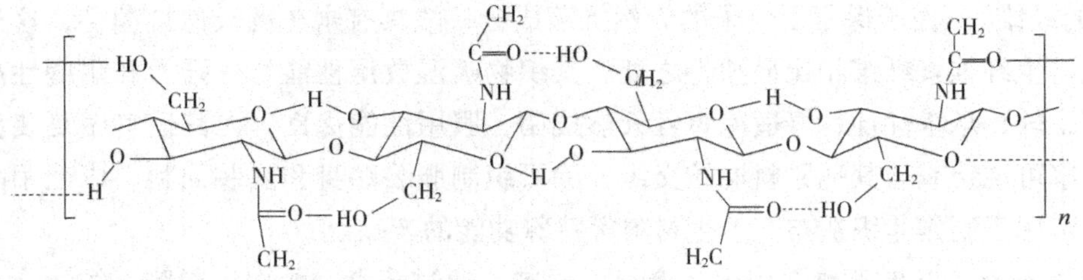

甲壳质

我们通常所说的甲壳素、甲壳质在很多情况下也是指壳聚糖，壳聚糖是甲壳素经浓碱处理脱去其中的乙酰基，变成了可溶性的甲壳素，称为甲壳胺或壳聚糖，它的化学名称是（1，4）－2－氨基－B－D－葡萄糖，或简称聚葡萄糖胺。这种壳聚糖由于它的大分子结构中有大量的氨基，从而大大改善了甲壳素的溶解性和化学活性。壳聚糖的分子结构如下：

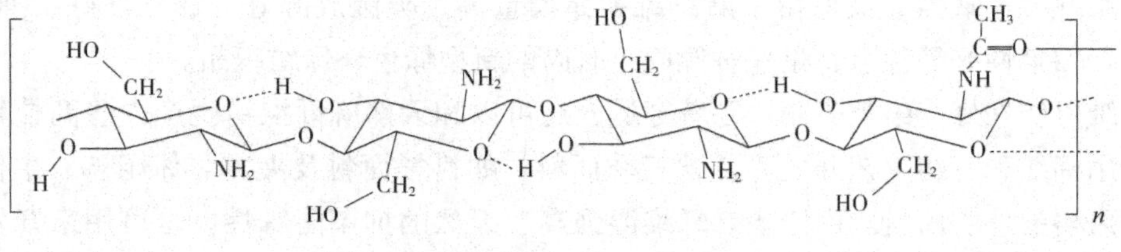

壳聚糖

甲壳素广泛存在于昆虫类、水生甲壳类的外壳和菌类、藻类的细胞壁中，在地球上，甲壳素的年生物合成量达 100 亿吨以上，它的蕴藏量仅次于植物纤维，是一种丰富的有机再生资源。

甲壳质是一种无毒无味的白色或灰白色的半透明固体，难溶于水、稀碱、稀酸以及一般的有机溶剂中，因而限制了它的应用和发展。只有在合适的溶剂中，甲壳质才会被溶解为具有一定浓度、一定黏度和良好稳定性的溶液，这样的溶液具有一定的可纺性。

一般来讲，从虾壳和蟹壳当中提取甲壳素比较方便。通常在虾壳和蟹壳当中主要有三种物质，以碳酸钙为主的无机盐、蛋白质和甲壳素。甲壳素在虾、蟹壳中的含量视其品种不同一般在 15% ～25%。从虾、蟹壳中提取甲壳素的工艺流程主要有两步，第一步用稀盐酸脱除碳酸钙；第二步用热稀碱脱除蛋白质，再经脱色处理便可得甲壳素。甲壳素再用热浓碱处理脱去乙酰基后，即得壳聚糖。甲壳素的制备工艺流程见图 9－7。

（二）甲壳素纤维的外观形态

甲壳素分子结构是直链状酰胺类，甲壳素纤维的纤维截面形状边缘呈现不规则的锯齿形，有点像黏胶纤维的横截面形状，甲壳素纤维的颜色是深黄色。甲壳素纤维截面沿着纵向表面存在大量细小的沟槽，芯层有较多细小的空隙，能促进毛细管效应，使吸收的汗液迅速散发，

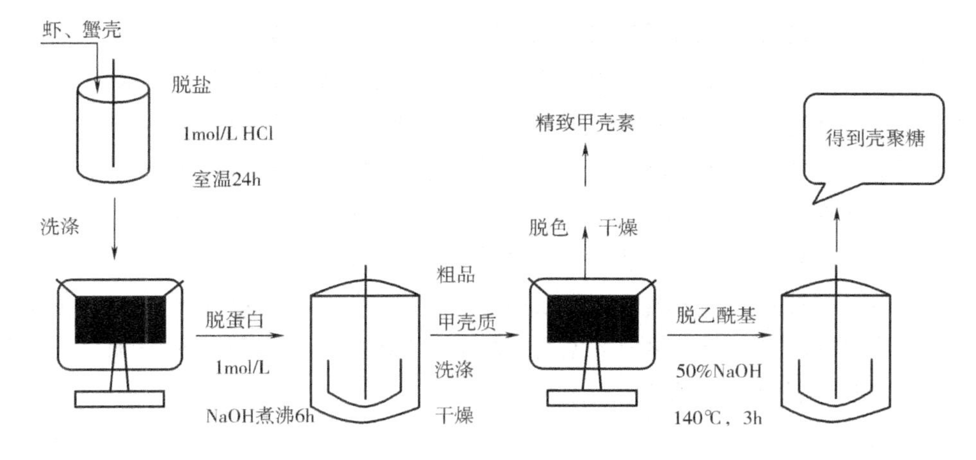

图9-7 甲壳素与壳聚糖制备工艺流程

有效防止细菌产生，从而加强了抗菌效果。然而这些小孔和沟槽的存在则造成了甲壳素纤维的强力比较低。电子扫描显微镜获得纤维的横截面和纵向表面如图9-8和图9-9所示。

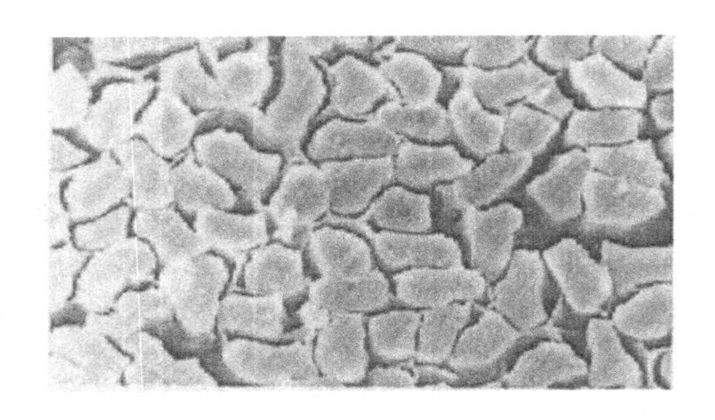

图9-8 甲壳素显微横截面形态电镜照片（×1000）

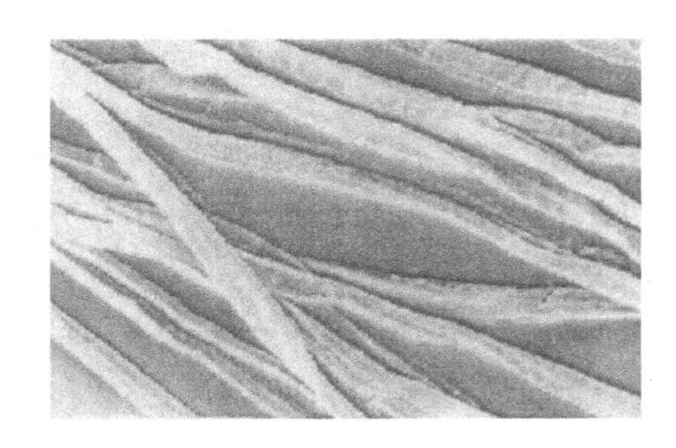

图9-9 甲壳素显微纵向表面形态电镜照片（×1000）

（三）甲壳素纤维的性能

1. 力学性能 甲壳素纤维的力学性能指标见表9-2。

表9-2 几种常见纤维的力学性能指标

纤维品种＼指标	断裂强度（cN/dtex）	断裂伸长率（%）	初始模量（cN/dtex）	定伸长回弹率（%，伸长3%）
甲壳素纤维	2.27	4.51	95.20	56
棉纤维	3.40	7.9	65	64
普通黏胶	2.20	19.84	52.1	58.67
蚕丝	2.8	20	44.1	54
Tencel	4.52	15.8	64.5	55.6
竹纤维	2.12	21.19	54.7	58.52

从表9－2可以看出，甲壳素纤维的断裂强度相对比较差，为2.27cN/dtex，同时由于甲壳素纤维有着比较高的结晶度，它的初始模量和棉纤维相比要高出许多，纤维伸长率也较低。

甲壳素纤维具有特别好的吸湿透气功能，在标准状态下的平衡回潮率为11.56%，所以采用甲壳素纤维制成的服装能迅速吸汗，没有黏腻感，主要是因为甲壳素纤维的吸湿率比较高，差不多是纤维素纤维的2倍多。吸湿后甲壳素纤维强力明显下降（湿强为1.42cN/dtex）。

甲壳素纤维的电阻高于天然纤维，体积比电阻为$4.221 \times 10^9 \Omega \cdot cm$，但是低于化学纤维，这一点是对纺纱有利的。纤维表面摩擦系数小，纺纱适应性差，纤维光泽自然、柔和。

甲壳素纤维没有熔点，所以热分解温度比较高，能够耐高温，这一性能有利于纤维进行热处理，进一步扩大了甲壳素纤维的利用规模。

2. 生物相容性 甲壳素及其衍生物是无毒、无副作用的天然高分子材料，其化学性质和生物性质与人体的组织相近，因此甲壳素纺织品与人体不存在排斥性问题。甲壳素能被生物体内的酶分化和吸收，不会发生积蓄作用。

3. 抗菌性能 甲壳素纤维具有优异的抗菌活性。甲壳素纤维分子中的铵基阳离子与构成微生物细胞壁的唾液酸或磷脂质阴离子发生离子结合，能充分限制微生物的生命活动。因此，甲壳素纤维制成的织物在没有抗菌整理的情况下，可以具有良好的抗菌除臭效果，而且还可以有效防止皮肤疾病。

4. 可降解性 甲壳素是一种具有生物可降解性的天然高分子材料。在使用酶作催化剂的情况下，甲壳素可以被分解成各种小分子物质，这些小分子物质对环境没有污染，是一种名副其实的绿色纺织原料。

5. 染色性能 甲壳素纤维具有基本的化学活性，具有良好的染色性能和高的上染率。甲壳素纤维对反应性染料和直接染料的亲和性较好。

6. 可纺性 纤维强度低，摩擦系数小，甲壳素纤维的卷曲数较少，卷曲率低，纤维之间的抱合力差，纺织加工困难。

（四）甲壳素纤维的应用

甲壳素纤维的用途十分广泛，在医疗领域，可用于生产手术缝合线，它在人体内被吸收，体外可被生物降解。甲壳素纤维可用于制作烧伤、烫伤用纱布和非织造布以及人体皮肤。在工业领域可用作吸收放射性的罩布、超级话筒布、特殊抗沾污罩布等。在纺织品方面可制尿布、婴儿服、男女内衣、礼仪衬衫、卫生餐巾、防脚癣袜、病号服、手术服、床上用品等产品。

三、海藻纤维

（一）概述

海藻纤维是指从海洋中的一些棕色藻类植物中提取出的海藻酸为原料而制得的纤维。海藻酸本身不溶于水，但其可以和金属离子形成各种海藻酸盐，例如海藻酸钠、海藻酸钾和海藻酸铵等是水溶性的，海藻酸钙等高价阳离子海藻酸盐是不溶于水的。因此，在海藻酸钠的水溶液遇到高价阳离子如钙离子时，实现离子交换，使海藻酸钠转换为不溶于水的海藻酸钙，从而形成了海藻酸盐膜和海藻酸盐纤维的技术基础。目前，最常用的原料是海藻酸钠。

海藻酸盐纤维主要是指含有高价阳离子的纤维，目前应用得最为广泛的是以海藻酸钙为主体的海藻酸盐纤维。作为纺织材料，海藻酸盐纤维有着其他材料没有的特性，比如成胶性能、吸湿性、生物相容性、阻燃性能、电磁屏蔽的能力等，因此人们对它的性能和应用方面的研究一直没有间断。国内在这方面的研究起步相对比较晚一些，到了21世纪初才开始有了较多的研究和关注。

海藻酸盐纤维的生产过程是一个典型的湿法纺丝过程。首先，海藻酸钠被溶解在水中形成黏稠的纺丝溶液，经过脱泡、过滤后，纺丝液通过喷丝孔挤入氯化钙水溶液。由于凝固液中的钙离子与纺丝液中钠离子的交换，使溶于水的海藻酸钠以海藻酸钙丝条的形式沉淀后得到初生纤维，再经过水洗、干燥等加工后得到海藻酸钙纤维。整个纺丝过程中涉及的各种组分均安全、无害，因此海藻酸盐纤维可以被认为最适用于医疗、卫生、保健等健康领域的纤维材料，并可作为膳食纤维食用。

（二）海藻纤维主要性能特点

（1）阻燃性能。海藻酸钙纤维中含有大量的金属离子，其钙离子含量约占纤维质量的10%。这个结构特征赋予了纤维优良的阻燃性能，其极限氧指数高达34%。在与明火接触时，海藻酸钙纤维不熔融，其燃烧过程缓慢，属于本质阻燃的纤维材料。

（2）电磁屏蔽能力。海藻酸盐纤维的羧基和羟基基团在水中能与多价金属离子形成配位化合物，当金属离子含量增加到一定程度时，离子间的结合力增强，足以克服离子间的静电斥力作用而使其相互连接起来，形成导电粒子链，使这种纤维及其制品具有抗静电和电磁屏蔽的能力。

（3）回潮率高。这种材料的含水率远高于其他纺织材料。佛山市优特医疗科技有限公司生产的海藻酸盐纤维在标准环境下它的回潮率在22%～26%之间。

（4）液体吸收能力。海藻酸盐纤维有着很高的液体吸收性能，特别是对含有钠离子的液体，如生理盐水。一般来说，海藻酸盐纤维对生理盐水的吸收性能在1500%～1700%。该性能使其特别适合于制备伤口敷料。

（5）离子交换性能。由于钙离子与海藻酸的结合力低于重金属离子，当海藻酸钙纤维与含重金属离子的水溶液接触后，溶液中的重金属离子可以与纤维中的钙离子发生离子交换，使金属离子在纤维中富集。

（6）纤维可纺性差。作为一种化学纤维，其强度和延伸性接近普通黏胶纤维，有报道显示，国内生产的商业海藻酸盐纤维的断裂强度在1.7cN/dtex左右，断裂伸长率在8%左右，也有研究表明，海藻酸盐纤维的断裂强度可以提高到3.63cN/dtex，但断裂伸长率也只能达到9%左右。

但是由于纤维中存在大量的金属离子，其脆性大、不耐磨，较难通过纺纱工艺制备机织制品。

（7）化学不稳定性。会出现逆向离子交换现象，即与含有钠离子的溶液接触后，海藻酸钙纤维中的部分钙离子与溶液中的部分钠离子有交换，出现了与纤维凝固过程相逆的离子交换过程，转变成海藻酸钠。海藻酸钠溶于水，因此纤维表现出凝胶性和释放出钙离子。图 9 - 10 为海藻酸钙纤维与生理盐水接触前后的结构变化。

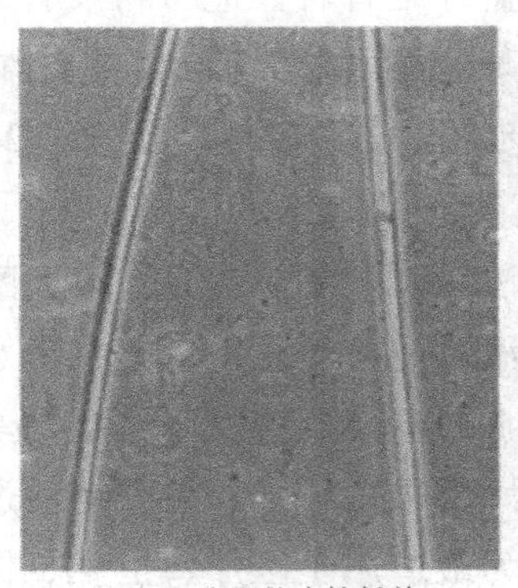
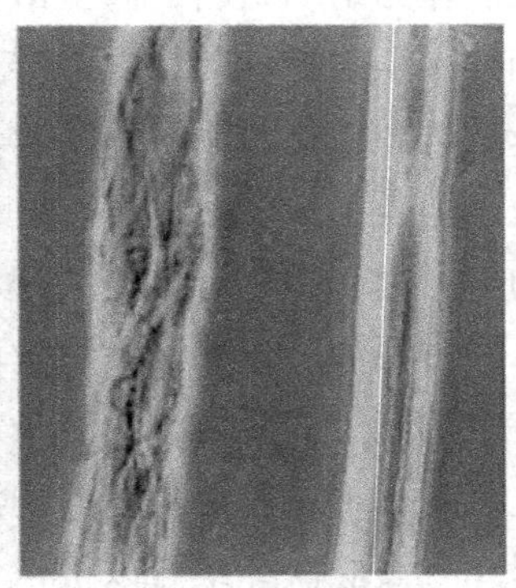

（a）生理盐水接触前　（b）生理盐水接触后

图 9 - 10　海藻酸钙纤维与生理盐水接触前后的结构变化

海藻酸盐纤维在室温条件下在 0.1mol/L 氯化钠溶液中放置 30min 后的质量损失率在 13% 左右。这种逆向离子交换性能也成了制约海藻酸盐纤维在常规纺织品方面广泛应用的因素之一。

（8）耐酸碱性。作为一种高分子盐，纤维可溶解于碱性水溶液，在酸性介质中脱去金属离子转换成纯海藻酸，这种不耐酸碱的缺点制约了其在纺织领域中的应用。

（9）染色性差。海藻酸盐纤维的染色性较差，一般很难染出亮丽的颜色

（10）纤维成本高。由于海藻酸盐纤维的加工过程复杂和原材料成本高，造成其生产成本较其他常规纺织纤维高很多。

（三）海藻酸盐纤维的应用

海藻酸盐纤维是一种具有可再生特性的纤维新材料，具有高吸湿性、亲肤性、本质自阻燃、生物可降解、生物相容、防辐射及保健等功能特性，其优异性能已引起消费者高度重视。

海藻酸盐纤维在与生理盐水接触后通过纤维中钙离子与体液钠离子的离子交换，使纤维拥有其特有的成胶性能和高吸湿性。由海藻酸盐纤维制备的针刺、水刺非织造布在功能性医用敷料、功能性面膜材料中有很高的应用价值。以海藻酸盐纤维为原料制备的医用敷料在吸收伤口渗出液后形成凝胶，在创面上形成一个湿润的愈合环境，使海藻酸盐医用敷料不但具有良好的吸湿性，而且比其他传统纱布更能促进伤口愈合。

由于水刺工艺使非织造布中的纤维高度缠结后形成平整的表面结构，其制品特别适用于负载各种类型的精华液料，由其制备的面膜材料可以起到更好的保湿功效。图 9 - 11 为水刺海藻酸盐纤维非织造布。

随着海藻酸盐纤维生产技术的进步及质量的提高，其应用领域将从医用纤维材料延伸到个人护理、保健用品、高端日化、高档服装、家用纺织品、产业用品及儿童、妇女和老人服装等特殊领域，特别是在军服、军用被褥、室内装饰等军工、消防、交通工具等领域有广阔的发展空间。

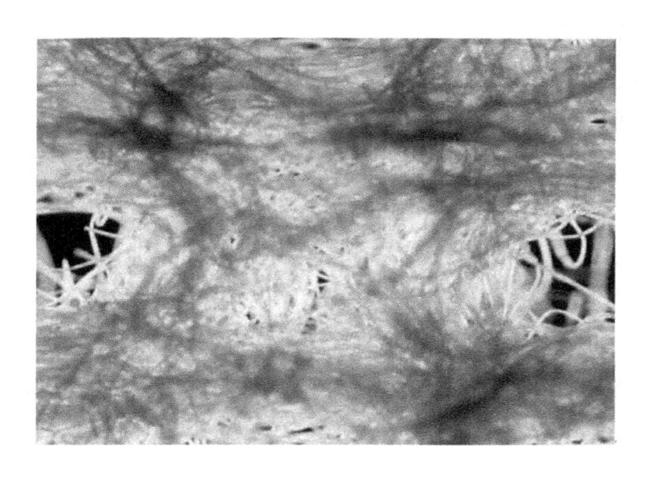

图 9－11 水刺海藻酸盐纤维非织造布

第三节 新型生物质合成纤维

生物质合成纤维主要包括聚乳酸（PLA）纤维、生物基聚对苯二甲酸丙二酯（PTT）纤维、聚乙交酯（PGA）纤维、聚羟基脂肪酸酯（PHA）纤维等，本节主要介绍聚乳酸（PLA）纤维和生物基聚对苯二甲酸丙二酯（PTT）纤维。

一、聚乳酸纤维

（一）概述

聚乳酸纤维（polylactic acid fiber，PLA 纤维），采用天然糖的发酵产物作为单体，由单体原料合成聚合物再制成纤维。由 Cargill Dow Polymers LLC 公司开发的聚乳酸纤维产品商品名为 Nature Works。

1. 聚乳酸纤维的研发过程 近十几年来，许多国家都在积极研究开发 PLA 的制造技术及其应用。在20 世纪90 年代，美国 Cargill 公司与美国 Dowpolymers 公司将其专利技术用于处理天然植物糖，成功地得到了 PLA 树脂，从而使 PLA 纤维在价格和性能两方面都能与传统的纤维相竞争。1997 年，Cargill 公司与 Dowpolymers 合资组建 CDP（Cargi11－DowpolymerS）公司，2000 年投资 3 亿多美元在美国的内布拉斯加州建造年产 14 万吨的 PLA 生产厂，于 2002 年投入运营。

2003 年 6 月，美国联邦贸易委员会（FTC）对 CDP 公司 2002 年工业化生产的 PLA 生物降解纤维作为新型纤维正式认可，从而和棉、丝、毛、尼龙、聚酯纤维一起划归入公认的商品纤维类别。CDP 公司与日本尤尼吉卡公司合作开发出商品名为“TERRAMACRY”的 PLA 纤维；与三菱树脂公司及美国 UNIFI 公司合作开发聚乳酸 POY 和 DTY 丝。目前 CDP 公司的聚乳酸已成为日本钟纺、尤尼吉卡、三菱树脂等大厂商的主要原料，当前聚乳酸的生产在欧、美、日等发达国家已初具规模。

中国的聚乳酸工业起步较晚。1987 年前后，上海工业微生物研究所、江苏省微生物研究所、天津工业微生物研究所等开展了发酵法聚乳酸的研究。我国研制聚乳酸纤维的有南开大学、浙江省医学科学院、东华大学、华南理工大学、中国科学院长春应用化学研究所等。东华大学承担的中国石油化工股份有限公司的项目“聚乳酸的合成方法及纤维制备工艺”2003 年 7 月通过了中国石化集团公司的技术鉴定，经中国化纤工业协会化纤产品检测中心测定，本项目制备的拉伸纤维断裂强度达 4.0cN/dtex，拉伸模量达 62.3cN/dtex，断裂伸长率为 31%；经国家教育部东华大学纺织检测中心测定，热定型纤维断裂强度达 3.79cN/dtex，拉伸模量达 51.3cN/dtex，断裂伸长为 23.5%，达到了国际先进水平。但从总体上来说，我国聚乳酸纤维基本上还处于研究阶段。

2. 制造工艺

（1）乳酸的制备。合成聚乳酸的单体是乳酸（$HOCH_3CHCOOH$），乳酸的生产可分为石油合成法和发酵法两种。发酵法是采用玉米、小麦、稻谷和木薯等含淀粉农作物为原料，从原料中提取淀粉，经淀粉酶分解得到葡萄糖等单糖，再加入纯乳酸菌和碳酸钙进行发酵。发酵液用石灰乳中和至微碱性，煮沸杀菌，冷却后过滤，用热水重结晶。再加入 50% 的硫酸分解出乳酸和硫酸钙沉淀。滤出硫酸钙，滤液在减压下蒸发浓缩，即得到工业用乳酸。

乳酸分子中有两个光学异构体：L－乳酸和 D－乳酸。用于制备纤维的聚乳酸树脂一般是左旋聚乳酸（PLLA）。乳酸分子结构见图 9－12。

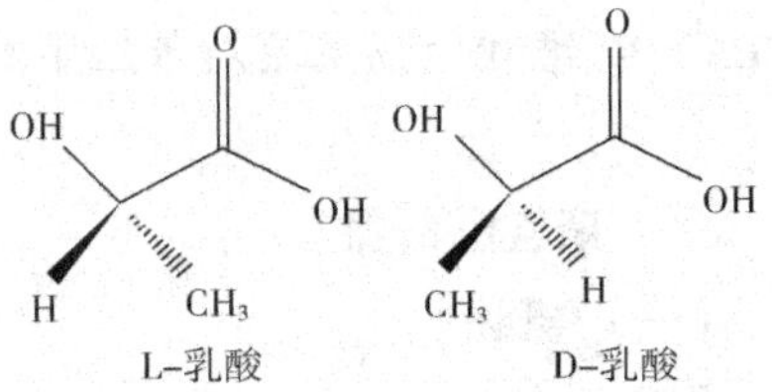

图 9－12　乳酸分子结构图

（2）聚合。乳酸的聚合是 PLA 生产的一项核心技术。近年来国内外对乳酸的聚合工艺作了不少研究，目前聚乳酸的制造方法有两种：一种是直接聚合，即在高真空和高温条件下用溶剂去除凝结水，将精制的乳酸直接聚合（缩合）成聚乳酸树脂，可以生产较低分子量的聚合体。此方法工艺流程短，成本低，对环境污染小，但制得的 PLA 平均分子量较小，强度低，不能用作塑料和纤维加工，用途不广，不适合大规模工业化生产。另一种是丙交酯开环聚合，即在较温和的条件下去除水分，将乳酸环化制成中间产品二聚物丙交酯，在真空下蒸馏提纯后再进行开环聚合制得聚乳酸树脂。此方法制得的聚乳酸分子量可高达二十几万，被 CargillDow 和杜邦公司等大多数公司所采用，是目前工业上普遍采用的方法。此方法虽然工艺流程长、成本较高，但可制得高分子量的 PLA，用途广泛。聚乳酸制备过程见图 9－13。

（3）纺丝成型。用于制备纤维的聚乳酸一般是左旋聚乳酸（PLLA），其纺丝成形可以采用溶液纺丝法和熔融纺丝法两种方式来实现。

①溶液纺丝。溶液纺丝主要采用干法—热拉伸工艺。采用二氯甲烷、三氯甲烷、甲苯为溶剂，将聚乳酸脂溶解制成纺丝液，进行纺丝。使用该方法纺丝，聚乳酸脂热降解少，纤维强度较高。但是，仍有不少需要解决的问题，目前还停留在实验室规模阶段。

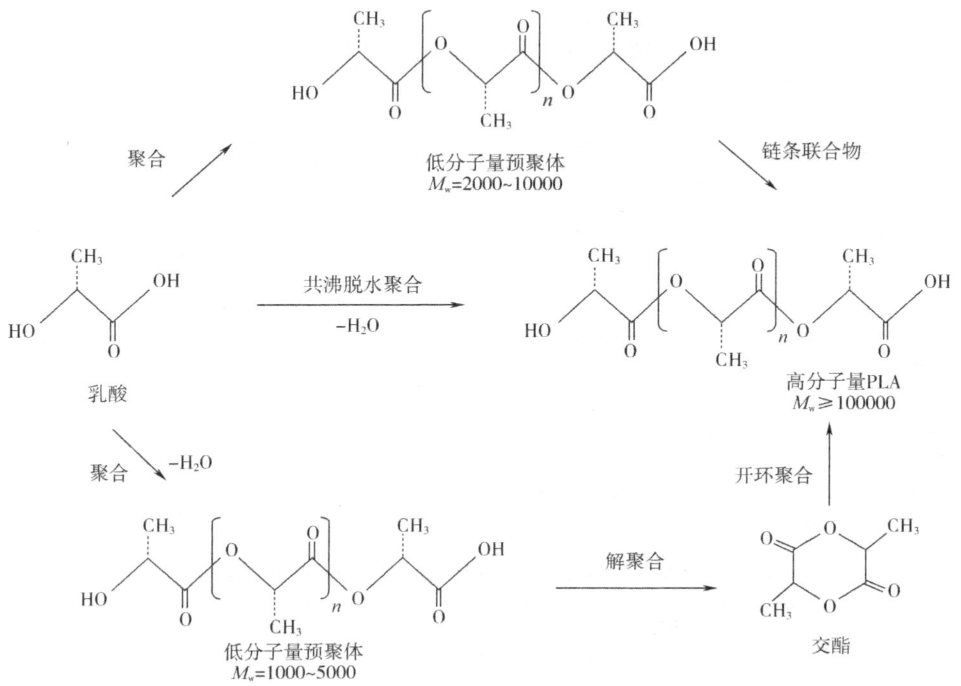

图9-13　聚乳酸制备过程

②熔融纺丝。PLLA是一种热塑性聚合物，因此，目前各种用于生产涤纶的熔融纺丝法都可以采用，关键在于控制PLLA水分和纺丝温度，减少热解。同时，熔融纺丝的可纺性和拉伸性在很大程度上都依赖于聚乳酸脂的质量。熔融纺丝具有工艺技术成熟，环境污染小，生产成本低，便于自动化、柔性化生产的优点，随着工艺与设备的不断改进完善，熔融纺丝法已经成为PLA长丝和短纤维生产的主要方法。

（二）聚乳酸纤维的性能

1. 物理性能　聚乳酸纤维的基本物理性能见表9-3。

表9-3　聚乳酸纤维的基本物理性能

项目	PLA纤维	聚酯纤维	尼龙6
密度（g/cm^3）	1.27	1.38	1.14
熔点（℃）	175	260	215
玻璃化温度（℃）	57	70	40
标准状态吸湿率（%）	0.5	0.4	4.5
燃烧热（kJ/g^1）	18.84	23.03	30.98
可染染料种类	分散染料	分散染料	酸性染料
染色温度（℃）	100	130	100

2. 力学性能与弹性回复性 乳酸纤维的力学性能和弹性回复性见表9－4和表9－5。

表9－4 乳酸纤维的力学性能

纤维类型	PLA	PET	PA
纤维规格	1.54dtex×37.84mm	1.67dtex×38.32mm	1.67dtex×38.96mm
密度（g/cm^3）	1.27	1.38	1.14
断裂强力（cN）	5.04	7.96	7.55
断裂强力不匀率（%）	14.04	4.50	6.30
断裂强度（cN/tex）	3.27	5.24	4.87
断裂强度不匀率（%）	14.15	5.30	7.60
断裂伸长率（%）	52.2	32.2	47.8
断裂伸长率不匀率（%）	20.05	8.96	12.32
杨氏模量（kg/mm^2）	400～600	1200	300

表9－5 聚乳酸纤维与其他几种常见纤维的弹性回复率（%）

纤维种类	施加外力产生2%变形	施加外力产生5%变形	施加外力产生10%变形
聚乳酸纤维	99	92	63
棉纤维	75	52	23
涤纶	88	65	51
黏胶纤维	82	32	23
羊毛纤维	99	69	51
锦纶纤维	100	89	50
腈纶	100	89	43

从表中结果可知，聚乳酸纤维具有优良的弹性，尤其是当施加外力较大条件下，当施加外力产生10%变形时，聚乳酸纤维的弹性回复率是棉纤维的3倍，而且其弹性也明显高于其他种类纤维。

3. 导电性能 使用YG321型纤维比电阻实验仪在温度（20±2）℃，相对湿度65%的大气条件下进行纤维导电性能测试，求得的质量比电阻为6.83×10^8。虽然聚乳酸纤维的回潮率低，吸湿性较差，但是聚乳酸纤维质量比电阻较大多数合成纤维要小，因此在纺纱中不产生静电，具有较好的可纺性。

4. 热学性能 聚乳酸纤维在燃烧过程中，具有如下现象：靠近火焰时有熔缩现象；在火焰中熔缩燃烧，火焰以红色为主，边缘呈蓝色，无黑烟；燃烧时有淡淡的香甜味；离开火焰，继续燃烧，有黑色珠状物滴；残留物呈黑色块状，很脆，用手很容易碾碎为粉末状。

聚乳酸纤维在燃烧过程中，只有轻微的烟雾释出，发烟量很小，烟气中不存在有害气体；燃烧时放热量小，燃烧热是聚乙烯（PE）、聚丙烯（PP）的1/3左右；与涤纶等相比，自熄时间短，火灾危险性小，聚乳酸纤维的极限氧指数是常用纤维中极高的，已接近于国家标准对阻燃纤维极限氧指数的要求（28～30），具体数据如9－6表所示。

表9－6　聚乳酸纤维的热学性能

纤维类型	PLA	PET	棉
熔点（℃）	175	250	—
玻璃化温度（℃）	57	80	—
极限氧指数（%）	24～26	20～22	16～17
烟气产生（m^3/kg）	53	379	62
燃烧生热（MJ/kg）	19	23	17
自熄时间（min）	2.28	6.20	4.50

5. 服用安全性能　由于人体皮肤带有一层能够防止疾病入侵的弱酸性物质，因此当纺织品的pH在4～7（中性至弱酸性）时对皮肤最为有益，因此对纺织品pH的测试是国家强制性标准GB 18401—2010《国家纺织产品基本安全技术规范》中的一个重要生态考核指标，该标准对各类纺织品的pH限为：A类婴幼儿用品4.0～7.5；B类直接接触皮肤的产品4.0～7.5；C类非直接接皮肤的产品4～9.0。

经过试验所得的聚乳酸纤维pH为6.0，因此，聚乳酸纤维自身满足标准所规定的作为贴身服用织物的条件，具有亲肤、安全性能。

6. 染色性能　PLA纤维可用分散染料染色，其颜色较PET纤维光亮、色深且鲜艳。PLA纤维是一种耐酸不耐碱的纤维，在碱性条件下容易产生水解作用，所以聚乳酸纤维织物在印染前处理加工中不宜采用碱液浸轧，织物在湿加工过程中，pH为4～5时，可使其水解程度最小。

像PET纤维一样，PLA纤维可用分散染料在温度70℃以上染色，由于分散染料在水中的溶解度小，PLA纤维吸水性又低，所以在70℃以下上染率较低。为了确保织物有良好的匀染性、染透性，目前一般采用高温高压染色法，染色温度不得高于115℃。为进一步增强染色效果，应在染液中添加适当的分散剂和匀染剂。PLA纤维分散染料染色表现为易进易出的现象，染色牢度不高。

7. 可降解性能　聚乳酸纤维的降解性能优良。研究表明，聚乳酸纤维降解不同于天然纤维直接微生物酶解的方式，聚乳酸降解的根本原因是聚合物链上酯键的水解，它的降解方式是必须先行水解，之后方可进行酶解。在自然环境下首先在无定形区发生简单的水解作用，使分子链破裂而形成较低分子量的组分，PLA末端羧基对其水解起自催化作用。水解到一定程度后，在生物酶的作用下进一步分解成二氧化碳和水，从而使降解过程得以完成。聚乳酸类材料，可以进行自然降解、堆肥和燃烧处理，研究表明，一般PLA纤维的平均降解时间为一年左右，即使采用燃烧处理聚乳酸废弃品，也没有有害气体放出，对大气环境没有污染，是完全意义上的环保纤维。

（三）聚乳酸纤维的应用

目前，随着聚乳酸纤维研究的深入和生产的日益成熟，PLA纤维织物在产业用、装饰用、服用等方面得到了一定程度的应用。

（1）在工业用方面，通过将聚乳酸纤维干法、纺粘法和熔喷法等成网，用水针刺或热黏合等方法加固，制成各种形式的非织造布，其制品在工业、农业等领域应用。

（2）在家用方面，聚乳酸纤维的UV稳定性好、发烟量少、燃烧热低以及其优的弹性等特点使其在家用装饰市场具有吸引力，适宜作室内悬挂物、装饰品、罩、地毯等织物，目前已有相应的产品进入市场。另外，聚乳酸纤维应用于填件也受到了人们的重视。

（3）在服用方面，由于PLA纤维具有良好的形状保持性，当与棉花混纺时，有涤棉混纺织物的性能。由于PLA纤维折射率较低，所以具有较好的光泽度，不会产生刺眼的光泽，而且其手感与丝十分相似，其长丝十分类似真丝。由于PLA纤维具有吸湿、吸水性能，并能迅速干燥，与羊毛混纺时，能保持良好状态，抗皱性强。PLA纤维还可用于T恤、夹克、外衣、礼服等；由于PLA维有蓬松的手感，对皮肤不发黏，没有任何刺激，接触皮肤有干燥感，也很适合作运动服面料。

（4）在医用方面，聚乳酸纤维及其共聚物在医疗领域主要做尿布、手术缝合线、骨内固定装置、组织工程支架、绷带、用即弃工作服、药物控释体系中的载药材料、人工管道、人工韧带或肌腱等。

二、PTT纤维

（一）概述

PTT纤维是聚对苯二甲酸-1,3-丙二醇酯（polytrimethylene-tereph-thalate）纤维的英文缩写，最早是由壳牌化学公司（Shell Chemical）与美国杜邦公司分别从石油工艺路线及生物玉米工艺路线通过PTA与PDO聚合、纺丝制成的新型聚酯纤维，壳牌化学公司的商品名是Corterra，美国杜邦公司的商品名是Sorona。

其中的原料PDO即1,3-丙二醇的成本较高，如今的原料用玉米提炼，成本有所下降。由于PDO的引入，使得纤维结构上有了一个亚甲基（$—CH_2—$），从而使纤维呈螺旋状，这就是PTT纤维具有弹性的原因。

PTT纤维与PET（聚对苯二甲酸乙二醇酯）纤维、PBT（聚对苯二甲酸-1,4-丁二醇酯）纤维同属聚酯纤维。PTT纤维兼有涤纶、锦纶、腈纶的特性，除防污性能好外，还易于染色、手感柔软、富有弹性，弹性同氨纶一样好，与弹性纤维氨纶相比更易于加工，非常适合纺织成服装面料；除此以外，PTT还具有干爽、挺括等特点。因此，在不久的将来，PTT纤维将逐步替代涤纶和锦纶而成为21世纪大型纤维。

（二）PTT纤维的结构与形态

1. PTT纤维的分子结构 PTT纤维是由对苯二甲酸（PTA）与1,3-丙二醇（PDO）缩聚而成的芳香族聚合物，其分子结构式为：

$$\left[O-\overset{O}{\overset{\|}{C}}-C_6H_4-\overset{O}{\overset{\|}{C}}-O-CH_2CH_2CH_2 \right]_n$$

由于PTT纤维在分子结构上比PET纤维多一个亚甲基（$—CH_2CH_2—$），其分子链结构因甲基呈螺旋形构象排列而呈Z状特征。

2. PTT纤维的表面形态 PTT纤维具有与PET纤维相似的表面形态结构，纵向呈光滑条形状，且对光的反射、折射较强，形成较好的纤维表面光泽，如图9-14所示。在PTT纤维表面具有颗粒状的空隙，有一定的导湿、透气与保暖性。纤维的横向截面形态近似于圆形，也可通过纺丝工艺控制形成异形纤维，如三角形、三叶形、五叶形等，以增加纤维间的抱合力，改善纤维表面的光亮度。

（a）PTT纤维的纵截面形态

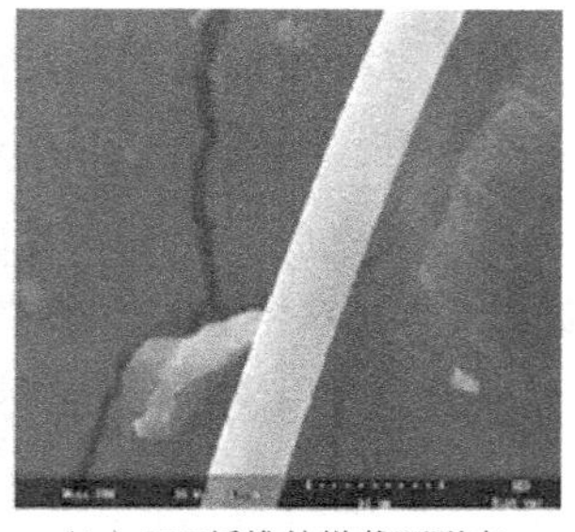
（b）PET纤维的纵截面形态

图9-14 PTT纤维与PET纤维的纵向表面形态

（三）PTT纤维的性能

1. 力学性能

（1）一次拉伸断裂性能。PTT纤维的断裂强度略低于PET纤维和PA维，而断裂伸长率和卷曲率大于PET纤维和PA纤维。

PTT纤维的初始模量低，且随纺丝拉伸比增大，初始模量的变化不大，因此，PTT纤维刚性减弱、柔性增强。

（2）弹性回复性能。PTT纤维分子链的螺旋形构象，使其具有良好的拉伸特性，当受到外力拉伸或压缩时，只要除去外力，就会迅速恢复它的形变。当PTT纤维和PET纤维瞬时拉伸至定伸长的20%时，拉伸回复率基本相同，但拉伸保持10s后，PTT纤维的总拉伸回复率达到97%，而PET纤维仅为62%，表明PTT纤维几乎可以达到完全回复，其剩余变形远低于PET纤维。可以说PTT纤维是除氨纶外的拉伸回复性较高、弹性较好且又具有高蓬松性的一种纤维。PTT纤维的拉伸回复性高于PET纤维和PA纤维，尺寸稳定性与PET纤维和PA纤维相当。

2. 染色性

（1）PTT纤维比涤纶容易染色，可以采用无载体常压沸水连续染色，染色成本较低。纤维熔点低，玻璃化温度低，容易结晶，因而染色性能好。因为PTT纤维的玻璃化温度为55℃，比涤纶低（涤纶为81℃），所以PTT纤维的染色性能好于涤纶，上染率高，染液渗透程度明显高于涤纶，因而色泽均匀，染色牢度较好。

（2）PTT纤维的染色温度可以从常规涤纶130℃左右降到120℃左右，染浅色时可以降到

100℃。染浅中色时，可采用常压染色，pH 范围大，一般在 4 ~ 10 之间。染深色时，温度控制在 110 ~ 120℃，其色泽比 PET 纤维在相同染色条件时的色泽大约深 50%，消耗的染料比 PET 少。

3. 其他性能 PTT 纤维具有抗褶皱性、低吸水性、抗日光性、耐气候性、耐污性、热稳定性等优良的特性，能经受住 γ 射线消毒，因而可用于开发高级服饰和功能性织物。由其制作的服装穿着舒适、易洗、快干、免烫，符合人们生活快节奏的要求，且 PTT 纤维及其织物触感柔软而舒适，具有优良的手感。

（四）PTT 纤维的产品开发及应用

1. PTT 纤维纱线 PTT 短纤维可以单独纺纱，更适宜与棉、麻、黏胶、羊毛、PET 纤维、醋酸纤维、聚丙烯纤维等混纺，以改善产品的性能，提高产品的档次，进一步增加产品的附加值。

在纺 PTT 纤维混纺纱时，应注意控制 PTT 纤维的含量以保持纱线的弹性。PTT 短纤纱的断裂伸长率在 30% 左右，而 PTT 短纤维的断裂伸长率在 40% ~45%，可见 PTT 短纤维的弹性在纱线中并未完全体现出来，这与纤维在纱线中的排列及纤维间的抱合有关。当 PTT 纤维与其他非弹性纤维混纺时，如果非弹性纤维的混纺比例达到 30% 时，则成纱的弹性很小，几乎体现不出 PTT 纤维的弹性特征。因此，对 PTT 纤维混纺纱线应选择合适的混纺比，以保证混纺纱的弹性，如棉、黏胶等纤维几乎不具弹性，与 PTT 纤维混纺时混纺比不能高于 30%，而羊毛等纤维本身具有较好的回弹性能，其混纺比例可以提高。

2. PTT 纤维织物 在织物开发过程中，PTT 纤维的纯织产品较少，较多采用与其他纤维混纺或交织。

利用 PTT 纤维的优良性能，可以加工低弹伸缩和手感柔软的弹性机织物和弹性针织物。利用 PTT 纤维加工的混纺纱，开发的产品手感好，穿着舒适，易洗快干，免烫性佳，弹性回复性好，适合加工运动衣。PTT 纤维可以与棉、竹纤维等混纺，可以生产休闲裤和夹克等服装。

PTT 纤维具有良好的回弹性及抗污性、静电干扰小、化学稳定性好等特性，可以加工地毯，加工的 PTT 地毯与聚酰胺地毯相似，PTT 地毯在磨损和洗涤后仍具有较好的弹性。

PTT 纤维可以加工针刺和水刺非织造布，也可以通过纺粘法和熔喷法直接成网加工非织造布，加工的非织造布产品性能良好。

参考文献

[1] 明霞. 新型再生纤维素纤维及织物性能测试研究[D]. 西安:西安工程大学,2011.

[2] 杨明霞,沈兰萍. 新型再生纤维素纤维的现状及发展趋势[J]. 纺织科技进展,2011(2):16 - 20,23.

[3] 张建春,张华. 汉麻纤维的结构性能与加工技术[J]. 高分子通报,2008(12):44 - 51.

[4] 刘彦. 甲壳素纤维结构与性能的研究[D]. 青岛:青岛大学,2005.

[5] 王锐，莫小慧，王晓东. 海藻酸盐纤维应用现状及发展趋势[J]. 纺织学报，2014，35(2)：145－152.
[6] 刘呈坤，马建伟. 影响甲壳素和甲壳胺纤维质量的因素[J]. 纺织科技进展，2005(2)：21－23.
[7] 张金秋. 大麻纤维的形态、结构与吸湿性能及其成纱品质的研究[D]. 上海：东华大学，2010.
[8] 苗大刚. 棉/甲壳素混纺织物的染色性研究[D]. 青岛：青岛大学，2008.
[9] 赵小泷. 汉麻纤维的孔隙结构及吸放湿性能的研究[D]. 杭州：浙江理工大学，2013.
[10] 惠让松. 抗菌织物对常见皮肤癣菌抑菌作用的实验研究[D]. 重庆：第三军医大学，2010.
[11] 李杨，王进美，李彩霞. 再生纤维素纤维的研究进展[J]. 纺织报告，2015(1)：77－80.
[12] 许元巨. 纯甲壳素纤维实现规模生产[N]. 中国纺织报，2002－02－21(003).
[13] 张广传. 甲壳素纤维的开发与应用[J]. 山东纺织经济，2010(4)：54－55.
[14] 张静峰，靳向煜. 甲壳素水刺非织造布结构及抗菌性研究[J]. 产业用纺织品，2004(9)：14－17.
[15] 唐海山. 甲壳素纤维——服装领域的新材料[N]. 国际纺织导报，2004(3)：82－84.
[16] 刘彦，隋淑英，陈国华，等. 对甲壳素及其纤维性质的深入探究[J]. 山东纺织科技，2004(5)：4－6.
[17] 郝欣. 汉麻纤维混纺功能性鞋材研究与成鞋舒适性评价[D]. 北京：北京服装学院，2012.
[18] 金淑秋. 含汉麻织物服用性能研究[D]. 上海：东华大学，2012.
[19] 曹建，丁振华，沈新元. 新型生物质纤维的现状与发展趋势[J]. 中国纤检，2012(01)：82－86.
[20] 冉晓利. 我省纺织企业赴巴黎参展[N]. 福建工商时报，2009－09－18(008).
[21] 李冬. 甲壳素及其衍生物的开发应用现状[J]. 自然杂志，2003(2)：92－97.